"十二五"职业教育国家规划教材

经全国职业教育教材审定委员会审定

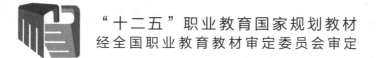

宠物饲养技术

第二版

刘方玉　廖启顺　主　编

周淑芹　丁　威　副主编

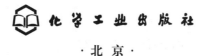

化学工业出版社

·北京·

内 容 提 要

本书以家庭养宠步骤作为主线，以宠物犬、猫为主要对象，内容包括：宠物品种选购—养宠用品准备—宠物饲料准备—种宠物、仔幼宠物、成年宠物、老龄宠物的饲喂—选种、选配—采精与输精—妊娠诊断—孕期护理—产前准备—分娩与产后护理—阉割与绝育。

书中详细介绍了国内外犬、猫的品种类型、形态特征、性格特点和饲养要求，并单独介绍了犬的训练和调教方法。同时，根据当前家庭养宠多元化的特点，本书还专门介绍了观赏鸟、观赏鱼、斗鸡、赛鸽、宠物兔、宠物鼠、观赏龟等特种宠物的品种类型、饲养管理和简要的训练调教方法。

本书内容简明实用，便于操作，并配有二维码增值服务，力争使读者一书在手，犬、猫宠物饲养无忧。

本书适合作为高职高专宠物类专业师生的教材，也适合宠物饲养管理人员、宠物美容院技术人员、宠物和宠物用品销售人员阅读。同时对广大饲养宠物的老百姓来讲，也是一本不可多得的手边参考书。

微信扫一扫

在线自测 ｜ 打基础
电子彩图 ｜ 辨细节
视听资料 ｜ 划重点
拓展知识 ｜ 多交流

图书在版编目（CIP）数据

宠物饲养技术/刘方玉，廖启顺主编. —2版.—北京：化学工业出版社，2015.10（2024.11重印）

"十二五"职业教育国家规划教材

ISBN 978-7-122-24957-9

Ⅰ.①宠… Ⅱ.①刘…②廖… Ⅲ.①宠物-饲养管理-高等职业教育-教材 Ⅳ.①S865.3

中国版本图书馆 CIP 数据核字（2015）第 195170 号

责任编辑：梁静丽 迟 蕾 李植峰　　　　　　装帧设计：史利平
责任校对：王 静

出版发行：化学工业出版社（北京市东城区青年湖南街 13 号 邮政编码 100011）
印 刷：北京云浩印刷有限责任公司
装 订：三河市振勇印装有限公司
787mm×1092mm 1/16 印张 12 字数 300 千字 2024 年 11 月北京第 2 版第 17 次印刷

购书咨询：010-64518888　　　　　　　　　售后服务：010-64518899
网 址：http://www.cip.com.cn

定 价：32.00 元　　　　　　　　　　　　　　　　版权所有 违者必究

《宠物饲养技术》（第二版）编审人员名单

主　　编　刘方玉　廖启顺

副 主 编　周淑芹　丁　威

编　　者　（按照姓名汉语拼音排列）

丁　威（江苏农林职业技术学院）

赖晓云（江苏省无锡派特宠物医院）

廖启顺（云南农业职业技术学院）

刘佰慧（黑龙江生物科技职业学院）

刘方玉（湖北三峡职业技术学院）

刘　燕（河南农业职业学院）

潘英芳（晋中职业技术学院）

苏　瑜（武汉上观宠物职业培训机构）

汪善峰（江苏农林职业技术学院）

王　东（黑龙江职业学院）

王国辉（浙江省宁波佳雯宠物医院）

王　军（河南牧业经济学院）

周淑芹（黑龙江农业工程职业学院）

张路漫（宜昌市烨客数字科技有限公司）

主　　审　陈晓华（黑龙江职业学院）

前言

　　宠物类相关专业是高职高专专业目录中一个相对较新的专业。第一版《宠物饲养技术》教材自出版以来，较好地满足了兄弟院校宠物类专业的教学需求，得到了较好的评价。但随着宠物行业和高等职业教育的不断发展与改革，宠物类专业、宠物类教材和宠物类电子资源的建设都逐渐趋于科学合理、成长和成熟，并呈现了勃勃生机；相对而言，第一版教材也应该顺势更新完善相关内容与技术，以更好地满足现阶段的教学和改革需求。

　　第二版教材根据《国家中长期教育改革和发展规划纲要（2010－2020年）》、《教育部关于"十二五"职业教育教材建设的若干意见》以及编者在使用过程中发现的教材的问题与不足，对原有教材内容进行梳理，在第二版教材内容的选取和教学设计理念与思路方面，力求"实用"、"实操"，并兼顾学生实践技能拓展。第二版教材在保持原教材"特点、结构和体系"不变的前提下进行相应地修改、补充和完善，主要修订内容说明如下。

　　1. 推动教材服务宠物产业经济的作用，邀请行业人员参与教材建设

　　新二版教材邀请了武汉上观宠物职业培训机构、浙江省宁波佳雯宠物医院、江苏省无锡派特宠物医院的宠物养护技术人员加入到编写团队中，他们以从业者的角度对教材的实践内容进行了编写和补充，提升了教材的实用性和可读性。

　　2. 吸收宠物行业新技术、新动向，丰富教学与实践内容

　　第二版教材内容在概念准确、表述正确、图片精确的基础上，对教材中部分章节内容进行了调整、充实和改写，如增加了宠物饲养品种——宠物鼠和观赏龟；增补了宠物品种不同饲养阶段的管理技术与内容；为了便于学习和实践，养宠准备部分增加了更多的图片，宠物繁育部分的内容进行了调整和改写，使其更贴合高职高专教学需求。

　　3. 为适应信息化教学需要，我们在纸书内容基础上全面配套数字化教学资源，依托出版社融合出版技术，将编者创作的音频、视频、电子彩图、在线试题、课件等多种形式的数字化教学内容关联至纸书，达到了"可看、可听、可互

动"的新形态教材效果。

教材编写过程中，部分宠物门店的管理与技术人员给我们提供了有关文字、图片和实践案例的一线素材，也给教材编写提出了很多指导性的意见，在此也向他们深表感谢。

第二版教材在修订工作中，各位编写老师齐心协力、出谋划策，保证了教材修订工作的顺利完成。但由于编者的知识和能力所限，教材编写中不足之处在所难免，恳望同行专家和广大师生批评指正。

编　者

2021 年 10 月

第一版 前言

    本教材是根据《教育部关于加强高职高专教育人才培养工作的意见》和《关于加强高职高专教育教材建设的若干意见》的精神，结合社会行业对宠物类专业人才的知识、能力需求，同时兼顾学生技能拓展的原则而编写。

    本书在编写过程中以宠物犬、猫为研究对象，以家庭养宠过程为主线，对宠物犬、猫的起源、进化、品种类型、宠物选择、饲养要求、繁殖过程、训练方法等方面进行了较为全面的介绍，同时根据当前家庭养宠多元化的特点，简要介绍了宠物鸟、观赏鱼、斗鸡、赛鸽、宠物兔等特种宠物的饲养管理。教材编写始终坚持以"实际、实用、实践"的理念，以家庭养宠过程来设计学习项目，以养宠过程的实践环节来构建学习内容，旨在让读者能较直观地分段或系统学习，提高学习效率。

    教材由 10 所高职高专院校的骨干教师联合编写，具体分工如下：绪论由廖启顺编写，犬、猫的起源与进化由周淑芹编写，犬猫品种由刘方玉、李亚丽编写，家庭养宠准备由汪善锋编写，犬、猫的营养与饲料由刘燕编写，犬、猫的饲养管理由李亚丽、王军编写，犬、猫繁育技术由丁威编写，犬的调教与训练由王东编写，特种宠物饲养由廖启顺、王桂瑛编写，全书由刘方玉统稿。本教材承蒙黑龙江畜牧兽医职业学院陈晓华老师主审，并提出了很多宝贵意见，特此致谢！

    本书在编写过程中，参考了国内外同行专家的文献资料和成果，在此向有关作者表示衷心的感谢。

    由于编者知识有限，书中疏漏与不足之处在所难免，真诚希望广大师生和读者批评指正。

编　者
2011 年 7 月

微信扫一扫

在线自测 ｜ 打基础
电子彩图 ｜ 辨细节
视听资料 ｜ 划重点
拓展知识 ｜ 多交流

绪　　论

宠物是指人们精心饲养，以供玩赏愉悦的宠爱之物。广义的宠物不仅包括家养动物、植物，如犬、猫、鸟、鱼、虫、花、草等，还包括一些稀有的珍贵之物，如金银首饰、陶瓷及某些工艺品等。本书所涉及的宠物，是一类能够与人生活在一起，进行亲密沟通和相互情感交流，能给人们带来生活快乐的伴侣动物；主要有家养的犬、猫、鸟、鱼、兔、赛鸽和斗鸡等动物。宠物（伴侣动物）可分为八大类（表 0-1）它们大多非常驯服，活泼可爱，机灵小巧，这也是人们钟爱宠物的一个原因。人们饲养宠物多是以陶冶生活情趣为主要目的，但在一些县、村则基本上是以实用为目的。

表 0-1　宠物的分类

宠物类别	主要代表宠物	宠物类别	主要代表宠物
家养宠物	犬、猫、鸟等	笼养宠物	兔、豚鼠、仓鼠等
生态动物园宠物	蛇、龟、蛙等	围场内宠物	马、矮种马，山羊，仔猪等
观赏鱼类	金鱼、热带鱼等	饲养场内宠物	鸡，火烈鸟，松鸟等
昆虫类	竹节虫、蚂蚁、蜘蛛等	哺乳动物	鹳，水獭，野兔等

一、我国宠物业的发展概况

1. 我国古代宠物饲养史

中国是宠物饲养历史悠久的国家，中国的犬、猫、鸟、鱼、兔、赛鸽及斗鸡等宠物在古书中也早已有记载，古时曾把犬列为六畜之一，秦代时便出现了宫廷养狗。而花、鸟、鱼、虫等出现在宫廷和达官贵人中更是司空见惯，并且也走入了寻常百姓家。

犬，食肉目犬科的一种，俗称狗，是一种 14000 年前就已经被人类驯化的家畜。我国的养犬历史非常悠久，有可靠文字记载的养犬历史，可以追溯到公元前 3600 年的商代，在甲骨文中已经出现了"犬"字。古文献《汲家周书》中写道："商汤时，四方献，伊尹请正南欧、邓、桂国等，以珠矶、袂狷、短狗为献"。又说道："用小牲羊犬豕于百神"。可见当时的家犬不仅用于狩猎和食用，而且是重要的贡品和祭祀神灵的家畜。

到西周时期（公元前 1027 年），由于文字进一步得到发展，有关家犬的记载也逐渐增多。在我国最早的诗歌总集《诗经》中就有不少关于家犬的记载，如《小雅》中的："跃跃狡兔，遇犬获之"，表明家犬已经具有高超的狩猎能力。从《周礼·秋宫》中的："犬人，下士二人，府一人……"，表明当时的国家已经出现了专门的养犬管理机构。在《礼记·王制》中写道："诸侯无故不杀牛，大夫无故不杀羊，士无故不杀犬豕"，可见周王朝对养犬的重视。

到了春秋战国，提出了著名的"六畜"（马、牛、羊、猪、狗、鸡）分类，而且把养不养六畜提高到富国强民的高度来认识。如《管子》："六畜育于家，国之富也，……，六畜不育，则国贫而用不足"。在《吕氏春秋·士容篇》中提到："有善相狗者"，表明当时对犬的相术已有了很大的发展。

到了秦汉时期（公元前 221 年）我国的养犬业已有了很大发展，养犬已经不仅仅是为了祭、食、守、猎几个方面，而且"玩"、"陪"已经出现。如《汉书·张良列传》中："秦王子婴降沛公，沛公入秦，宫室帷帐狗马重宝妇女以千数"，可见宫廷养犬早在秦代已经开始。

到了魏晋南北朝时期（公元 220 年），我国广大乡村养犬已有了明确的记载，而且一只好狗可以价值百金。如《西京杂记》中记有："杨万本有猛犬，名青驳，买之百金"。可见在这一时期已经开始鼓励品种犬的培育。

到了隋唐时期（公元 581 年），我国养犬又有了进一步的发展，这一时期的特点是犬与人的感情更加密切。到了明清时期（公元 1368 年），关于养犬的记载就更多。在这一时期，不仅养犬很普遍，而且对家犬的生理习性也有了更深入的认识。

2. 我国当代宠物业的发展现状

20 世纪 90 年代以来，全球发展最快的三个宠物市场分别是亚洲、欧洲和南美洲，而从宠物产品的消耗量、产量、流通量来说，亚洲市场居三个市场之首，成为全球最大的宠物产品生产及出口基地。而中国则是这一市场的中心。随着亚洲各国，特别是中国人民生活水平、生活方式、家庭结构等因素的改变，人们的生活开始步入小康，尤其在沿海的发达城市，高质量的生活已经成为人们所追求的目标。饲养宠物已成为一种时尚，这为宠物及水族用品生产企业带来了极大的市场和丰厚的利润，也给市场带来了很大的发展空间。

南方和北方的宠物业起步几乎是同时的，发展至今都已有 20 多年的历史，宠物业的龙头——犬业作为新兴产业已见雏形，发展迅速，业已形成了宠物的生产繁殖、物流两大体系，正在逐渐形成良种繁育、科学饲养、品质改良、犬只训练、展示比赛、犬粮、犬具、犬药、医疗的产业结构链。随着新品种的不断更新改良，宠物品质的不断提高，相关产业链都得到了较快的发展。到 2010 年年末，中国内地宠物产业市场产值已超过 400 亿元人民币。

到目前为止，全国各省市自治区基本上建立了自己的犬业协会或组织，为犬业的繁盛起到了重要作用。由于存在地理环境差异、政府养犬政策不同等因素，南北方不同区域宠物市场，发展水平不一，趋向各异。目前，我们大中型城市中，宠物业发展较为规范、规模较大的有北京、成都、武汉、广州、上海。

3. 我国宠物业的发展趋势

随着经济的繁荣，人民生活水平不断提高，饲养宠物的人在逐年增加，尤其在经济发达的大中城市，宠物的饲养数量增加迅猛。随着宠物热的出现，宠物产业也得到了初步发展。我国目前的宠物热潮呈现出了一些与初期相迥异的特点。

第一，初期我国豢养的宠物来源主要以国内自产为主，进口数量很少，品种也较为单一；而当今的宠物种类已经发展成为猫、狗、鸟、水族四大类诸多品种的系列，其中进口宠物逐渐占据较大比重，品种也更加丰富，仅宠物犬的种类就达数百种之多。

第二，初期人们养猫主要是为了捕鼠，养狗是为了看家，看重的是猫和狗的实用性，只是将其作为一种"有用"的家畜，很少顾及其外形和品种的优劣。而现在，人们对宠物的品种、品质等方面要求日益提高，对宠物的玩赏要求更为明显。

我国宠物行业的发展呈现出以下几方面趋势。

第一，随着 GDP 的不断提高和人均收入水平增加，庞大的人口基数会使国内宠物数量实现井喷式增长，加之世界范围"宠物热"的持续高温对国内需求拉动作用，中国将成为超越欧美的宠物大国。

第二，市场空间迅速增容。随着宠物经济由兴起阶段步入成熟阶段，宠物行业管理逐步法制化、规范化，再加上政策的利好效应，大资本的介入使宠物行业摆脱现有民营规模的限制，我国宠物行业会迎来发展的黄金时期，中国的宠物及宠物食品、用品、保健服务行业逐渐具有国际竞争力，以我国的劳动力密集、资源丰富的优势打造国际知名品牌。

第三，宠物的下游市场是由上游产业衍生出来的，它的形成和发展首先得益于上游产业的发展，从这部分市场的作用来看，是它把宠物产业的蛋糕不断在做大。今后宠物产业链发展会逐渐由上游走向中下游，相对于上游市场而言，中下游市场的潜力更大。由于过度饲养不可避免地会带来一系列社会问题，因此发展宠物业的目标并不是要求每个家庭都要豢养宠物，仅仅从提高宠物的数量上去考虑，而是要从现有宠物的身上发掘市场，这个市场才真是商机无限。

4. 发展宠物业的现实意义

宠物是人类文明的产物，是文化进步的体现。培育宠物是一种高尚的选择，不仅为了丰富生活、消除寂寞，而且从中可以获取知识与乐趣，陶冶情操。宠物在人们的生活中不只是护卫、放牧、引路，也不单纯供人们观赏、戏玩，宠物的发展同时也推动了宠物经济和宠物文化的迅猛发展。

"宠物热"点燃了"宠物经济"。当前，随着宠物饲养蓬勃发展，形形色色的宠物医院、宠物中心、宠物美容店、宠物俱乐部、宠物寄养所、宠物超市、宠物学校也在逐年增加；市场上宠物用品琳琅满目，层出不穷；宠物写真服务、宠物培训也应运而生。据说，德国GDP 的 3% 来自于狗产业，美国宠物食品的销售量大于儿童食品。国内各大中城市每年在宠物方面的消费在数千万到数亿元，解决了成千上万人的就业问题。难怪有人说宠物经济已经成为一种新的经济增长点。

"宠物热"还推动了"宠物文化"的发展，宠物研究机构的建立，促进各类宠物杂志、宠物饲养管理及疾病防治书籍的出版，各地"宠物节"、宠物展览会的举行，为宠物文化的研究、交流与传播提供了良好的条件。

发展宠物事业是人类的需要、是社会的需要、是时代的需要。当然，宠物发展必须纳入法制化、规范化管理的轨道，使宠物有一个健康的可持续的发展。

二、宠物与人们的生活

宠物是人类的好朋友，它之所以受到人们的宠爱，不是无缘无故的：是它们，构成了五彩缤纷、绚丽多彩的生物世界；是它们，严格遵循生物规律，保护生态平衡，使人类赖以生存的地球保持青春的活力；是它们，"以身相许"，毫无保留地供人们玩赏、消遣、取乐。至少在 1790 年，宠物就已成为老年人或病人的伴侣与良友。近年来科学家们发现，同宠物朝夕相伴的老人能够降低心率，使沉默寡言的人开始同别人交谈。饲养宠物能够解除孤独，有助于治愈患者的疾病，能够从生物心理学方面为饲养者提供某些益处。除此以外，它们还以自己特有的天性和本能，为人类作出了无可替代的贡献。据说西双版纳地区有一种模样像乌鸦的鸟，当森林某处起火时，它便会唤来成千上万只伙伴用吐唾液、喙叼、翅膀扑打等进行灭火；蚂蚁能为人们准确预报天气；据英国一家医学杂志报道，狗能协助医生诊断癌症。

1. 人与犬的和谐关系

犬是人类最古老、最友好的助手与伙伴，它忠诚主人、善解人意，早就受到人们的青睐。它智商高，通人性，能理解主人的言行和意图，主人亦明白爱犬的"言行举止"，从而达到人与犬心灵的沟通。无论是在多么险恶的大自然环境中，还是在充满温馨的家庭，无论你穷困潦倒，还是多么富贵，只要与你做了朋友，它就会永远伴随着你。要不怎么会有"儿不嫌娘丑，狗不嫌家贫"的俗语呢。夜阑人静的时刻，它不倦地巡逻在主人的家前屋后，打更守夜；关键时刻，它会像勇士一样，挺身而出，保护、救助主人。有报道说，一只只有20kg 左右重的雪达犬，在体重达 85kg 的主人发生心脏病时，仅靠着一条系在它脖子上与主人腰际间的细绳，及时把主人拖回到距离 1500m 之远的家中，最终使得主人得以获救生还。

甲午战争中，著名爱国将领邓世昌的战舰被击沉，当他跳海时，他的爱犬奋不顾身拯救主人，邓世昌几次推开它让它逃命，可这只跟随邓大人多年的犬至死也不肯离开，最后它与英雄同归于尽，为国捐躯。在民间广为流传的"义犬救主"、"黄犬突周"等许多感人的故事，早已使人们惊叹、宠爱不已。

人与犬的合作源于石器时代的狩猎活动，是人们征服自然的得力助手。此外，犬还长期被用于护卫、放牧等。将犬用于军事，亦由来已久。古希腊和罗马军队用过狗，拿破仑用过狗，第二次世界大战和越南战争中美国军队也利用过狗。犬在侦察、探雷、警戒、引路、救护等多方面都是出色的"特种兵"。即使在未来的高科技战争中，它恐怕也是其他尖端武器所不可替代的。犬又是一名杰出的"福尔摩斯"，它疾恶如仇，帮助人们斗歹徒、查案犯，寻找蛛丝马迹，在打击违法犯罪分子方面不遗余力。长期以来，犬尽管背负着"走狗"的冤称，但它并不计较。只要仔细观察一下，人们不难发现，在犬的世界里有那么多令人赏心悦目、闻所未闻的新鲜信息，犬有那么多的优秀品质。可以毫不夸张地说，人类生活中自古离不开狗。

2. 人与猫的和谐关系

猫是理智、情感、活动三德具备的动物，自古即受到人们的宠爱，甚至敬若神明。它喜清洁，动作敏捷，姿态矫健，来去无声，叫声悦耳。不管坐、卧、伏、立，简直就是一件造型优美的"艺术品"。猫的眼睛亮晶有神，能表现喜怒哀乐。猫眼的瞳孔极富变化。它从不恶声吼叫，偶尔发出一两声腼腆的"喵喵"叫声，听起来是那样悦耳，如歌如诉。它追捕坏人时，铁面无私，犹如一位巡视人间、除暴安良的侠士；它静坐神思时，像哲学家一样在探省着人生的真谛。它灵巧、活泼、憨娇，一如天真无邪的顽童。猫不仅因为可供人们观赏、娱乐，以貌取悦于人类。它还是老鼠的天敌，为保护人类生态平衡而受到全世界的赞扬。从古埃及人保护作物和粮食免受老鼠破坏，到欧洲消除鼠疫带来的灾难，无一不显示了猫的功绩。直到今天，大量使用化学灭鼠药物的危害，猫的作用仍然是不可替代的，要么怎么会授予"黑猫警长"的美称呢？

3. 人与其他宠物的和谐关系

提起鹦鹉、八哥、金丝雀……人们一定不会陌生，是它们构成了鸟语花香的世界。悦耳动听的鸣叫、华丽高贵的羽毛、轻盈雀跃的舞姿，给人类带来了无限欢乐，为人们消除了多少寂寞和烦恼。别忘了，不少宠鸟还是益鸟，善于捕捉害虫，是保护森林、保护环境的天使。鸟在长期的进化过程中，还利用自身一些特殊而灵敏的器官，为人们快而准确地预报四季气候变化和风雨阴晴转换。《本草纲目》中说："朝莺叫晴，暮莺叫雨"，"白鹳仰天叫鸣，必定有雨"，"斑鸠雄叫晴，雌叫雨"。《禽经》中有"喜鹊仰鸣则晴，俯鸣则阴"。鸟鸣还可作为农事季节变化的依据。宋代大诗人陆游在《鸟啼》诗中就总结道："野人无历日，鸟啼知四时。二月闻子规，春耕不可迟。三月闻黄鹂，幼妇闵蚕饥。四月闻布谷，家家蚕上蔟。五月鸣鸦舅，苗稚尤草茂。"

金鱼、锦鲤、热带鱼等是观赏鱼爱好者最喜爱的宠物，它们一个个色彩鲜丽，体态端庄，游姿典雅，恬淡温柔。它们生活简朴，要求不高，不因远离江河而悲观，不因受到人们宠爱而骄傲，无论是门庭、窗前和案头，有水即可栖身，无鱼不成妙景。身临其境，悠然自得，不亦乐乎！不少鱼儿（如神仙鱼等）以蚊子的蚴虫子孓为食，是消灭蚊虫的好帮手。

蟋蟀、蜻蜓、蝴蝶等，别看个头不大，却各具神态和性情，尤为儿童所喜爱。它还是昆虫学家们研究的活标本，架起了人类探索生命奥秘的通道。

4. 宠物调节人们心理与生理失衡

形形色色的宠物被人类饲养着，无论是水中的鱼、龟，空中的鸽、鸟，陆上的马、猫、犬、兔等，还是诸如蚂蚁、蛇等，在人类的生活和人伦世故中，都扮演着不容忽视的角色，在整个人类历史上，宠物一直给人类带来一系列好处，它们既是人们的助手也是伴侣，有时还起到美化家庭和显示心态的作用。时至今日，宠物的主要作用是成为相依为命的伴侣，一起散步，一起读书和工作，一起过日子。饲养宠物的一项主要责任就是喂食，喂食不仅是一种极大的乐趣，而且有助于建立相互间的感情。在拉丁语里，"伴侣关系"的本义就是"在一起吃面包"，这种巧合是多么意味深长。在今日，宠物已经成为提升人们的生活品质的许多因素之一，在过去的 20 年里，许多研究都证实了拥有宠物在精神上以及医学上的各种好处。在第 10 届"人类与伴侣动物关系"国际会议上，研究人员指出，饲养宠物的人比较健康，相对于那些没有饲养宠物者，饲养宠物者每年向医生求诊的次数减少了 15％～20％。研究显示，情绪低落者，饲养宠物后情绪得以改善，可以去面对或克服没有道理的恐惧，比如说对黑暗的恐惧或是单独一个人时的焦虑不安。对于一些性格异常，尤其是自闭症患者，他们常忽略别人的感受，但通过与动物相处，可以使他们跟人友好相处。因为当他们以自我为中心时，宠物会变得很不听话。

美国宾夕法尼亚州立大学的研究人员勒文逊也发现，伴侣动物可增强家庭内部的活力。在有些场合下，小动物可成为家庭成员间讨论的主要内容，促进感情交流。另外，它们对性格内向的孩子具有心理治疗作用。不愿与大人交流的儿童往往会试图与这个沉默的小朋友交谈，从而恢复与他人之间的正常接触。儿童有伴侣动物的生活形态，会成为其性格发展的一个方向，透过伴侣动物，儿童能学习做一个负责任的人，如果一个小孩能够学会照顾好家中的宠物，就应该会有比较好的态度去对待他身边的人，建立对周边事物的爱心。宠物对于弱势群体更为重要，例如智障人士，从小需要照顾，少有机会照顾别人，有些严重智障者完全失去社会活动能力，宠物就成为他们生活中重要的伴侣与精神支持。人到老年，社会角色和地位就会发生很大的转变，从一个被别人需要、被别人重视的人变成了一个需要他人照顾的人，这种巨大的落差常给老年人带来心理上的种种变化。为了缓解这种落差，他们往往饲养一些宠物，来寄托自己的感情，从中感觉到自己的被需要和被依赖。还有研究证明，伴侣动物与其年迈的主人之间存在一种相互影响、相互依赖的微妙关系，这种复杂而微妙的关系，有利于老年人生理和情绪的健康，拥有伴侣动物的老年人生活更愉快，寿命更长。

此外，还有研究显示饲养宠物可以增强人的抵抗力，如长期和猫、犬待在一起的儿童不易得病。而且饲养宠物的人，其心脏跳动频率比没有饲养宠物者低，一个原来处于相当程度紧张情形下的人，在当他的宠物来到他身边时，心跳速率会减缓并且血压会降低，尤其对那些工作压力特别大的人来说，拥有一只宠物可能是一种很好的减压方式。可见饲养宠物对提高人类生活质量大有益处。

5. 科学研究需要宠物

人类饲养宠物已经不仅仅是作为伴侣的需要，现在的许多宠物已经被作为试验动物供我们进行科学研究，每年有相当数量的兔子、老鼠、犬、羊和其他动物被用于科学试验，如生理试验、遗传学试验、有毒气体危险评价试验、防化试验、药物、化妆品和其他消费产品的上市前试验等。

可以说，人类离不开宠物，它给人类带来了色彩、欢乐，渗透到了人们生活的每一个角落，是人们生活的伴侣和助手。饲养宠物可以陶冶性情，防止孤独。很难想象，这世界如果缺少了它们，将会成为一个怎样的世界。同样，宠物也离不开人类，它们需要人们的呵护和宠爱。

三、《宠物饲养技术》的主要内容与学习要求

1.《宠物饲养技术》的主要内容

《宠物饲养技术》主要以宠物犬、猫为研究对象，以家庭养宠过程为主线，介绍了犬猫的起源与进化，犬猫的品种类型，国内、外主要宠物犬猫品种的形态特征、性格特点和饲养要求，家庭宠物选择方法和养宠前准备工作，宠物营养需求和宠物饲料种类，各阶段犬猫的饲养管理，犬猫的选种选配和繁殖过程，以及幼年和成年阶段犬猫的训练和调教方法。同时，根据当前家庭养宠多元化的特点，还专门介绍了观赏鸟、观赏鱼、斗鸡、赛鸽、宠物兔等特种宠物的品种类型、饲养管理和简要的训练调教方法。

2. 学习《宠物饲养技术》的要求

《宠物饲养技术》是从事宠物行业人员所必须掌握的一门重要的专业课，学习宠物饲养技术不仅要掌握宠物的生理活动、品种标志、各阶段宠物的饲养管理，更重要的是总结宠物的活动规律，并能灵活地应用这些规律来指导实践。同时根据宠物的日常活动情况进行分析，找出解决问题的方法和措施，定向地调节和控制宠物的各项活动，使其朝着有利于宠物自身健康的方向发展。具体做到如下几点：

① 认真学习宠物的理论知识和技能操作，这是学好宠物饲养技术的前提。

② 经过宠物饲养实践，深入理解宠物饲养技术。在实践中更进一步掌握宠物的日常生活规律，不断总结，理论联系实际。

③ 通过各种渠道全面了解宠物相关知识，这是养好宠物所必不可少的。

【练习与思考】

1. 什么是宠物？伴侣动物包括哪些？
2. 我国当代宠物业的发展现状如何？
3. 我国宠物业的发展趋势怎样？
4. 发展宠物业有何现实意义？
5. 发展宠物业应注意些什么？
6. 宠物与人们的生活有什么关系？
7. 宠物饲养技术课程的主要内容是什么？

微信扫一扫

在线自测	打基础
电子彩图	辨细节
视听资料	划重点
拓展知识	多交流

第一章 犬、猫的起源、进化与特征

【内容提要】

从犬、猫的生物分类入手详细介绍了犬、猫的起源和进化，犬、猫的生理特性、感觉机能、睡眠等生物学特性，犬、猫的神经活动类型、情绪反应、行为学特征等行为特点。让学生熟悉和掌握这些特性和特点，并将其综合利用，让犬、猫更好地为人类发挥作用。

第一节 犬

【学习目标】

1. 了解犬的起源，熟悉家犬与狼的亲缘关系。
2. 掌握犬嗅觉灵敏的原因，熟悉犬嗅觉的应用。
3. 能综合利用犬的行为，让犬充分发挥作用。

重点：犬嗅觉灵敏的原因，及其犬嗅觉的应用。

难点：综合利用犬的行为，让犬充分发挥作用。

犬字是个象形字，《说文》中有一句："视而不见犬字如画狗"。据考证，犬、狗自古通名，可调换使用，若再细分，则大者叫犬，小者为狗。犬在生物学中的分类属脊椎动物亚门的哺乳纲，属于食肉目的犬科、犬属，是很早以前食肉哺乳动物的后裔，目前有 330 多个品种、850 多个品系。

一、犬的起源与进化

犬是人类驯养最早的动物。人类驯养犬已有几万年的历史，由古狼演化而来，此后一直同人类一起生活工作。由于家犬与人类的关系非常密切，有关家犬的起源问题一直是古动物学家、动物分类学家、动物进化学家、人文学家及社会学家十分关注的一个问题。从目前所收集到的资料显示，世界范围内的所有家犬，无论是大、中、小型犬，还是分布在世界各地的各个品种，甚至是所谓的地方品种都是起源于一种狼——灰狼。因地域及人们使用目的（狩猎、放牧、警卫、战争、伴侣、导盲和观赏等）的不同，在进化或选育中形成了不同的品种或品系。

1. 狼的驯化

犬属动物，由土狼、豺、狐狸和狼组成，当人类开始定居时，狼也紧随其后并逐步改变其生活方式，形成了选择性进化的环境，并逐渐形成了家犬。

根据对人类历史文物和犬的骨化石的研究，以及家犬与狼交配后能产生具有繁殖力的后代以及两者的血液学非常相似，可以证实，狼是家犬的祖先。进一步研究证明，家犬起源于约 2 万年前中型亚洲狼。家犬是由狼驯化而来的，已经得到了考古学、行为学、细胞学和生物分子学等方面的证实，但是人类是如何将狼驯化成家犬的，目前已经无从考证。狼演变成现代的家犬，有一个漫长的进化过程。人们根据狼的群居特点、人类文明的发展过程做出了一些推测，认为狼的驯化可能存在以下三种过程。

（1）权威驯化　最初的狼和人类是互为捕食的关系。随着人类对工具的使用、捕食效率的不断提高，所捕捉到的幼小的狼，交给妇女或儿童来饲养，或者给儿童玩耍。随着时间的推移，渐渐地繁殖起来，由于自然环境的压力变小，导致狼的体形变小，与人类一起生活更轻松，也增加了对人类的依赖，人类经过无数代的选育，使它们的品种更为丰富，于是逐步进化成家犬。

狼本身是群居动物，具有严格的等级制度，由于人类的饲养行为，使狼很容易听从人类的指挥。因为家犬由狼演化而成，所以都具有狼性，喜欢成群、追击、服从权威的领导。

（2）自我驯化　有人认为，狼经过人类有目的的选择育种驯化成家犬似乎不太可能。更大的可能是，由于气候、环境、食物等多方面的因素，狼在体形、生理和行为上发生了改变，是一个自然选择的过程，是"自我驯化"的结果。

由于人类对自然环境的不断适应、对工具利用能力的提高，特别是对火的使用，使得人类的居住环境发生了重大改变。人类居住的周边环境也发生了局部变化，例如人类的剩余食物可以使那些"大胆"的狼"不劳而获"，使得狼中的一部分个体逐渐适应、占据了这种生境。由于狼具有非凡的听觉和嗅觉能力，可以为人类及时通报危险。所以，人类由最初的畏惧狼，到逐渐通过共同防御敌害，过渡到与狼形成互利。人与狼不断地相互接触，使得狼最终自我驯化成狗。

（3）配合选择驯化　也有人认为，家养动物的驯化过程绝不是一个孤立的事件，不可能只是单纯地由于自然选择或者由人工选择决定的。家养动物的驯化更可能是一个长期、复杂的过程，有的时候由自然选择发挥作用，有的时候由人工选择起作用，也有可能是自然选择和人工选择共同起作用。这种自然选择和人工选择的作用可以是同时的，也可以是分别的。即便是人类已经开始进行周密的人工驯化，但是自然选择仍然在发挥着作用。当狼开始同人类一起生活时，人类可能对狼的驯化策略进行过重大调整。

2. 家犬的起源学说

尽管全世界犬的形态千差万别，毛色也各异，但所有的狗都能杂交，基本生物学特征也完全相同。1785年著名博物学家林奈在他的《自然系统》一书中把狗从狼和其他犬属动物分列出来，视其为一个驯化了的种，称为家犬。关于家犬的起源问题，学术界曾有过争论，主要有3种学说。

（1）"一源说"　认为目前千姿百态的狗由一种动物即狼驯化而来，其主要理论依据是世界各类型的狗都能混交，并产生具有繁殖能力的后代，这是生物学上定义一个种的重要标准。另外，所有家犬的尾巴都是向外卷曲的，而其他犬属动物的尾巴是向内或竖直向下的，表明家犬只能来源于一种动物。

但"一源说"不能解释狗与狼杂交生育的事实，又不能解释在时间不长的远古时期，由一种动物驯化成为另一种动物并迅速传遍全世界的事实。

（2）"多源说"　根据考古学研究世界上狗的驯化时间，以色列、伊朗约在1.1万年前，土耳其约在9000年前，中国约在8000年，英国约在7500年前，因此又出现了"多源说"。"多源说"认为，目前全世界的狗是由狼、丛林狼、豺（亚洲胡狼）、黑背胡狼、侧纹胡狼、澳洲野狗6种犬属动物驯化而来的。

（3）"多起源地单种祖先"学说　在对犬属动物的DNA分析发现，家犬还是与狼的关系最大，因此许多学者又提出了不同地区的狼被同时驯化成不同地区的狗的"多起源地单种祖先"学说。

然而，这些学说仅是借助于考古学上的一些史前资料的支持，仍存在着许多疑点，有待今后进一步解释。

3. 家犬与狼的亲缘关系

犬属动物之间的杂交有过很多记载，狗与狼、狗与豺之间杂交都能产生具有生于能力的后代。狼在人工饲养下也能与豺杂交繁殖。还有资料表明，狗与南美狐、食蟹狐之间也能杂交，不过后代生育能力下降。1989年，长春市动物园曾成功地让一只公狼与一只母狗交配，并产生后代。

但通过多方面的调查研究发现，犬属动物在野生条件下是不能正常杂交繁育的，它们在形态学上和行为学上有明显差别。但家犬与狼之间也存在着较为密切的亲缘关系（表1-1），这也为家犬由狼驯化而来的观点提供了一个有力的证据。

表1-1 家犬与狼的关系

比较项目	家犬	狼
分工协作能力	严密分工,配合协作,有很好的团队合作精神	
牙齿形态	犬齿十分尖锐,第四臼齿与第一下臼齿发展成裂齿	
牙的数量	42颗	
染色体	78条(39对)	
繁殖行为	发情求偶表现和交配姿势完全相同	
雌性哺喂	均有逆呕食物,哺育幼仔的行为	
雄性哺喂	交配结束后不再来往	全程参加哺喂幼仔
尾部	反曲尾(向外卷曲,镰刀状或螺旋状)	内曲尾(向内或垂直向下)
毛色	千差万别,与人类的选择有关	少量与环境相适应,绝大部分几乎相同
寿命	10~16岁	6~9岁
发情情况	一年春秋两季发情	一年发情一次
性成熟期	12月龄以前	22月龄左右
妊娠周期	58~63天	60天左右
叫声	多为吠叫,很少嚎叫	多为嚎叫,也有吠叫
心跳	70~120次/分	
呼吸	10~30次/分	

二、犬的生物学特性

犬作为高等脊椎动物，各种生理活动都具有哺乳动物所共有的基本特征。从动物学分类上，犬也具有哺乳动物、食肉目、犬科的特征。但犬类也有自身的一些特征。

1. 犬的感觉机能

（1）嗅觉极其灵敏 犬的嗅觉灵敏度位居各种家养动物之首，对酸性物质的嗅觉灵敏度要高出人类几万倍，犬的嗅觉主要表现在两方面，一是对气味的敏感程度，二是辨别气味的能力。

犬的嗅觉感受器官是嗅黏膜内的嗅细胞。嗅黏膜位于鼻腔上部，表面有许多皱褶，其面积约为人类的 4 倍。嗅黏膜内大约有 2 亿多个嗅细胞，为人类的 40 倍，嗅细胞表面有许多粗而密的绒毛，这些绒毛扩大了细胞与气味物质的接触面积。气味物质随吸入的空气到达嗅黏膜，使嗅细胞产生兴奋，沿密布在黏膜内的嗅神经传到嗅觉神经中枢，从而产生嗅觉。

此外，犬的鼻尖有特殊的分泌物，从而能更有效地保留着物体的气味。犬对气味的灵敏度可达分子水平，即使把硫酸稀释千万分之一，仍可嗅出来。犬辨别气味的能力相当强，可在诸多气味中嗅出特定的味道，它发现气味的能力是人类的 100 万甚至 1000 万倍，分辨气味的能力超过人的 1000 倍，可以分辨大约 2 万种不同的气味，经过专门训练识别戊酸气味的犬，可以在十分相近的丙酸、醋酸、羊脂酮酸等混合气味中分辨出有戊酸的存在，优秀的警犬能辨别 10 万种以上的不同气味。特别是对动物的气味更为敏感，即使很淡薄的气味也能辨别出来，它能闻到距离它 200～300m 远的野兽的气味和距离它 400～500m 远人的气味。

（2）听觉敏锐　犬可分辨极为细小和高频率的声音，而且对声源的判断能力也很强。当犬听到声音时，由于耳与眼的交感作用，所以完全可以做到眼观六路，耳听八方。晚上，犬即使睡觉时也保持着高度的警觉性，依靠灵敏的听觉对半径 2km 以内的各种声音都能分辨清楚。立耳犬的听觉要比垂耳更为灵敏。犬听到声音时，由于耳与眼的交感作用，有注视音源的习性。这一特征，使猎犬、警犬都能够准确地将接听到的声音用注视行为为主人指明目标，以追踪和围攻猎物。犬能够凭借人们呼唤它名字的音调来判断此人是否与它友好，还可以根据人的口令或语言的音调音节变化建立条件反射，完成主人交给的任务。没有必要对犬大声叫喊，过高的声音或音频对它来说是一种逆境刺激，使它有痛苦，惊恐的感觉，当然在它犯错误时，可以提高声音来管教它。

犬的听觉十分敏锐，听觉感应能力可达 120000Hz，是人类的 16 倍，它能听到的最远距离大约是人的 400 倍。犬对于声音方向的辨别能力也是人类的 2 倍，能分辨 32 个方向犬的耳朵能随着声音的方向转动，这一特征使警犬、猎犬能够准确地接听到声音，为主人指明目标，并在主人的授意下追踪和围攻目标。犬对有的声音很敏感，对汽车、摩托车的发动机声，鞭炮声会感到恐惧。

（3）心灵感应　所有动物都是靠心灵感应传递信息，犬更是这样。比如在地震和火山爆发前有预感，到室外乱跑和吠叫，它可能是提醒你早做准备。经过训练的犬在执行任务时，甚至没等主人做完一个简单的动作或说完一句话，它已能分析到主人命令的内涵而很好地发挥作用。这种现象体现在一个训练员所获得的优秀训练效果中，犬与人之间在共同活动中存在着一种无法解释的吸引力——超感觉。超感觉也可支配它辨认方向，即使把它带到很远的地方，甚至相隔数年之后，犬仍可以找到回家的路。而犬与其他野兽之间的联系也有自己独特的传递方式，它对猫的妒忌性很大，但通过人的各种表情和训练，犬能够领会到主人对猫的钟爱而和睦相处。

（4）视觉较差　犬的晶状体是人类的两倍厚，它的眼的调节能力只及人的 1/5～1/3，在 50m 之内可以看清，但超过这个距离就看不清了，但运动的目标则可看到 825m 远的距离。它的视野非常开阔，单眼的左右视野为 100°～125°，上方视野为 50°～70°，下方视野为 30°～60°，它对前方的物体看得最清楚但由于犬的头部转动非常灵活，所以，基本上可以做到"眼观六路，耳听八方"。

犬是色盲。在犬的眼里，世界就如同黑白电视里的画面一样，只有黑白亮度的不同，而无法分辨色彩的变化。导盲犬之所以能辨别红绿灯是依靠两灯的光亮度不同，犬对灰色浓淡的辨别力很强，依靠这种能力就能够分辨出物体上的明暗变化，产生立体的视觉影像，由于犬视网膜上的视杆细胞数量较多，所以犬对暗视力比较灵敏，在微弱的光线下也能看清物体，这说明它仍保持着夜行动物的特征。

（5）味觉迟钝　犬的味觉器官是味蕾，但因味蕾数量很少，所以味觉迟钝。犬是食肉动物，它的牙齿尖锐而强健，能切断食物，上下牙齿之间的压力可达165kg，但不善咀嚼，几乎是在吞食。因此，犬并不能通过细嚼慢咽来品尝食物的味道，而主要是靠嗅觉来感知食物的气味，味觉只是起辅助作用。由于犬的胃液分泌主要是由于嗅觉刺激的作用，因此在为犬准备食物时要特别注意气味的调理。犬胃液中的盐酸含量为家畜之首，盐酸能使蛋白质膨胀变性，因此犬对蛋白质的消化能力很强，它在食后5～7h内就可将胃中食物完全排完，但犬对粗纤维的消化能力差，因此在给犬喂蔬菜时应切碎再喂。

2. 犬的情感反应

犬虽然不能像人一样说话，但是犬可以通过吠叫、动作和表情来表达感情。

（1）吠叫　众所周知，各种动物都有自己的语言，吠叫就是犬的语言。尽管犬有大小，声也会有高低，但是节奏和吠叫的方式却都是一样的。

"嗯—嗯—"，这是连续、低沉、哀怨的声音，这表示它们很不开心，甚至很痛苦。

"呜—呜—"，离开父母的小犬常常发出这种吠叫，仿佛婴儿的哭声。应该说，这种吠叫就是小犬在哭闹，它们还不习惯离开父母和兄妹，感到伤心和寂寞。

"汪—汪—汪、汪、汪、汪"，犬在发现情况之初，会大声地发出"汪、汪"的叫声，这时的叫声有短暂的间隔，像是报信。接下去的叫声便是一串串的"汪、汪"声，一边叫，一边围着它们心目中的"敌人"转来转去，这是在威胁对方，也是发起攻击的前奏。

"汪、汪"，主人回家或家里来了熟客，犬比谁都最先知道，它们会摇着尾巴发出短促而又温柔的"汪、汪"声，这表示它们很高兴。如果待在家里的人不去开门，它们会跑去催促你，它们淘气的时候也会这样叫。

"嗷！"，尾巴被人踩痛，脚被夹痛，或受责罚被真正打痛时，它们会突然地"嗷、嗷"叫起来。受到突然惊吓时，它们也会发出这种叫声。

"嗷—呜、嗷—呜"，狼在荒野常常发出这种凄凉的叫声，据说这是在呼唤远方的同类。犬是狼的后代，这种野生时代的习惯也保留下来。每当听到其他犬发出如此叫声，它们也会随声应和。

（2）眼神　犬的双眼是它心灵的镜子，人们可以通过眼神窥探它的内心。愤怒惊恐的时候，瞳孔张大，眼睛上吊，眼神显得凶狠可怕；悲伤寂寞的时候，眼睛湿润，眼神如泣如诉；高兴淘气的时候，眼睛晶莹，目光闪烁；自信或渴望得到信任的时候，目光沉着而坚定；犯错心虚的时候，转移视线，眼睛上翻；不适或消沉的时候，眼睛半张半合，眼神呆滞。

（3）耳朵　犬的耳朵不仅听力很强，并且有许多表情。当它耳朵猛力向上直立着、瞪着眼睛时就是它精神高度集中时；打探四周动静时，耳朵会随着声音来回转动；情绪紧张准备进攻时，耳朵有力地向后背；高兴、撒娇或犯错心虚时，耳朵会柔软地贴向脑后。

（4）尾巴　尾巴是犬心灵的透视镜，它的一举一动无不与它的尾巴密切相关。尾巴随着摆动的屁股使劲摇时，表示它高兴得要命；慢慢摇动表示它亲昵的感情；尾巴充满力量向上竖起，一点一点摇动时，表示向对方挑衅，试探对方的力量；尾巴硬邦邦向上竖直时，表示自己有充分的自信；尾巴下垂或夹着尾巴，表示害怕；尾巴卷在肚子下面，表示它们非常害怕，它们怕对方伤害自己的尾巴，而尾巴正是其要害所在。

（5）自私　犬也是一个优柔寡断的情种，心胸狭窄，希望独享主人的恩宠。它们会因主人家添了小孩变得神经衰弱，也会因单身的主人交朋友而心怀不满。

因此，如果同时养几只犬，千万不可偏疼偏爱，见到它们时，要叫它们所有的名字，公平地爱抚它们，否则它们会因争宠而互相威胁和打斗。

（6）温顺　犬在临敌时非常凶狠，露出上牙时简直面目可憎，但是在主人面前，它们多半是十分温柔的。主人睡觉时，它们会上去舔舔他（她）的脸；主人起床时，它们又会上前舔舔他（她）的手和脚；主人看书时，它们常把下巴乖乖地支在主人的腿上，翻着眼睛注视着主人，使人会忍不住轻轻摸摸它们的头，拍拍它们的背，再对它们说几句只有对小孩才说的甜言蜜语。这种温情只有养过犬的人才能有所体会，其他人则是很难理解的。

3. 犬的寿命

犬的寿命大约为 14～16 岁，有些可达 20 岁，最长的甚至达到 34 岁，2～5 岁是犬的壮年期，7 岁后开始出现衰老现象，9 岁左右生殖机能停止。犬的寿命与犬的品种、饲养管理等条件有关，如杂种犬比纯种犬长寿，小型犬比大型犬长寿，公犬比母犬长寿，室内饲养的犬比室外饲养的长寿，甚至黑色比其他花色犬长寿。

犬的发育情况，一般 1 月龄的犬相当于 1 岁的人，1 年的犬相当于 13 岁的人，9 岁犬相当于人 60 岁，见表 1-2。

表 1-2　犬龄与人龄对照表

犬龄	1 岁	2 岁	3 岁	4 岁	5 岁	6 岁	7 岁	8 岁	9 岁	10 岁
人龄	13 岁	20 岁	27 岁	34 岁	40 岁	45 岁	50 岁	55 岁	60 岁	65 岁
犬龄	11 岁	12 岁	13 岁	14 岁	15 岁	16 岁	17 岁	18 岁	19 岁	20 岁
人龄	68 岁	71 岁	74 岁	77 岁	80 岁	83 岁	87 岁	90 岁	93 岁	96 岁

三、犬的行为特点

1. 群体位次和领土行为

犬生性好群居，有等级习性，犬的群体位次很明显，这和它的祖先狼一样。群居动物中都可产生主从关系，这种主从关系使得它们能够成群生活。犬尽管驯养至今，但仍保持其祖先这一习性。在群体中有着明显的等级制度，它们对选出的头领绝对服从。因此，对犬主来说，往往要扮演领袖的角色。在犬饲养场、农村或城郊的犬群中，总由一条头犬支配、管辖着全群。级别高或资格老的头犬怎样表明它的等级优势呢？通常采用以下几种特定动作来表示：如允许自己而不允许对方检查生殖器官；不准对方向另一只犬排过尿的地方排尿；对方可在头犬面前摇头、摆尾，或退走、坐下或躺下，当头犬离开时，方可站住。

大多数动物都有圈地为域的领土行为，犬至今仍保留这种习性。犬喜欢在树干、墙角处撒尿作标志就是这种行为。犬经常漫游时排尿作"嗅迹标志"，并不停地搜寻嗅迹。公犬成年后，在外出游散步时，遇到转角或树干习惯暂停下来，抬起一后肢排尿，然后继续前进。母犬在发情期也有类似现象，排尿前四处嗅一嗅，然后蹲下排尿。如果让犬自由奔走时，它总是走经常走的道路。公犬比母犬更喜欢漫游，并且更善于利用这种标志。

2. 有争功邀赏和妒忌行为

两只猎犬在一起追捕猎物时，往往你争我夺，互不相让，有时甚至会暂时放下猎物，进行战斗，以决出高低，这是犬争功心理的外在行为。犬争功的目的是为了获得奖赏，当一只猎犬获取猎物，将猎物交给主人时，往往抬头自信地注视主人，等待主人夸奖或给其食物。这种邀功心理是被人利用作为驯化的心理基础。人们在训练犬时，往往以奖赏作为训练的手段，当犬完成某一规定的动作行为时，总是以口令或食物予以奖励，这种训练形式强化了犬的邀功心理。犬的这种心理活动提示人们，在日常的训练和使用过程中，应注意培养犬的这种争功心理，在表扬、奖食上不要吝啬，而要慷慨大方，满足犬的邀功心理，促使犬在日后的工作中更好地建功立业。

犬听从于主人，忠诚于主人，但犬对主人似乎有一个特别的要求，即希望主人专一地爱护它。而当主人在感情分配上厚此薄彼时，往往会引起犬对受宠者的嫉恨，甚至因此而发生争斗。这种嫉妒心理的外在行为表现是冷淡主人、对受宠者施行攻击等。对犬群来说，只能是地位高的犬被主人宠爱，若地位低的犬被主人宠爱，则其他犬特别是地位比它高的犬将会做出强烈反应，有时会群起而攻之，这是犬嫉妒心理的表现。

3. 很强的好奇心，喜欢玩耍

犬在好奇心的驱使下，利用其敏锐的嗅觉、听觉、视觉、触觉去认识世界，获得经验。当犬发现一个新的物体时，总是用好奇的眼神专注地看着，表现出明显的好奇心，然后嗅闻，舔舐，甚至用前肢翻动，进行认真的研究。犬的好奇心有助于犬智力的增长，这种心理状态为训练、利用犬为人类服务提供了生物学基础。

犬活泼好动，无论成年犬还是幼犬，均以玩耍为乐趣，玩耍使犬增长了知识，积累了生活经验。犬经常表现的动作是在趴下之前总要在周围转一转仔细考察一番。

犬喜欢经常啃咬物品，这是磨牙。人们要经常喂骨头或骨胶以利磨牙。室内养犬应精心给犬选择一些玩具以供玩耍。玩具不宜太小，不能有锋利的棱角，以防将其吞下或引起外伤。理想的室内玩具是骨头样，硬而坚固的橡胶制品或棍棒。应避免使用儿童橡皮球作玩具，因犬可将其咬碎，甚至吞食，引起胃肠道疾病。较好的室外玩具是一只苹果，既可以玩耍，果汁又可以清洁犬齿。

4. 喜爱清洁

犬是讲究卫生的动物，有定时、定位大小便的习性。犬多选择在每天起床后、吃食前后或傍晚时排便。在室内养犬可以训练它们在上述时间，到庭院固定的地点排便或到住室厕所排便；也可以每天定时牵犬到野地散游时排便；还可以利用犬的这种习性训练定位排便。训练时可使用定位排便诱导剂，使犬固定排便地点。犬的卫生意识还表现在冬天喜欢晒太阳，夏天喜爱洗澡。但家养宠物犬洗澡的次数太多会导致患皮肤病和增加犬的体力消耗，从而影响犬的健康。犬在休息时常用很多时间去整理体表，以清除体表的皮屑、污垢以及不适地方，并用舌舔阴部或伤口，用牙啃咬皮肤，用后爪搔挠被毛等。无论公、母犬都有经常检查和细心用舌舔自己外生殖器以保持其清洁的习性，这是犬的卫生保健行为，不应反对和斥责。值得注意的是：当犬频繁地嗅自己的肛门部位时，可以认为犬出现了不适感及消化功能不正常，应及时进行检查或治疗。

5. 具有恐惧心理

犬害怕声音、火、光与死亡。犬对雷鸣及烟火具有明显的恐惧感，枪声、爆炸声及其他类似的声音都使犬害怕。犬在听到剧烈的声响时，首先表现为被这突如其来的巨响震慑，接着便逃到它认为安全的地方去，如钻进屋檐下或房间里，并缩着脖子钻到狭小的地方伏地贴耳，一副胆战心惊的模样。这种恐惧可以改变，要克服犬的这种恐惧心理，在仔犬时便应进行音响锻炼，以适应这种刺激。除声音外，怕光的犬也相当多。在日常生活中，还经常可以见到犬怕汽车，怕会动的玩具等。然而，只要从小进行环境锻炼，从小多接触一些事物就能减少甚至消除这些恐惧心理。

6. 具有较高的警觉性

犬在野生时期是夜行性动物，白天睡觉，晚上活动。被人类驯养后与人的起居基本保持一致，改为白天活动，晚上睡觉。但与人不同的是，犬不会从晚上一直睡到早晨，而且睡觉时始终保持着警觉状态。犬通过一定时间的睡眠可以恢复体力、保持健康。犬在睡觉时对于味道的反应完全停止，而对声音却特别敏感。此外，犬睡觉的姿势也总是将头朝向外面，比如庭院的大门方向，随时可以体察到外面的各种变化，保持着很高的警觉性，这一习性成为犬能看家、警卫的本领。犬每天需要14～15h的睡眠时间，但不会睡这么长的整段时间，而常分成很多次。

第二节　猫

【学习目标】

1. 了解猫的起源和猫的饲养历史。

2. 熟悉猫的生理特点，掌握猫的生物学特性。

3. 掌握猫的生活习性，并加以利用。

重点：猫的生活习性及其利用。

难点：猫的起源和猫的饲养历史。

家猫是由野生猫经过人类长期的饲养驯化而来，是猫科动物中体型最小的动物。猫属于哺乳纲、食肉目、猫科、猫属。研究表明，大部分家猫品种是由非洲野猫驯化而来的。

一、猫的起源与进化

关于猫的起源有两种说法，一种说法认为猫起源于4万年以前，当时地球上正是哺乳动物兴旺发达的时期，有一种称剑齿虎的动物，可能是猫的最早祖先，它在2万年以前已经灭绝了；另一种说法是猫起源于一种很久以前就灭绝了的动物古猫兽，根据考古发现的结果和对古生物的分析、研究，这种动物生活在树上，跟猫、狗有着相似的外表，身体较大，尾巴较长，腿较短，能像猫、狗一样自由伸缩爪子。随着时间的推移，大约在1万年以前，从这种古猫兽中演变出与今天的猫更为类似的动物，人们称之为恐齿猫，这种动物无论在地上还是在树上，动作都相当机敏。这种恐齿猫可能就是野猫较近的祖先了。

家猫几乎是遍布于欧洲、非洲和南亚的小型野猫的后裔。在这片广袤的地域内，根据当地的环境和气候条件，演变出无数个野猫亚种群。它们的外观不尽相同，生活在北方的欧洲野猫身材粗壮，短耳，厚皮毛；非洲野猫的身材更修长，长耳，长腿；而生活在南方的亚洲野猫则身材小巧，身上带斑点。家猫的原始祖先很可能是非洲野猫，因为非洲野猫的形体只稍大于家猫，性情也比其他品种野猫驯服。非洲野猫经常出没在人类住地附近，并很容易被驯化，往往作为当地居民地宠物来饲养。驯化后的猫被带到世界各地后，可能与当地野猫相互交配，成为不同地区现代家猫的祖先。目前带深色斑纹的欧洲家猫的皮毛纹路兼备了欧洲野猫和非洲野猫的特点，而生活在印度的家猫所带的斑点说明它们的先祖与亚洲野猫有着血缘关系。家猫与丛林猫等另外一些野猫品种杂交后产生的品种不大可能对家猫的主流品种产生重大影响。经过数千代的繁殖，在猫身上也发生了家养过程所引起的生理变化，这与狗身上的变化相似。包括形体变小，爪子缩短，大脑和颅腔容积缩小，伸展双耳和尾巴的姿态以及皮毛的颜色和质地也起了变化。不过猫与狗不同，它们在人类社会中保持着很大程度的独立性，因此很少因为选择性的外来压力而形成某些为人类所需要的行为特征。因此，家猫与其祖先野猫相比，在外貌上变化不大，在早期的考古发现中很难加以区分。

二、猫的生物学特性

1. 猫的形态特性

猫的形态特征同捕食鼠类的生活习性相适应。它的头部近圆形，颜面部短，耳呈三角形。眼睛的瞳孔能随光线的强弱而缩小或扩大。强光下瞳孔缩小成一道细缝，在暗处时能放得又大又圆，收集大量的光线。猫的四肢略高，尾较长。趾行性，前肢5趾，后肢4趾，趾端具锐利弯曲的爪，能伸缩。耳能够灵活转动，善于辨别微声。这些结构能使家猫在暗处探察情况和有利捕鼠，猫的足下有肥厚柔软的肉垫，行走时悄然无声，指趾末端锐利而能伸缩的钩爪，适于捕鼠，猫的被乱色杂，纯色猫较少。猫的大齿发达，尖锐如锥，在齿的咀嚼面有尖锐的突起，上下颌的臼齿中都有特别强大的裂齿，这些结构适于捕咬鼠类和把鼠肉嚼碎以及咬断肌肉筋腱。猫舌表面粗糙，有许多向着舌根方向生长的角质化突起，适于舔附在骨头上的残肉。

2. 猫的解剖、生理特点

猫有良好的骨骼运动系统，猫运动轻松自如，灵活多变。它的后肢跳跃能力可达两米以上，前肢可以扫向任何方向，头可向左右敏捷地旋转180°，猫的尾巴能像蛇一样运动。

猫全身肌肉有500多块，肌肉比人类的肌肉更有力量，其中特别是后肢和颈部肌肉，因此猫能够有力地、迅速地、闪电般地扑向猎物。

（1）猫的肢体结实　猫的后肢比前肢长，每只脚下有一个大的肉垫，前脚有5趾、5爪，后脚有4趾、4爪，每一脚趾下又有一个小的趾肉垫。脚底和趾下的柔软肉垫起着良好的缓冲和防滑作用，并善于跳跃，更使猫可以无声地接近和袭击猎物。猫的爪由角质组成，呈三角钩形。

出生后3~4个月龄的生长猫，其爪还不能缩回或不能完全缩回，成年猫的利爪能随意伸出或缩回。平时爪在趾球套内，只有在采取攻击行动时才伸出套外。利爪是猫的祖先赖以生存的必备条件，是它们捕捉猎物或与其他动物或同类搏斗时的武器。遇到强敌时，可用利爪攀登树木、木桩或其他物体，迅速逃掉。猫必须经常磨爪，一是阻止其快速增长，二是保持其锐利状态，这就是猫为什么用爪抓木板、抓树皮、抓被褥、抓沙发及床单等的原因。

（2）除鼻端外猫全身都有腺体　猫的体腺分为两种，一种叫内分泌腺，这种腺体有一开口于毛囊的腺体孔，产生乳样液体，它的味道能吸引异性猫。如颌部、颞部和尾根部等分泌的一种特殊味道液体利于猫与猫之间的社交活动（如划定活动范围，或涂擦在周围某物上为其他猫留下它的记号等）。另外一种叫外分泌腺，产生汗液，不过这种汗腺仅在脚垫上有。当猫格斗或发热时，才分泌汗液，产生汗液有微弱的散热降温作用。但猫散发体内热量主要的形式是通过喘气或舔其他物体。

3. 猫的感觉机能特点

（1）猫的听觉发达　猫的耳朵像塔一样地竖立着，时刻全神贯注地搜寻周围的声音。猫耳郭能作迎向声波的运动，可辨明微小声响的方位和距离。猫的鼓膜发达，不但能听到清晰的声音，即使在噪声中亦能辨别距离1~20m外的各种不同声音。猫的听力比人的听力高2倍以上，甚至比犬的听觉还要灵敏。

（2）猫的嗅觉和味觉很灵敏　和其他哺乳动物一样，嗅觉主要是嗅闻挥发性物质的气味，味觉主要是在吃食或舔食时，检查和辨认溶解于水或唾液中的食物味道。嗅觉和味觉联系紧密，相互依靠。猫共有三种化学感受器，分别是嗅觉感受器、味觉感受器和混合感受器。

（3）猫白天的视力最好　虽然猫的祖先是夜行的，而且眼睛的瞳孔还可以随着光线的强弱自动地放大或缩小，但仍然以白天的视力最好。因为在完全没有光线的地方或黑暗的夜里，猫眼睛也看不见东西。它的视觉特点是：当有微弱光线时，它们的瞳孔便能极大地散开，眼睛立即将光线放大 40～50 倍，从而达到可在夜间看见东西的目的。这种奇妙的光线放大方法，对于数千年前习惯于夜行的猫的祖先是非常重要的生理特征。

4. 适应性较强，但对冷、热都敏感

凡是有人类居住的地方，几乎都有猫的存在。成年的猫，每年通过春夏和秋冬的两次季节性换毛以适应气候的变化。但是，猫身上汗腺较少（只在脚垫上有少量的汗腺），所以，体热调节相对较难。家养状态的猫，在夏天喜欢待在通风、凉快的地方休息；在寒冷的冬天，则喜欢钻被窝、钻灶膛取暖。去势后的猫则更加怕冷。实践证明，猫最适合的温度为18～20℃，相对湿度为 50% 左右。

5. 猫的寿命

猫的一般寿命为 18～20 岁，有些猫可达 25 岁，甚至 35 岁。猫的青春期在 1～2 岁之间，10 岁的猫基本上可认为进入老年期了。猫在 18 岁时已是高龄阶段，这以后需主人对猫更加格外地精心照料，才能使猫长寿。当猫 2 岁以后，每增长 1 岁，相当于人增长 4 岁。猫的年龄与人的年龄相对照情况如表 1-3。

表 1-3　猫龄与人龄对照表

猫龄	1.5月	3月	6月	9月	1岁	2岁	3岁	4岁	5岁	6岁
人龄	4岁	6岁	10岁	13岁	15岁	24岁	28岁	32岁	36岁	40岁
猫龄	7岁	8岁	9岁	10岁	11岁	12岁	……	19岁	20岁	21岁
人龄	44岁	48岁	52岁	56岁	60岁	64岁	……	92岁	96岁	100岁

三、猫的行为特点

1. 猫的性格特点

（1）聪明、智商高　由于猫的大脑半球发育良好，大脑皮层发育较完善，所以猫能很快适应生活环境，并能利用生活设备，如正确使用便盆，打开与关闭饮水器、辨别人类的好恶等。成年猫记忆力极强，如去医院打过一次针后，再去医院就十分紧张；再如把猫带到几十千米以外的陌生地方，猫可以轻易独自返家等。另外猫还能预感某些自然现象，如地震及其他某些自然灾害将要发生等。但 5 月龄前的小猫大脑尚未发育完善，必须依赖于母猫和主人的帮助。

（2）孤独、不喜群居　在与主人关系方面和社会性方面猫与犬有着很大的不同。犬见到主人后，摇尾晃脑，非常热情。猫则多半是打个呵欠，伸伸懒腰，闭起眼睛接着睡。若横着身子在你腿上蹭几下，算是对你最友好的表示了。野猫在自然界中是孤往独来，以个体活动为主的，很少三五成群地在一起栖息和结伴生活。只有在繁殖期，公母猫才聚在一起，这是猫在长期进化过程中形成的特点。家猫的环境虽然改变了，但仍秉承其祖先喜欢独立而不受约束的性格特征，常表现为多疑和孤独，并喜欢在居住环境区域内建立属于自己的活动领地，尤其不欢迎其他同类闯入。例如，当一个家庭中养了几只猫时，每只猫常根据家庭环境划分自己的领地，互不交往，更不在一起进食、排便，甚至有时为了争夺领地、食物、玩具还会发生争斗，即使母猫生产后，也多独立哺育幼猫而不太依赖主人。猫的习性决定了猫较强的独立性，孤独而自由的生活和喜欢外出活动的习惯。另外，猫不喜欢也不接受主人强迫的事情。

（3）自私、易嫉妒　猫自私，是自然选择的结果。常常表现出强烈的占有欲，如对食物、领地以及获得主人的宠爱等。在与主人生活的过程中，它会在主人家庭与其周围建立起一个属于自己的领地范围，不允许其他猫进入，对入侵者会立即发起攻击。吃食的时候，如果有其他的猫或别的动物在场，猫会表现出强烈的敌意，或叼着食物逃走或按住食物做出警备姿势，有时还发出"呜呜"的威吓声。

猫的嫉妒心对同类和其他动物都有强烈的表现。比如，当主人抱起两只猫中的一只，另一只猫立刻会发出"呜呜"的威胁声，而怀中的猫也会不甘示弱，想尽办法阻止另一只猫接近主人。另外，当主人带另一只猫、犬或鸟回家时，原来的猫会突然失踪，有时甚至会死去。更严重的是，有时主人对猫仔过多的亲昵表现，也会引起母猫的愤愤不平。但嫉妒心强也是猫重视主人对它的情感与态度的表现，主人可以充分加以利用这一特点，培养与猫的亲密感情。

（4）性格倔强，自尊心强　猫的性格十分倔强。对待主人的指令，即使已经理解，但只要不合其意，猫就不会去做。主人指定它去的地点（采食、休息、睡眠等）它往往不去，主人不许它去的地方（冰箱、电视机、玻璃家具的上面等）它偏要去。

猫的自尊心特强。猫常拒绝主人的爱抚，在主人强行抱入怀中爱抚时，往往从主人怀中挣脱逃通。经常有这样的现象：猫与客人嬉戏，抓破了客人的衣服，将其赶出家后，它会一直到客人走后才肯回家；以后每当有客人来时，它就避开。当赶它的客人再次出现时，它就以不友好的态度躲在椅子或其他物品下面，并表现出狰狞的凶相。所以，调教猫必须要有足够的耐心和爱心。

（5）猫警惕性高　因为猫天生喜欢独来独往，所以有很强的戒备心。比如猫在睡觉时，总爱把耳朵挤在前肢下面，这样，既可以保护耳朵，又可以把耳朵贴在地面上，以此保持高度的警觉。一旦听到动静，就可以立刻采取必要的行动。猫在休息和睡眠状态下也处于高度警觉状态。处于睡梦中的猫常常是一旦听到轻微响动，会立即睁大眼睛，四处张望，全身紧张，做出随时反击的准备。当判断无任何危险时，才重新安然闭眼睡觉。猫用身体去蹭主人或蹭它所熟悉的猫的目的是要把自己的气味留在对方身上，以后再嗅到就会认为是安全的，这也是猫警惕性高的表现。遇到不认识的猫，要先嗅它的鼻尖和尾巴上的气味。但多是在未嗅完前就已经发生争斗了。

（6）猫喜欢玩耍　猫喜欢玩耍，特别是幼龄猫。一般仔猫出生后3天就能开始玩耍，玩耍的对象可以是母猫，可以是同窝的兄弟姐妹，可以是主人，也可以是其他物品或玩具。猫与猫之间的玩耍是一个互相学习、交流或传艺的过程。小猫在独自玩耍的时候，被吹动的树叶、虫子、乒乓球、毛线团、绳子、竹筒、篮子、纸篓、纸袋等都可以作为玩耍的对象。猫对球状的、嬉戏中能发出声音的玩具更感兴趣。猫玩球时常用力前冲，扑向小球，或用前爪扑打玩弄小球。对一个小球，猫常常能玩上很长时间。有时，空中无物，猫也会跳上跳下，向空中扑来扑去，这是猫在幻想捕捉食物，或是在训练捕食的本领。调教好的小猫还喜欢与主人嬉戏、撒娇，或抱腿、或舔手，十分惹人喜爱。

（7）猫感情丰富　猫感情很丰富。虽然猫不会笑，不会哭，但它能以声音和身体语言来表达自己的喜、怒、哀、乐，还会用耳、眼、嘴、尾巴和肢体等来表达自己不同的情感。因为它有很丰富的情感，所以也很容易与主人建立感情。如猫的两耳直立向后摆，耳尖向里弯，瞳孔缩成一条缝，胡须向前竖起时，是发怒的表现；耳朵扬起，胡须放松，瞳孔没有变化，尾尖抽动，这是高兴、满足的表现；用舌头舔嘴，这是要吃食了；尾巴向上竖起，这是安全、得意的表现；尾巴耷拉下来，这是不安或生病的表现；用脚、头、颈向上磨，这是对主人亲昵、撒娇的表现；瞳孔放大、两耳平伸、胡须向两边竖起、尾巴拍打地面、两前肢伏地、随时准备跃起，是即将发生争斗的表现；两眼微闭，尾巴温和地晃动，这是它想得到主人的爱抚。此外，与主人建立起感情的猫在主人回家时，它会欢快地跑来迎接；在主人坐着休息时，它会主动依偎主人，并要主人搂抱、爱抚。但猫并不是一味地讨好主人，只有当主人对它爱惜、温存时，它才会以友善回报，若对它不友好甚至虐待，它就会采取立即逃避、不合作的态度，有时还会进行反击或离家出走。所以，要想和猫建立感情，并得到它的信任，就必须以善相待，温和耐心。

2. 猫的生活习性

（1）易满足，有安全感　猫秉性忠诚、友好、易于照看，与人相互理解，可以和所有年纪的人建立起亲密的伙伴关系。猫容易自满，希望主人和自己生活得轻松安逸。如果开始就与它们建立起亲密的关系，就会多年拥有一个满意、忠诚、充满爱心的伙伴。大多数的猫喜欢家居的安全感，不论是一个充满探险诱惑的农舍，还是有露台的市区楼房，它们都可以从中找到属于自己的天地。例如，把一只成年的农家猫送到一个十层楼的公寓中去过一种拘束的生活，虽然看起来不合适，但它仍能很快学会以最佳的方式安顿下来。

（2）区域性强　猫儿是区域性很强的动物，它们喜欢到室外建立一块与邻家猫儿有联系的地方，这一点雄猫表现得比雌猫更明显。家养猫的领地集中在它自己的家园，它会用气味、专用音、搔抓和其他记号划分边界。领地的形状并不总是依家庭现有形状为合法界限，常常不规则，也许会有重叠。重叠处常常是猫儿群集的地方。一只猫一旦占据了一个区域，它的领地也就固定下来；如果一只比它更强壮的猫儿闯进来，它会进行抵抗，其结果是边界最后要重新划分。在一个房间里的两只或更多只猫也会表现出占有领地的趋势。它们在房间内画地为牢，当然也有重合的地方。

（3）喜温暖环境　可以通过猫儿的姿势判断它是否感到暖和。在非常热的房间里，或是在酷夏天气里，它尽可能将身体所有的部分伸展暴露出来，散发热量。在寒冷的天气里，则蜷得很紧，形成一个保热的球形。

（4）猫具捕猎本能　猫有一个令一些主人无法接受的习性就是捕食，特别是当猫坚持要将猎物带回家享用时。捕食是猫的一个极强的天性，有时从小猫的玩耍中就可以看到它们精湛的技艺。小猫长大一些，通过玩耍捕食、观察母亲并模仿她，"技艺"更见长进。捕食对猫来说是天性，甚至有时吃饱后也会发生。如果猫带着它的猎物回家，在您面前表功，您千万不要惩罚它。这一天性已在猫的生活中深深扎下根，您根本不要设法去除它。一个好办法是在猫的项圈上放一个铃铛，当它走近猎物时，铃声会帮助猎物提前逃走。为安全起见，铃铛一定要挂在脖子有弹性的地方，松松的。

（5）喜爱睡眠　猫在一天中有 14～15h 在睡眠中度过，还有的猫，要睡 20h 以上，所以猫就常被称为"懒猫"。但是，仔细观察猫睡觉的样子就会发现，只要有点声响，猫的耳朵就会动，有人走近的话，就会腾地一下子起来了。本来猫是狩猎动物，为了能敏锐地感觉到外界的一切动静，它睡得不是很死。

（6）猫的攻击行为　在长期的家养驯化过程中，猫虽然对人失去了攻击行为，但对其他动物的攻击行为仍然存在。正常情况下，猫会表现出 3 种攻击性行为，即雄性间争斗行为、恐惧性攻击行为和宠爱性攻击行为。雄性间争斗行为是指公猫在一起相互间抓扑或撕咬对方、相互争斗的行为，一般在性成熟后（1 岁左右）表现较为明显。90% 的公猫在去势后几天或几个月，相互间的争斗行为便可自行终止。恐惧性攻击行为多发生在神经敏感或胆小的猫身上，陌生人的来访、突然受到惊吓或受到主人打击等因素均会引发这种攻击行为，当猫安静下来、不再害怕时，这种攻击行为也就自动终止。宠爱性攻击行为多发生在公猫身上，由于受到主人的过分宠爱，公猫在主人毫无防备的情况下咬伤或抓伤主人的行为，防止方法是终止过分宠爱行为，并进行严厉警告。

【练习与思考】

1. 犬嗅觉灵敏的原因有哪些？在实际饲养过程中如何加以利用？
2. 犬有哪些情感反应？如何通过犬的叫声来判断犬的情感？
3. 猫有哪些生活习性？饲养时如何让其为主人所用？
4. 如何从猫的声音和身体语言判断不同的情感？

微信扫一扫

在线自测 ┃ 打基础

电子彩图 ┃ 辨细节

视听资料 ┃ 划重点

拓展知识 ┃ 多交流

第二章 犬、猫的品种

【内容提要】

通过对犬、猫体质外貌鉴定和犬、猫体尺测量的学习掌握鉴定犬、猫的基要方法；掌握犬、猫的分类原则和 AKC 及 CFA 对犬、猫的品种类型和划分和各类型的代表宠物；熟悉国内外常见宠物犬、宠物猫的外形特征、性格特点和饲养要求。

第一节 犬、猫的外貌鉴定

【学习目标】

以犬的体表解剖结构为例，熟悉犬的体表各部名称，尤其需要熟悉犬头部各器官的不同类型；熟悉掌握犬、猫体尺测量的方法和实践中常用的体尺测量指标，理解这些指标的实际意义；了解通过牙齿的情况鉴定犬猫年龄的方法。

重点：1. 掌握犬的耳、眼、鼻、爪、尾、毛的类型及代表宠物。

2. 掌握犬、猫体尺测量的方位和常用的体尺指标。

难点：齿龄鉴别的方法和指标。

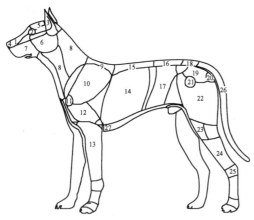

图 2-1　犬体表部位名称

1—鼻部；2—眼部；3—耳部；4—鼻镜；5—额部；
6—面部；7—上颌部；8—颈部；9—肩部；
10—肩胛部；11—肩关节部；12—臂部；
13—前臂部；14—肋部；15—背部；
16—腰部；17—腹部；18—荐部；
19—臀部；20—坐骨部；21—髋
关节部；22—股部；23—膝部；
24—小腿部；25—飞节；
26—尾部；27—胸骨部

一、犬猫体表解剖结构

犬猫的体表大致可以分为以下几个部分：头部、颈部、躯干部、四肢、尾部和被毛。不同品种在外貌上有各自的特征。下面以犬的体表解剖结构为例来说明各部位的名称、生理基础、结构、机能。

1. 头部

头部以颅骨和颌骨为骨骼基础，颅骨和颌骨的相接部位形成程度不一的梯状结构——额鼻阶。在很多品种中，额鼻阶是很重要的品种特征。头部生长有耳、眼、鼻、嘴、齿、舌等重要器官，在一定程度上可以体现出品种的特征（图 2-1）。

（1）耳　耳是犬听觉系统的外器官，本身具备一定的转动角度，同时借助于头部和颈部的灵活转动，能够很好地收集来自周围的声音。大而薄的耳片还可以起到散热的作用。犬在胆怯时常有抿紧耳朵的表情出现，体现出犬情绪的变化。

犬耳的大小、形状、垂立的程度因品种而异。犬耳朵有长有短，耳根附着有高有低，人们还习惯于把某些品种的耳修剪成特定形状，如杜宾犬。犬的耳型大致有六种，如 彩图 2-2 。

① 蝙蝠耳　为根部宽、尖端较圆的钝三角形竖耳，似蝙蝠的耳，如法国斗牛犬。

② 纽扣耳　在耳朵中部向头盖骨方向扭转，形似裤腰上的裤钩。

③ 直立耳　耳呈尖长三角形，完全挺立于头上，如德国牧羊犬的耳型；另一种是原为垂耳或半垂耳，经人工剪截后呈窄尖的三角形竖立，如大丹犬、拳师犬等。

④ 半直立耳　耳根竖立，耳尖向前方折曲，如苏格兰牧羊犬、喜乐蒂牧羊犬等。

⑤ 垂耳　整个耳朵在头部侧面下垂，如贵宾犬、波音达犬、八哥犬、藏獒等。

⑥ 玫瑰形耳　耳尖向后翻转，露出耳的内部，似玫瑰花瓣，如灵猩。

（2）眼　眼是犬的视觉器官，犬的视觉能力较差，色盲，夜视能力强于白天。犬眼本身的视野因品种不同而有差异，大的可达到 270°（如灵猩），小的也可达到 180°。无论是哪一种犬都可借助于头部的灵活转动，视野均可达到 270°以上。眼睛的周围有眼睑，边缘有睫毛，起保护眼的作用。睫毛根部有小腺体可分泌使眼睛润滑的液体。眼睛通过泪管和鼻相通。所以，当犬产生不适时，鼻和眼睛的反应是统一的。犬眼的颜色可分为黄色、红色、褐色、白色等。犬的眼型是指犬眼睛的形状，依上下眼睑的状态来决定，一般分为 4 种，见 彩图 2-3 。

① 杏仁眼　眼型呈杏仁状，绝大多数犬属于此眼型，如德国牧羊犬。

② 三角眼　一般比较少见，仅出现于日本犬种，如日本狗。

③ 圆眼　眼睛圆而不突出，如西施犬、吉娃娃。

④ 凸眼　眼大而圆，眼球突出，如八哥犬、马尔济斯犬。

（3）鼻　鼻是犬的嗅觉器官，犬的鼻腔中有大量的嗅细胞。在犬认知世界的各种途径中，嗅觉是排在第一位的，所以鼻对犬的重要性是不言而喻的。鼻除具备嗅觉能力外，还具备一定的味觉能力，有辅助进食的作用。在犬的繁殖行为中，公犬的嗅觉也有相当的重要性，可以辨识母犬阴道分泌物的气味。鼻子还有调节所吸入空气湿度的作用，以免干燥的空气刺激肺部。鼻的最前缘部分叫鼻镜，正常状态下是湿润而黑亮的，在犬出现某些机能障碍时会表现为干燥，是犬病诊疗的主要观察目标之一。依据鼻及颌骨的长短，犬可分为短吻犬和长吻犬。以额鼻阶为界，鼻长小于头长一半的犬为短吻犬，大于头长一半的犬为长吻犬。

（4）齿　犬每侧牙齿的类型与数目，常以齿式表示，成年犬的牙齿 42 枚，其齿式为

$$2\left(I\ \frac{3}{3}\ C\ \frac{1}{1}\ P\ \frac{4}{4}\ M\ \frac{2}{3}\right)=42$$

式中，括号内为每侧的牙齿类型与数目；I 代表门齿符号；C 代表犬齿符号；P 为前臼齿符号；M 为后臼齿符号；数目字为每种齿型的牙齿数目。这表示成年犬上颌有 6 颗门齿，2 颗犬齿，8 颗前臼齿，4 颗后臼齿（图 2-4）；下颌有 6 颗门齿，2 颗犬齿，8 颗前臼齿，6 颗后臼齿（图 2-5）。幼犬的乳齿呈白色，齿细而尖，全部长齐共 28 枚。其齿式为

$$2\left(I\ \frac{3}{3}\ C\ \frac{1}{1}\ P\ \frac{3}{3}\ M\ \frac{0}{0}\right)=28$$

犬的齿式是典型的食肉性动物齿式，门齿不发达，犬齿发达，臼齿的咀嚼面不发达，在采食上表现为撕扯能力强、咀嚼能力差，经常是囫囵吞咽。犬的牙齿有四种咬合姿势，常见的是剪状咬合（图 2-6）、水平咬合（图 2-7）、突出式咬合包括上颌突出式咬合（天包地式咬合）和下颌突出式咬合（地包天式咬合）（图 2-8）。

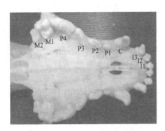

图 2-4　犬上齿弓

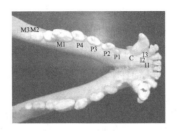

图 2-5　犬下齿弓

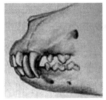

天包地式咬合　　地包天式咬合

图 2-6　剪状咬合　　　　图 2-7　水平咬合　　　　图 2-8　突出式咬合

（5）舌　犬舌灵活而发达，分布有味蕾，是主要的味觉器官。进食时舌有搅拌食物的功能，还可以把水卷进口腔同时也是躯体排热的重要器官，同时还有维护自身卫生、护理子犬和亲昵同伴时表达情感的作用。在母犬发情时，公犬有用舌舔母犬外阴部的习惯，有助于刺激公犬、母犬的性欲。

（6）颅部和面颊部　额部和面颊部的骨骼基础是颅骨。颅顶有圆顶和平顶之分，面颊部肌肉的发达程度决定了犬咬合能力的大小。

2. 颈部

颈部连接着头部和躯干部，其骨骼基础是颈椎。嘴和胃、鼻和肺、脑和脊髓的连接管道都通过颈部，还有连接脑和心脏的重要血管。犬的颈部肌肉发达，转动灵活，被毛浓密，皮肤松弛程度视品种而异。颈部是犬咬斗时的主要攻击部位，上述特点有利于咬斗时的自我保护。借助于颈部的灵活转动，犬的头部转动角度大，便于接受各个方向的信息。

3. 躯干部

犬的躯干部可分为鬐甲部、背部、腰部、荐部、胸部和腹部。

（1）鬐甲部　鬐甲部的骨骼基础是两肩胛骨的上缘和部分胸椎嵴突，明显突出于背部水平线，用手抚摸时感觉明显。鬐甲部是前肢很多肌肉和筋腱的附着点，所以要求高耸，是测量犬体高时的起点。

（2）背部　背部的骨骼基础是胸椎，胸椎的主要作用是固定肋骨，同时附有复杂的肌肉结构。对于绝大部分品种而言，都要求背线平直，典型缺陷是凹背和凸背。通常犬在老龄时，有背腰部塌陷的表现，这是肌肉和骨骼机能衰退的表现。

（3）腰部　腰部的骨骼基础是腰椎。腰部是连接前躯和后躯的枢纽。犬快速奔跑中的转弯动作主要靠腰部的力量。绝大部分品种的犬对腰部的要求是坚实、宽而肌肉发达，给犬的运动提供力量。

（4）荐部　荐部的骨骼基础是荐椎，是中轴骨的末端。部分品种的犬在荐部有轻微的下斜。

（5）胸部　胸部的骨骼基础是肋，其内部主要包容着心脏、肺等重要器官。一般对胸部的要求是宽而深、容积大，为肺和心脏提供充足的空间。

（6）腹部　腹部的生理基础是腹肌，内部包容着消化系统、生死系统和泌尿系统。通常公犬腹部应表现为紧凑结实，收缩良好、母犬由于受生殖行为的影响，相对松弛，腹部生有乳腺，属于皮肤的衍生物，是泌乳器官。

4. 四肢

犬是跑走型动物，此行为特点决定了犬的四肢必须是强健而灵活的。前肢包括肩部、臂部、肘部、前臂部、腕部、掌部、指部；后肢包括股部、膝部、小腿部、跗部（飞节）、跖部和趾部。

犬的趾型与其活动能力有很大的关系，也深深影响其外形的好坏。犬的足掌轻薄则强韧性不足，缺乏持久力，而趾太长、太短或成棒状等均是缺陷。犬的趾型大致分为以下四种。

（1）猫爪型　这种趾型以小而圆者最为理想。是工作犬常见的趾型。

（2）兔爪型　这种趾型呈椭圆形，乍看犹如兔爪，是较理想的趾型。玩赏犬多见，如八哥犬要求一定为兔爪型。

（3）伸张型　这种趾型脚趾之间缝隙过大，外形不甚美观，外出时脚趾中间常会夹住泥沙。

（4）纸型　这种趾型的脚趾薄如纸张，爪尖发育不良，难以支撑身体的重量。

5. 尾部

犬尾的主要作用是在快速奔跑中平衡身体，同时还有保护肛门、外阴部和表达情感的作用。部分犬在饲养管理实践中有断尾的习惯。犬的尾型是犬的主要特征之一，根据犬尾巴毛粗细长短、尾根附着高低、有无饰毛和尾巴的形状等将犬尾分为以下十种。

（1）卷尾　整个尾巴卷曲于背上或背的两侧（有左卷和右卷之分），如北京犬、秋田犬、藏獒等。

（2）镰状尾　尾从中部向上或向背部弯曲，但不卷曲，似镰刀状，如比格犬。

（3）松鼠尾　从尾根处弯向背部，但不卷曲，比镰状尾更接近于背部，如爱尔兰水獭猎犬。

（4）钩状尾　又称弯曲尾。尾的末端有似钩形的弯曲，如大丹犬、伯瑞犬等。

（5）直立尾　尾直立向上，多为经过截尾手术而成，如拳师犬、罗威纳犬等。

（6）剑状尾　尾较直，稍有弧度，静态时自然下垂，如德国牧羊犬、哈士奇。

（7）旗状尾　尾不卷曲，尾上有长饰毛，使尾巴呈三角旗形状，如爱尔兰雪达犬。

（8）水平尾　尾长中等，尾毛短，尾根粗壮，尾端细，跑动时尾巴与身体水平，如腊肠犬。

（9）螺旋尾　尾较短，稍有扭曲，如斗牛犬、波士顿㹴等。

（10）无尾　这种尾型分为生来无尾与被断尾后留下极短的尾巴两种，如英国古代牧羊犬。

6. 被毛

犬是耐寒忌热的动物，这和犬全身被毛浓密、缺少汗腺关系密切。犬被毛的毛型和毛色是品种的主要特征之一，品种间差异很大。犬的被毛型有三种：外毛、底毛和饰毛。外毛的特点是直、硬而粗糙，主要作用是保护身体免受伤害；底毛的特点是软而浓密，主要作用是保持体温；装饰毛的特点是修长、华美艳丽，主要生长在四肢部、尾部、腹下部和头颈部，是根据人类的喜好人工选育而成。大部分犬是双层被毛，即只有外毛和底毛，分层明显；部分犬被毛柔软，毛型不明显；也有少部分品种的犬被毛短、粗、硬，无明显的分层；部分品种的犬有发达的装饰毛。

二、犬、猫的体尺测量

体尺测量是指把犬猫的体尺指标量化成数据，使之更为直观。其主要意义是克服靠肉眼观测带来的误差。另外，体尺数据是育种工作的重要依据。在育种工作中，通常把超出规定体尺数据之外的个体淘汰或不予作种，以控制个体的大小，使品种更加规范。

1. 常用工具和测量方法

犬、猫常用的体尺测量工具有测杖、软尺、直尺、测角计。

犬、猫的体尺测量需要 3 人完成。一人保定，使其在正常姿势下保持稳定的站立姿势，供其他人量取数据，人要与犬猫熟悉，不能给其造成恐慌心理；一人测量，按规定量取各体尺数据，技术要熟练，测量部位要准确，动作要轻柔，避免造成紧张情绪；一人记录，记录所测的数据，要翔实。

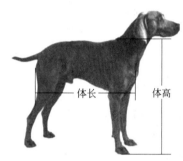

图 2-9　体高体长测量

2. 主要测量指标与工具

（1）体高　是指犬猫在水平地面以正常姿势站立，鬐甲（马肩隆）到地面的垂直距离。所考查的内容主要是肩胛骨和前肢骨的状况，用测杖量取（图 2-9）。

（2）体长　是指犬猫在水平地面以正常姿势站立，肩胛骨（肩端）前缘到坐骨结节的直线距离。所考查的内容主要是中轴骨的状况，用测杖量取。需要指出的是，在育种学中有体直长和体斜长之分，上面所说的是体直长。体斜长是用软尺测得的肩胛骨前缘到坐骨结节的距离，是整个躯干部的弧度长。

（3）胸围　是指鬐甲后两指，胸部的周长。所考查的内容是胸部的发育状况。用软尺测量。

（4）胸深　是指鬐甲后两指，背线到胸下部的直线距离。所考查的内容是胸部的发育状况。用测杖测量。

（5）胸宽　肩胛后角左右两垂直切线间的最大距离。所考查的内容是胸部的发育状况。用测杖测量。

（6）荐高　是指犬猫在水平地面以正常姿势站立，荐部最高点到地面的直线距离。所考查的内容是荐部和后肢部的发育状况。用测杖测量。

（7）管围　左前肢管部上 1/3 最细处的周长。所考查的内容是管部的发育状况。用软尺测量。

（8）头长　鼻镜至颅顶的直线距离。所考查的内容为头部的发育状态。用测杖或直尺测量。

3. 测量时的注意事项

犬猫的体尺测量要求要数据相对准确，因此，操作的准确性是至关重要的。一般在测量时要注意以下几点。

（1）站立姿势　测量时，一定要以正常的姿势站立在平坦地面上，任何不正确的姿势都会造成测量结果的误差，尤其对体高、体长、荐高的影响更大。要使犬猫保持正常的站立姿势，保定的人员特别重要。要求犬猫和保定人员一定要互相熟悉，在测量时不能有被动反应，同时，保定人员熟悉体尺测量技术，知道犬猫应该以何种姿势站立。

（2）测量人员的操作技术　测量人员操作技术的熟练与否对结果的影响是很大的。测量人员要熟悉所有的操作技术，同时了解犬猫的性情，才能做到测量结果的准确性。要坚持客观的结果，避免主观臆断。

（3）测量工具的精确程度　测量工具的精确程度直接决定着测量结果。测量工具一定要选择准确，以免影响测量结果。另外，在测量前要仔细检查好工具，调整好数据。

三、犬、猫的年龄鉴定

1. 犬的年龄鉴定

为了大致了解犬的年龄，有必要了解一下犬年龄鉴定的方法。犬的年龄鉴定通常根据犬的牙齿生长与磨损情况以及外貌等来综合判定。

根据牙齿变化来判定年龄主要以牙齿的生长情况、齿峰及牙齿磨损程度、外形颜色等综合判定。

犬齿全部为短冠形，上颌第一、二门齿齿冠为三峰形，中部是大尖峰，两侧有小尖峰，其余门齿各有大小两个尖峰，犬齿呈弯曲的圆锥形，尖端锋利，是进攻和自卫的有力武器。前白齿为三峰形，后白齿为多峰形。判定年龄时依据表 2-1 的标准。

表 2-1　犬齿与年龄

年龄	犬　齿	年龄	犬　齿
20 天左右	犬的幼齿开始长出	3.5 岁	上颌第一门齿尖峰磨灭
4~6 周龄	乳门齿长齐	4.5 岁	上颌第二门齿尖峰磨灭
将近 2 月龄时	乳齿全部长齐，呈白色，细而尖	5 岁	下颌第三门齿尖峰稍磨损，下颌第一、二门齿磨损面为矩形
2~4 月龄	更换第一乳门齿	6 岁	下颌第三门齿尖峰磨灭，犬齿钝圆
5~6 月龄	换第二、三乳门齿及乳犬齿	7 岁	下颌第一门齿磨损至齿根部，磨损面呈纵椭圆形
8 月龄以后	全部换上恒齿		
1 岁	恒齿长齐,洁白光亮,门齿上都有尖突	8 岁	下颌第一门齿磨损面向前方倾斜
1.5 岁	下颌第一门齿大尖峰磨损至与小尖峰平齐(此现象称尖峰磨灭)	10 岁	下颌第二及上颌第一门齿磨损面呈纵椭圆形
2.5 岁	下颌第二门齿尖峰磨灭	16 岁	门齿脱落,犬齿不全

以上是根据犬牙齿变化情况判定犬的年龄，但由于所喂饲料的性质（颗粒饲料或流食）、生活环境（如圈养的犬就比散养的犬缺少啃咬砖头、木棒的机会）等因素，牙齿磨损的程度也有所不同，因此会给判定带来一定的误差。

2. 猫的年龄鉴定

一般情况下 7~10 天睁眼，3 周耳朵打开完全竖立，第 2~3 周开始长乳牙，2~3 个月长齐乳牙，并开始换牙，至 6 个月时，永久门牙全部长齐。1 年后下须门牙开始磨损，5 年后犬齿开始磨损，7 年后下颌门牙成圆形，10 年以上时，上颌门牙磨损成圆形。也可根据毛的生长情况和毛的颜色变化情况大致鉴别猫的年龄。猫出生 6 个月后，长出新毛表示成年；六七年后进入中年期，此时，嘴部长出白须；到老年期，则头、背部长出白毛。

第二节　犬、猫的品种类型

【学习目标】

了解我国及 FCI 对犬的分类方法，掌握 AKC 对犬的分类方法以及七个犬品种类型的代表犬只；了解 CFA 对猫的分类方法和主要猫种。

重点：AKC 对犬的分类方法和各品种类型的代表犬只。

一、犬的品种类型

犬与人类相伴的历史悠久。在中国，根据史料的记载，中国人驯化和培育犬的历史有上千年，所培育出的一些品种在世界上都是非常著名的。如北京犬、松狮犬、沙皮犬、西藏獒犬、西藏狮子犬等。在西方，犬的驯化和培育历史都相对较短，但是，所培育出的犬的品种却非常丰富。根据国际养犬联盟（FCI）的有关资料报道，在世界范围内，犬目的品种为337 种。

1. 我国对犬的分类

我国对犬采用的分类方法分类方法很多，主要有三种。

（1）自然分类法 根据犬的繁殖目的和用途分为九类：捕鸟猎犬、嗅犬、视犬、牧羊犬、警犬、狸犬、斗牛犬、雪橇犬、观赏犬。

（2）体型分类法 分为小型犬、中型犬、大型犬、超小型犬、超大型犬。

（3）用途分类法 分为食犬、守犬、猎犬三种。

2. FCI 对犬的分类

国际犬业联盟（Federation Cynologique Internationale，FCI）也叫世界犬业协会（图2-10），成立于1911 年，最初由比、法、德、奥、荷五国联合创立，目前是世界上最大的犬组织。FCI 的主要职责是：监察其会员机构每年举办4 次以上的全犬种犬展；统一各个犬种原产国的标准，并广泛公布；制定国际犬展规则；组织、评审以及颁发冠军登录头衔；制定协会成员国血统记录，认定犬种标准。虽然是一个统一的国际性组织，但是FCI 有比较强的兼容性，它包含有84 个成员机构，日本的JKC、法国的SCC 以及中国的KCT 等机构都是其成员机构。这些机构都保留有自己的特性，但都归属于FCI 统一管理，并且使用共同的积分制度。目前FCI 承认世界上337 品种的

图 2-10 FCI 标志

犬类，并将其所有认可的纯种犬分为10 个组别，其中每个组别又按产地和用途划分出不同的类别。作为犬界领军组织，FCI 致力于发展繁殖优良的纯种犬，并完善出一套规范合理的纯种犬管理繁殖理念，将纯种犬的管理和繁殖更加系统化、优越化。目前中国唯一得到FCI授权，合作伙伴关系的单位为CKU。

FCI 常见比赛犬种分组：

① 牧羊犬和牧牛犬（不含瑞士高山牧牛犬）组，11 个组。

② 宾莎犬和雪纳瑞类-獒犬、瑞士山地犬和瑞士牧牛犬组，20 个组。

③ 狸犬组，16 个组。

④ 猎獾犬（腊肠犬）组，1 个组。

⑤ 尖嘴犬和原始犬种组，9 个组。

⑥ 嗅觉猎犬及相关犬种组，5 个组。

⑦ 短毛大猎犬组，4 个组。

⑧ 寻回猎犬、搜寻犬和水猎犬，7 个组。

⑨ 伴侣犬和玩具犬组，16 个组。

⑩ 灵猩组，6 个组。

3. AKC 对犬的分类

美国犬舍俱乐部（American Kennel Club，AKC）即美国养犬俱乐部（图2-11）。AKC

是致力于纯种犬事业的非营利组织，成立于1884年，由美国各地530多个独立的养犬俱乐部组成。此外，约有3800个附属俱乐部参与AKC的活动，使用AKC的章程来开展犬展览活动，执行有关事项，教育计划，举办培训班和健康诊所。AKC机构分为位于纽约总部和在北卡罗纳州首府的策划执行部。所有登记注册职能由北卡罗纳州管理。AKC每年记录130多万只犬的亲代情况，但不参与犬的买卖，因而不能保证注册犬的健康和品种质量。一些雇员包括AKC地方代表和养犬监察员从事室外工作，定期返回总部向其所在部门主管汇报工作。

图2-11　AKC标志

世界各地对于犬的分类各有不同，但AKC的犬种分组法是较广为接受的一种。它是将犬以它们最初被人们所用于的领域而分为七个组别。

(1) 枪猎犬组（Sporting Group）　在19世纪的英国，打猎是非常流行的贵族运动，所以，跟人们一起享受狩猎乐趣的犬就叫做Sporting Dog，也称为Gun Dog。当时人类已经发明了枪支，所以，枪猎犬已经不再需要追逐、捕杀猎物了。枪猎犬的家族种类很多，例如指示猎犬类，它们的工作是利用敏锐的嗅觉和听觉，帮人们发现猎物的位置，并且把情报反馈给猎人。激飞猎犬类，它们的任务是追赶驱逐猎物，让野鸭、野兔受惊逃窜，以便猎人射击。很多的枪猎犬都具有活泼、温顺、亲和力强的特点，自然也很容易受到人们的宠爱。例如拉布拉多犬、金毛寻回猎犬、美国可卡犬，都是枪猎犬中的一员。

(2) 狩猎犬组（Hound Group）　因为犬最早协助人类完成的工作就是狩猎，所以很多的狩猎犬都是非常古老的犬种。另外，狩猎犬还是枪猎犬的祖先，也可以说，在人类发明猎枪之后，很多的狩猎犬才"转业"成为了枪猎犬。狩猎犬的种类非常多，它们有的可以用敏锐的嗅觉追踪猎物，有的会挖洞，最厉害的狩猎犬可以追捕猎物，然后将它们杀死。所以，很多的狩猎犬作宠物饲养的难度就比较大，因为最初它们的任务是帮助人类捕杀凶猛的狼、熊还有麋鹿等大型动物，所以通常它们需要的空间、运动和训练都较多。例如阿富汗猎犬、意大利灵缇、腊肠犬、比格猎兔犬等，都属于奔跑速度极高、杀伤力很强的犬种。

(3) 工作犬组（Working Group）　工作犬组是目前对人类贡献最大的一个犬组，通常它们的体形都比较大，因为它们要帮助人类完成各种"不可能的任务"，例如警卫、拉雪橇、导盲、缉毒、搜索、救援等。所以大部分工作犬都是接受人类长期的选育培养之后才诞生的，例如拳师犬、杜宾犬、圣伯纳犬、雪橇犬、纽芬兰犬等都属于服从性和工作能力很强的犬种。虽然工作犬的智商都很高，但是它们更适合经验丰富的主人，因为体形较大的犬必须经过良好的训练，才能成为人们的好伙伴，否则是很难控制的。

(4) 㹴犬组（Terrier Group）　Terrier在拉丁文字中有"土地"的意义，所以不难分析，大部分犬都是挖洞高手。除了广受欢迎的迷你雪纳瑞之外，大多数犬都起源于英国。犬通常都拥有勇敢、活泼的性格，坚硬的被毛，较小的体形和较大的牙齿，以及极强的好奇心。这些特征是因为人类专门利用它们来捕杀狐狸、老鼠、臭鼬、黄鼠狼等小型野兽。例如猎狐，从名字上就能得知，它们是专门用来猎捕狐狸的，还有现在非常流行的西高地白㹴和约克夏㹴，最初也是用来捕捉老鼠的。

(5) 玩具犬组（Toy Group）　玩具犬是最受女孩们欢迎的犬组，它们不但体形娇小，性格温顺，还长着一张非常甜美或非常滑稽的面孔，而且它们还是非常会讨好卖乖的小家伙，经常可以逗得主人开怀大笑。但是玩具犬在最初也是对人类很有帮助的。早期，人们利用犬的天性，让它们帮助主人完成狩猎、牧羊等各种工作。不过一些体形较小的犬不能胜任，但是人们依然选择养育它们，原因是它们体形小，需要的食物也很少，所以饲养起来很容易，同时它们可以帮人们取暖。在此之后，人们才发现原来犬可以成为非常好的伴侣，来满足人类的精神需要。此后便有越来越多的工作犬在"失业"之后被小型化，改良成为了玩具犬，现在非常流行的博美犬、玩具贵宾犬都是由体形较大的犬改良而来的。

（6）家庭犬组（Non-Sporting Group）　家庭犬组也称伴侣犬组，是一个涵盖种类比较多元化的组别，通常有很多的外来犬种，无法按照常规方法分类，所以就被列入家庭犬组。家庭犬组确实是一个来自五湖四海的大家庭，这类犬也包括一些不属于其他六大类犬，是这些犬类的总和。如西施犬、卷毛比雄犬、斗牛犬、松狮犬、大麦町、贵宾犬、沙皮犬等都被列入了家庭犬的范围。因此，家庭犬组没有一个统一的特征。

（7）牧羊犬组（Herding Group）　AKC 直到 1983 年才建立了牧羊犬组，所以牧羊犬组是一个最新的组别，它们基本上是由工作犬派生出来的。直到现在，很多牧羊犬依然在帮助人类放牧牛、羊、鸡、鸭等各种家禽、家畜。所以，它们都拥有非常高的智商和极为敏锐的洞察力。而且很多牧羊犬的放牧本领是与生俱来的，它们生来就有控制其他动物的欲望。

除此之外，还有一些纯种犬是未被 AKC 承认的犬种。例如著名的藏獒、高加索犬都是如此。所以它们还不能参加正规的比赛，准确地说，是可以比赛，但是没有资格争夺冠军。但是这些纯种犬有资格参加敏捷性比赛、服从性比赛。当一个犬种发展到一定程度时，就很有可能被登记承认，AKC 也在不断地登记承认新的犬种。

二、猫的品种类型

国际爱猫联合会（The Cat Fanciers' Association，INC，简称 CFA），是一个于美国登

图 2-12　CFA 标志

记的非盈利性团体（图 2-12），成立于 1906 年年初。起初，CFA 只是一个很小的组织，发展至今，CFA 已经成为全球拥有最多注册纯种猫的机构。现在 CFA 每年在世界各地举办的猫展有 400 多次，参展猫的品种也多达 30 多种。

CFA 是目前世界最大的纯种猫注册组织，CFA 猫展中，除了 CFA 注册猫的组别外，亦设有家猫组，好让非 CFA 注册的猫儿也可参展，从而推广猫只应有的福利。

虽然人类驯养猫的时间很长，但对猫品种的改良工作做得较少，猫的繁育及进化在很大程度上未受控制，猫的品种远没有其他畜禽的品种多。目前分布在世界各地的猫与其祖先相比，在体重及体长方面几乎没有什么变化。据报道，现今世界上 CFA 注册的纯种猫的品种大约有百余种，猫的品种分类大致有如下三种方法。

1. 按生存环境分类

（1）家猫　指经过人类驯化后饲养的猫，但并不会太过依赖人类，仍保留独立生存的本能。

（2）野猫　家猫的祖先，原来生活在沙漠、山林等野外环境中，历史上出现猫的踪影最早在 1200 万年前。

2. 按品种培育分类

（1）纯种猫　指经过数年、数代的时间，由人们精心培育而成的猫种，并严格控制其繁殖程序，以避免品种退化。这类猫的遗传特性很稳定，小猫与父母猫之间具有相似特性，而且每只猫都有血统记录，包括性别、品种、体态特征及其祖先等数据。

（2）杂种猫　指未受人为控制，自行繁衍的品种，这类猫的遗传特性很不稳定，同一窝小猫中，也常会出现不同的毛色。

3. 按被毛长短分类

（1）长毛猫　如缅因猫、布偶猫、喜马拉雅猫、波斯猫及索马里猫等品种。

（2）短毛猫　如暹罗猫、美国短毛猫、日本短尾猫、俄国蓝猫、异国短毛猫、阿比西尼亚猫及苏格兰塌耳猫等。

当然，还有圆脸猫、尖脸猫以及按眼睛颜色分类的，但由于不是常用的分类方法而被人们忽略了。

中国常用毛色特征来给猫分类，如白猫、黑猫、狸花猫等。有的命名很有诗意，如"锦上添花"，是指全身为黑、黄、白、灰色，而在这些毛色中又分散有其他毛色花片；"龙凤恋"，指除头面是一种清晰的毛色外，其他部位则全是如花纹缠绕的毛色。

第三节　犬 的 品 种

【学习目标】

熟练掌握国内外常宠物犬的种类、名称、外貌特征、性格特点以及饲养要求，能够很好地识别这些犬种并指出其主要的品种特征。

见此图标 回回 微信扫码

电子彩图辨细节
线上资料帮我学

重点：掌握国内外常见宠物犬种的外貌特征、性格特点和饲养要求。

难点：通过各品种的特征来鉴别宠物犬的品种类型。

一、我国犬的主要品种

1. 北京犬 （Pekingese）

（1）基本概述　北京犬又称宫廷狮子狗、京巴，属玩赏犬组，见 彩图 2-13。北京犬是中国古老的犬种，由于长期深居宫廷环境之中，宦官负担起保证北京犬血统纯正的责任，制定了严格的育种标准，使北京犬保持了难能可贵的纯正血统，同时也带上几分高雅神秘的贵族色彩。

（2）体格外形

【头部】

① 头颅　头顶骨骼粗大、宽阔且平（不能是拱形）。头部宽大于深；侧面看，下巴、鼻镜和额部处于同一平面，当头部处于正常位置时，这一平面应该是垂直于地面的。

② 眼睛　非常大、黑、圆、有光泽而且分得很开。眼圈黑，犬前望时，看不见眼白。

③ 鼻子　黑色、宽、非常短；鼻子上端正好处于两眼间连线的中间位置，鼻孔张开。

④ 皱纹　脸上皱纹明显，中间一个倒"V"形延伸到两侧面颊。皱纹大小适宜。

⑤ 止部　止部较深，看起来鼻梁和鼻子的皱纹完全被毛发遮蔽。

⑥ 口吻　非常短且宽，下颌略向前突；嘴唇平，钳状咬合。

⑦ 耳朵　心形耳，位于头部两侧，耳朵加上非常浓密的毛发造成了头部更宽的假象。

【躯干】

平衡良好，结构紧凑，前躯重而后躯轻，肋骨扩张良好；颈部非常短、粗，胸宽；腰部细而轻，背线平；尾根位置高，翻卷在后背中间；长、厚而直的饰毛垂在一边。

【四肢】

北京犬前肢短，粗且骨骼粗壮，肘部到脚腕之间的骨骼略弯，前足爪大、平而且略向外翻。后躯骨骼比前躯轻，后膝和飞节角度柔和。

【被毛】

被毛长、直、竖立，有丰厚柔软的底毛盖满身体，脖子和肩部周围有显著的鬃毛，比身体其他部分的被毛稍短。饰毛在前腿和大腿后侧，耳朵、尾巴、脚趾上有长长的饰毛。

（3）性格特点　小巧玲珑，俊秀，表现欲强，气质高贵、聪慧，对主人极有感情，综合了帝王的威严、自尊、自信、顽固而易怒的天性，但对获得其尊重的人则显得可爱、友善而充满感情。

（4）饲养要点　属于阔面扁鼻犬，易缺氧，天气闷热常会导致呼吸困难、中暑；底毛丰厚，最好每天梳理一次；眼球大，外露多，易感染细菌而发生角膜炎或角膜溃疡。

2. 巴哥犬（Pug）

（1）基本概述　巴哥犬又称八哥犬、斧头狗，俗称"哈巴狗"，属玩赏犬种。巴哥是"Pug"的音译，"Pug"在拉丁文中是"拳头"的意思，形容此犬头部像一个紧握的拳头，原产于中国。见彩图 2-14。

（2）体格外形

【头部】

① 脑袋　头部大、粗重，不上拱，额段明显，与其身材相比，显得十分突出。

② 眼睛　颜色非常深，非常大，突出而醒目，眼神充满安详和渴望。

③ 耳朵　薄、小、软，像黑色天鹅绒。玫瑰耳或纽扣耳，后者比较理想。

④ 口吻　短、钝、宽呈方形，但不上翘，咬合应该是轻微的下颌突出式咬合（地包天式咬合）。

⑤ 脸部　面具般的黑色，以"耳黑、眼圈黑、额上褶黑、嘴黑"为佳。皱纹多、大而深。

【躯干】

身体矮胖而粗，颈短，粗壮，有褶皱，呈轻微的拱形；胸宽阔，肋部稍张，背短，背线水平，腰部肌肉发达，丰满而结实；尾巴呈螺旋状卷向臀部，以双环状的最受欢迎。

【四肢】

四肢短而壮，强劲有力，站立姿势好，肌肉丰满结实，足为兔型或猫趾型，爪黑。

【被毛】

被毛短而柔软，滑润而富有光泽，毛色有银色、杏黄色、金黄色、蓝色、黑色等；前额、耳朵至吻部布满黑色斑，有时从头部的后部一直到臀部有一条黑线。

（3）性格特点　巴哥犬胆大而性情温和，有感情，易与人相处，嫉妒心理特别强。

（4）饲养要点　巴哥犬是一种活泼的小型犬，需要较多运动，鼻道很短，剧烈运动会造成呼吸急促和缺氧，皱纹大而深，易发生疥癣等皮肤病。眼大而圆，应防细菌感染。巴哥犬嘴短，故母犬产仔时自己咬断脐带有一定困难，常使仔犬死亡率增高，故应在母犬临产时进行助产，为其剪断脐带。

3. 西施犬（Shih Tzu）

（1）基本概述　西施犬别名赛珠犬、菊花犬，又称作中国狮犬，属玩赏犬品种。"西施"是英文的中译名，西施犬原产于中国。见彩图 2-15。

（2）体格外形

【头部】

① 脑袋　脑袋呈圆拱形，止部轮廓清晰，与犬的全身大小相称，整体平衡十分重要。

② 耳朵　耳朵大，耳根位于头顶下略低一点的地方；长有浓密的被毛。

③ 眼睛 眼大而圆，不外突，眼距恰当；眼睛颜色很深，但肝色犬和蓝色犬的颜色浅。

④ 鼻子 鼻孔宽大、张开；鼻镜、嘴唇眼圈是黑色，但肝色的犬是肝色，蓝色的犬是蓝色。

⑤ 下巴 口吻宽、短、没有皱纹，上唇厚实；下颌突出式（地包天式）咬合，颌部宽阔。

【躯干】

整体均衡，颈长足以使头自然高昂并与肩高和身长相称，背线平，没有细腰或收腹，从肘部到马肩隆的长度略大于从肘部到地面的距离。尾根位置高，饰毛丰厚，翻卷在背后。

【四肢】

肩的角度良好，平贴于躯干，腿直，发育良好，肘紧贴于躯干，飞节靠近地面，垂直。

【被毛】

被毛华丽，双层毛，丰厚浓密，长而垂滑，毛质好，允许有轻微波状起伏，有多种毛色；前额有像火焰形状的白斑、躯干中段有金色披毛（金腰带）、尾端有白毛的最为完美，头部中央菊花状毛流及尾端的白色是认定西施犬的重要标准，一般没有纯一色的西施犬。

（3）性格特点 健康且开朗，有个性，活力充沛，忠实，友善，非常聪明，是完美的公寓宠物犬。

（4）饲养要点 西施犬最重要的日常护理就是被毛的梳理。每周梳毛2～3次，每隔2周洗澡一次。长毛脆，容易折断和脱落，头顶毛须用饰带扎起，避免长毛刺激眼睛。眼睛大而圆，易引发结膜炎。

4. 松狮犬 （Chow Chow）

（1）基本概述 又名巧巧犬，曾作为拖曳犬、食用犬，现在主要作为伴侣犬，原产于中国，是唯一有蓝黑色舌头的犬，头部像狮子，故得此名，见 彩图2-16。有长毛和短毛两个品种。

（2）体格外形

【头部】

① 脑袋 颅骨顶部宽阔平坦，"愁眉苦脸"是其一个品种特征，口鼻短而宽。

② 眼睛 深褐色，深陷，眼距宽，眼斜，瞳孔被松弛的皮肤遮盖属严重缺陷。

③ 耳朵 较小，中等厚度，三角形但是耳尖稍圆，竖耳，略微前倾，耳距较宽。

④ 鼻部 较大、宽、黑，鼻孔明显张开。蓝色的松狮可能拥有蓝色或暗蓝灰色的鼻子。

⑤ 口腔 蓝色最佳，齿龈最好是黑色；舌头的上表面和边缘是深蓝色，颜色越深越好。

【躯干】

短而结实，胸宽且深，肌肉发达，腰部放松，方形的体形，肋骨弧度优美，尾根高。

【四肢】

肩部强壮，肌肉发达，骨量足，前肢平行，间距大；膝关节角度小，连接紧密、稳固，直指向前，关节处骨骼清晰明显；踝关节贴近地面，几乎笔直。狼爪应去除。

【被毛】

松狮犬有长毛和短毛两种，均为双层被毛。

① 长毛犬 外毛丰富、密集、直、竖立，纹理较粗。底层被毛软、厚、与羊毛类似；毛发在头与颈周围形成环状领，公犬的被毛和环状领比母犬长；尾部有漂亮的羽状修饰。

② 短毛犬 外层被毛硬、浓密，底毛明显，在尾部和腿部无明显的环状和羽状修饰毛发。

③ 毛色　颜色清晰，纯色或在环状领、尾部、羽状修饰毛发等处略淡。有五种颜色。红（从淡金色到深红褐色）、黑、蓝、黄棕色（从浅黄褐色到深黄棕色）和米色。

（3）性格特点　松狮犬性格高雅，非常自我，独立、固执，聪明但不容易训，是一种极之傲慢和有性格的犬种。它是一种忠诚的、没有异味、耐寒的犬，由于性格比较顽固，从幼时就应严格驯养。

（4）饲养要点　松狮犬日粮中应保持有一定的肉类，每日食量要适量，过量易使其发胖，松狮犬被毛长而蓬松，必须每天梳理一次，每周应清除眼屎、耳垢一次。松狮犬自尊心强，不可粗暴对待，要友善与其相处，和它多交流感情。

5. 中国沙皮犬 (Chinese Shar-pei)

（1）基本概述　沙皮犬又名大沥犬、中国斗犬，是世界上现存数量最少的犬种之一，十分珍贵，属工作犬种，是世界四大丑犬之一，也是犬家庭中唯一长有深蓝色舌头的独特品种。因为它有强韧的被毛，形似打磨用的砂纸而得名。见彩图 2-17。

（2）体格外形

【头部】

① 河马头　头部肥大而笨拙，前额宽阔，覆盖着大量的皱纹，脑袋平而宽，上部适度发达。

② 瓦筒嘴　嘴部与额部约等长，长度适中，唇宽大、肥厚，为品种独特特征。

③ 杏仁眼　细眼深凹，眼睛颜色深，显示出愁眉不展的表情。

④ 蚌壳耳　耳极小，较厚，尖端略圆，半挺半垂，耳根位置高，耳距宽，可以活动。

⑤ 深蓝舌　深蓝色舌头中沙皮犬的重要特征，有粉红色斑点属于严重缺陷。

【躯干】

颈部丰满，有略显沉重的褶皱；胸部宽而深，胸底至少延伸到肘部；尾部粗而圆且位高，尖端细，锥形，卷曲在后背或背部的任意一侧，俗称"铁尺尾"或"辣椒尾"。

【四肢】

四肢粗大，肌肉发达，脚趾并拢似虎蹄，俗称"蒜头脚"，跟骨（飞节）短。

【被毛】

被毛短粗，顺毛触摸似天鹅绒，但逆向抚摸时则如摸砂纸，俗称"砂纸皮"。

（3）性格特点　沙皮犬带有王者之气，警惕，聪明，威严，镇定而骄傲，显得平静而自信。

（4）饲养要点　沙皮犬活泼好动，鼻道较短，剧烈运动易缺氧；皮肤皱褶较多，易患疥癣和皮肤病；极易患眼睑内翻症及佝偻症，故应在饲养管理中加以注意。

6. 藏獒 (Tibetan Mastiff)

（1）基本概述　藏獒又称西藏獒犬、雪域神犬，属狩猎犬种。8 月龄即有繁殖能力，每年初冬发情一次，在低海拔处，有的可春秋发情两次，每窝产仔 4～10 只不等。见彩图 2-18。

（2）体格外形

【头部】

① 脑袋　藏獒头大，脑前壳突起，头后部及颈上周围鬃毛要丰满，毛竖起。

② 眼睛　眼球为黄褐色，有多种眼型——

吊眼：眼球上部隐藏在上眼皮下，下部眼球的红肉眼底暴露出来。

三角眼：双眼外部似两个三角形，看似凶猛，令人望而生畏。

叶形眼：双眼如两个叶片，看似温和。

③ 口吻　嘴、鼻短、宽，方而厚，有吊嘴和平嘴两种嘴形。

【躯干】

身体强壮，背直，尾大而侧卷，尾毛长达 20～30cm，尾俗称菊花尾，有两种类型——

斜菊：尾斜卷于犬的背上，尾毛要长，卷起要紧。

平菊：尾根紧卷，平卷放在后背上方，毛要长，看似大菊花。

【四肢】

从爪的上部至犬腿后上部长有 5cm 左右饰尾（绯毛），爪如虎爪紧包，趾间长毛越出为优。

【被毛】

毛长呈波浪式卷曲，毛多为黑，亦有黄、白、青、灰各色。被毛长度中等，公犬比母犬更浓密，绒毛厚；毛色纯黑，必须全身黑色无杂毛，双眼上方有黄点，嘴两边有黄毛。

（3）性格特点　藏獒拥有高度的智能，有超强的记忆力，性格刚猛，野性难驯，攻击力强，对生人有强烈敌意，但对主人亲热难挡，任劳任怨，是牧民的得力助手，对家园与家庭赋有强烈的保护本能。

（4）饲养要点　藏獒耐寒不耐热。即使在零下 30～40℃ 的冰雪中仍能安然入睡，体型硕大，需要一个足够的空间给它们玩耍与运动。

二、国外犬的主要品种

1. 蝴蝶犬（Papillon）

（1）基本概述　蝴蝶犬又称蝶耳犬、巴比伦犬、松鼠猎鹬犬，是一种名贵典雅的玩赏犬，原产于法国，以双耳似蝴蝶翅膀而得名。见 彩图 2-19。

（2）体格外形

【头部】

① 脑袋　小而短，呈圆弧形，有对称的白斑及花纹，头盖部两耳间略呈圆形，额部深。

② 口吻　吻长而尖，约为头部长度的 1/3，齿为剪状咬合，齿有时欠缺。

③ 耳朵　双耳直立，左右对称，平展舒张，耳缘有大量饰毛，极似蝴蝶的双翅，前额正中更缀有一簇白毛，迎面奔来，恰如蝴蝶翩翩欲飞。直立耳称蝴蝶，垂耳为蛾。

④ 眼睛　大而圆，不突出，眼球和眼眶颜色为暗色，相貌乖巧俊美，玲珑可爱。

【躯干】

颈长适中，呈拱形；胸部稍深，背平直，体躯稍长，腹稍上收；尾长，布满美丽的饰毛。

【四肢】

前肢直立而纤细，后肢细小，趾长，指（趾）间有丛毛，站姿好；步伐优雅，略显傲慢。

【被毛】

被毛丰厚而长，呈绸缎般光亮艳丽，不卷曲，无下毛；身体被毛平坦，耳、前胸、前肢后面、大腿内侧及尾部饰毛长；毛色以白色为主色调，头部的斑纹向左右平均分布。

（3）性格特点　体形较小，适应性很强，性格聪明，活泼，胆大与撒娇恰到好处，小巧玲珑，气质优雅，易训练各种动作，对主人的占有欲特别强，若出现第三者，会产生嫉妒心。

（4）饲养要点　蝴蝶犬美在被毛，应经常梳洗，应定期修爪，不宜过分近交，否则导致斑纹不对称而失去特征，极爱玩耍嬉戏，非常需要主人陪伴。

2. 马尔济斯犬（Maltese Dog）

（1）基本概述　又名马耳他犬，或译成"摩天使"，属玩赏犬类，原产于马耳他岛。以其端庄高雅的姿态深受人们的娇宠，见彩图 2-20。

（2）体格外形

【头部】

① 脑袋　与体形大小相比长度适中，颅顶部略呈圆形，额鼻阶适度。

② 耳朵　下垂，耳位较低，有大量长毛形成耳缘饰毛，毛下垂至头。

③ 眼睛　眼距极宽，眼色极深而呈圆形，其黑色眼边增强了文雅而机敏的表情。

④ 口吻　吻长适中，精巧而逐渐收缩但不显长吻状；牙齿钳状咬合或剪状咬合。

【躯干】

整体品质比体重重要。身体长而窄，胸部宽，尾有长羽状饰毛，优美地位于背上，尾尖向体侧超过 1/4。

【四肢】

前肢短且直有饰毛，纤细，后肢力强，大腿肌肉发达；足掌被毛覆盖，肉趾是黑色较好。

【被毛】

单层被毛，不脱毛，被毛长、平而呈丝状，向体侧下垂及地，头部长毛可用头饰扎住或任其下垂。毛色以纯白最名贵，允许耳部有淡黄褐色或柠檬色，毛质光滑，呈绢丝状长毛。

（3）性格特点　外形优雅，感情丰富，体形极小，健康聪明，勇气十足，情感丰富，性格温驯，稳重，但也非常活泼，很喜欢玩，最适合当成宠物犬饲养，是儿童和妇女的伴侣犬种。

（4）饲养要点　运动的要求很低，对儿童特别友好，非常依恋主人，具有良好的体质而且长寿，要求精心照顾，每天须梳理长毛，保持身体清洁，在马尔济斯犬的饲料中，每天都需有肉类。

3. 意大利灵猩犬（Italian Greyhound）

（1）基本概述　意大利灵猩犬属玩赏犬品种，原产于意大利，是犬类中奔跑速度最快的犬种，为锐目猎犬中最小的体形。见彩图 2-21。

（2）体格外形

【头部】

① 脑袋　窄而长，止部不明显，几乎是平的。

② 耳朵　耳朵小，轻巧，非警戒状态时，耳朵都向后面摺，以适当的角度摺向脑袋。

③ 眼睛　颜色暗，明亮，聪明，中等大小，浅色眼睛属于有缺陷。

④ 口吻　长而纤细、秀气；剪状咬合，严重的下颌突出或上颌突出都属于有缺陷。

【躯干】

体型大，体重较轻，尾细长，长度正好到飞节，尾根位置低，卷尾属于严重缺陷。

【四肢】

前肢长而直，后肢长，大腿肌肉发达；足爪呈适合的拱形（兔形足），狼爪可以切除。

【被毛】

被毛精细而柔软，毛色除了斑点和黄褐色斑纹属失格，其他任何颜色和斑纹都可以接受。

（3）性格特点 外表纤弱，能吃苦耐劳，行走时带点跳跃动作，尤其喜欢追逐小型猎物，脾气非常好，一旦受到主人的赞赏就会兴奋不已。

（4）饲养要点 适应能力极强，爱好室外运动，个体小，所占空间有限，皮毛光滑，皮下脂肪少，缺乏御寒能力，喜欢待在舒适的家里，享受生活中的一些小小的奢华。

4. 约克夏㹴（Yorkshire Terrier）

（1）基本概述 约克夏㹴又称约瑟犬、约瑟㹴，别名洋姬，属玩赏犬种，原产于英国东北部约克郡，身材娇小，被毛光彩夺目，被喻为"移动的蓝宝石"，善于捕鼠。见彩图 2-22。

（2）体格外形

【头部】

① 脑袋 头部小而且顶部较平，头颅不能突起或拱起。

② 耳朵 耳朵小，呈"V"字形，耳根相当高，为直立耳。两耳间距不大。

③ 眼睛 中等大小，不突出，颜色深而明亮，透出锐利而聪慧的目光，眼圈颜色深。

④ 口吻 不能太长，剪状咬合或钳式咬合，不能是突出式咬合，牙齿结实。

【躯干】

身躯紧凑且结实，颈部伸展自然，背部平坦，腰部发育良好，胸部适度扩张，尾巴未剪短，毛多、尾端的毛发颜色要比其他部位颜色更暗。

【四肢】

四肢直，有丰厚的被毛覆盖，前腿上的黄褐色毛不能延伸超过肘部，后腿上的黄褐色毛不能过膝关节，脚爪圆，指甲呈黑色。

【被毛】

约克夏㹴被毛长且非常细，不能有任何波浪状，如同泛着深蓝色金属光泽的丝斗篷，它的前额到胸部呈现出金茶色，更显高贵。幼犬在出生时毛色为黑色和棕色，成年犬在头部和腿部有大量的棕色是很重要的。

（3）性格特点 性格温和、精致、热情、活泼，感觉敏锐，仍保留小猎犬的性格，对环境变化敏感。

（4）饲养要点 为保持美观，应经常整理梳洗被毛，可以将被毛长适度修剪到刚好垂地；头顶的毛发可以梳到中间结起来，或从中间分开，向两边梳，并结成两个髻，适宜公寓饲养。

5. 博美犬（Pomeranian）

（1）基本概述 博美犬又称波美拉尼亚犬，又名松鼠犬，由于其外形酷似小松鼠，因而得名，属伴侣犬种，原产于德国和波兰西部波美拉尼亚地区。见彩图 2-23。

（2）体格外形

【头部】

① 脑袋 呈楔状与身体相称，头盖骨略圆，表情警惕，有点像狐狸。

② 耳朵 小巧，两耳间距不大，直立耳较好，形状似狐狸耳。

③ 眼睛 位于头骨上显著的上部两侧，颜色深、明亮，眼圈呈黑色。

④ 口吻 短、直、精致，齿呈剪状咬合，缺齿一颗是可以接受的。

【躯干】

体长要略小于肩高，从胸到地面的距离等于肩高的一半，骨量中等；羽毛状尾巴是这一品种的特征之一，尾巴直直地平放在背后，覆盖着长而密实的毛，是典型的尖嘴犬尾巴。

【四肢】

腿的长度与身体结构保持平衡，骨骼坚实，长度中等，毛密生，足爪呈拱形，紧凑，趾甲前伸。

【被毛】

双层被毛，底毛柔软而浓密，披毛长、直、光亮而且质地粗硬，竖立于身体上；脖子、肩膀前面和前胸的被毛浓密，头部和腿部的被毛较短，紧贴身体；前肢的饰毛延伸到脚腕，尾巴上布满长、粗硬、散开且直的被毛；毛色为所有的颜色、图案、变化都可以接受，并一视同仁。

（3）性格特点　体型虽小，但生性自傲，性格外向，非常聪明而且活泼，爱寻衅好斗，忠于职守，好吠是它最大的缺点。

（4）饲养要点　华丽的被毛不仅需要经常修剪，还需每日细心的梳理；因体毛丰厚，换毛期脱毛量大，应经常保洁护理；活泼好动，定时户外运动或散步，适合室内饲养；母犬较易出现难产。

6. 吉娃娃（Chihuahua）

（1）基本概述　吉娃娃也译作芝娃娃、奇娃娃，属伴侣犬种，是世界上最小型的犬见彩图 2-24。一般认为原产于墨西哥。吉娃娃犬有长毛种和短毛种两种类型。

（2）体格外形

【头部】

① 头型　圆形的"苹果形"头部，表情丰富。

② 眼睛　眼睛很大而不突出，匀称，最好呈现明亮的黑色或红色。

③ 耳朵　大，直立耳，警觉时更直立，休息时，耳朵会分开，两耳之间呈 45°角。

④ 鼻部　黑色、蓝色和巧克力色的品种，鼻子颜色都与自己的体色一致。

⑤ 口吻　较短，略尖。剪状咬合或钳状咬合，上颌突出或下颌突出是严重的缺陷。

【躯干】

身体的比例为长方形，颈部略有弧度，背线水平，身体结实有力，尾巴长短适中，呈镰刀状高举或向外，或者卷在背上，尾尖刚好触到后背，短尾或断尾为失格。

【四肢】

四肢强健、坚固，距离适当，足纤细，脚趾在秀丽的小脚上恰到好处分开，但不能分得太开，脚垫厚实，脚腕纤细。

【被毛】

① 短毛型犬　被毛质地非常柔软，紧密和光滑，有毛领为佳，头部和耳朵上被毛稀疏。

② 长毛型犬　被毛质地柔软，平整或略曲，最好有底毛。耳缘有饰毛，羽状尾毛丰满且长，较为理想情况是：脚和腿上有饰毛、后腿上有"短裤"、脖子上有"毛领"。

（3）性格特点　意志坚韧，聪明而且极其忠诚、勇敢，动作敏捷，活泼，对主人极有独占心。

（4）饲养要点　颇畏寒，具有发抖的倾向，不宜养于室外犬舍，冬天外出需加外衣御寒；对生活空间要求不高，每天的运动量也不多，每天都能够待在家里，非常适宜城市家庭所饲养。

7. 雪纳瑞犬（Schnauzer）

（1）基本概述　又名史纳沙犬，原产于德国，最早用于农场劳作，是捕鼠能力是非常有名的工作犬种，也可作很好的伴侣犬，见 彩图 2-25 。通常分为三种类型：迷你型、标准型、巨型。三种类型的雪纳在体格上基本相似，只是身高、体重和毛色变化上有适度区别。迷你型雪纳瑞更小巧，被毛更顺长，毛色变化更大些。

（2）体格外形

【头部】

头部结实，比例均匀；耳朵位置高，呈"V"形向前折；眼中等大小，不突出，眉毛弯且是刚毛；口吻结实，末端呈钝楔形，有夸张的刚毛胡须。

【躯干】

身体结构坚实，身躯接近正方形，即身高与体长大致相等，骨量充足，颈部结实而且略拱，与肩部完美结合，尾根位置稍高，向上竖立，需要断尾。

【四肢】

前肢笔直，垂直地面，足爪小、紧凑而圆，脚垫厚实；黑色指甲，结实，猫形爪，趾尖向前。

【被毛】

双层毛，坚硬的外层刚毛和柔软浓密的底毛。毛发向后方生长，既不光滑也不平坦；毛色有椒盐色（黑白混杂）、黑银色或纯黑色，皮肤任何位置出现白色或粉色斑块是不允许的。

（3）性格特征　迷你雪纳瑞外表可爱，身体强健聪明伶俐，活跃，充满活力，性格调皮，忠于职守，脚上饰毛平添了不少魅力。标准雪纳瑞机智、勇敢，性格活泼、大胆，适于捕鼠和护院。

（4）饲养要点　迷你雪纳瑞犬喜欢跟随主人外出散步和玩耍，适应性强。由于其不掉毛、无体臭的特点使其更加适应在城市中作为宠物犬饲养。

8. 比熊犬（Bichon Frise）

（1）基本概述　又名巴比熊犬、卷毛比熊，原产于地中海地区，属伴侣犬种，运动时像喷出的棉花糖，见 彩图 2-26 。

（2）体格外形

【头部】

① 脑袋　略微圆拱，经外眼角和鼻尖连成的虚线，正好构成一个等边三角形。

② 表情　柔和，深邃的眼神，好奇而警惕。

③ 眼睛　圆、黑色或深褐色，正对前方，黑色或非常深的褐色皮肤环绕着眼睛。

④ 耳朵　下垂，隐藏在长而流动的毛发中。

【躯干】

体长比肩高多出大约 1/4，身体紧凑，骨量中等，颈长而骄傲地昂起，竖在头部之后，背线水平，胸部相当发达，羽状尾毛，尾的位置与背线齐平，温和地卷在背后。

【四肢】

肩胛向后倾斜约45°角。上臂骨向后延伸，使肘部能正好位于马肩隆下方。猫形足爪紧而圆，直接指向前方，脚垫黑色。

【被毛】

底毛柔软而浓厚，外毛粗硬且卷曲。两种毛发结合，触摸时，产生一种柔软而坚固的感觉，拍上去的感觉像长毛绒或天鹅绒一样有弹性；沐浴和刷拭后，产生一种粉扑的效果；毛色为白色，在耳朵周围或身躯上有浅黄色、奶酪色或杏色阴影。

（3）性格特征　卷毛比熊犬颇有个性，天性活泼、爱好自由，能给主人带来无穷的乐趣。它柔软带卷的被毛需要修剪，以展示它美丽动人的黑眼睛及身体和头部的圆形特征。

（4）饲养要点　比熊犬生性活泼好动，对居住环境的要求很高，经常需要有人陪伴，需要每日梳理，定期进行专业修剪；比熊犬是属于过敏的体质，易患牙病。

9. 贵宾犬（Poodle）

（1）基本概述　贵宾犬又名狮子狗、贵妇犬、卷毛狗等，属伴侣犬种，原产于德国。见彩图 2-27。贵宾犬有三个品种：标准贵宾犬、迷你贵宾犬、玩具贵宾犬。

（2）体格外形

【头部】

① 脑袋　头颅稍圆，止部浅而清晰，前额到止部的距离与口吻长度一致。

② 耳朵　长而宽，挂在头两边，耳根位置略低于眼睛，有丰富的饰毛。

③ 眼睛　颜色非常深，卵形，距离足够远，以造成警惕、聪明的表情。

④ 口吻　长、直、精致，被"雕刻"在眼睛下面，牙为白色，结实，剪状咬合；鼻镜黑色，没有嘴唇的下巴显得很清晰。

【躯干】

正方形结构、比例匀称，步伐有力而自信。胸部宽阔舒展，肋骨富有弹性，颈部比例匀称，结实、修长，咽喉部的皮毛很软，脖子的毛很浓，背线平直，尾巴直，位置高并且向上翘。

【四肢】

前腿和后腿的肌肉及骨量与整体比例匀称；前肢和后肢均直，肌肉发达；足爪小，呈卵形，脚趾呈上拱，脚垫厚实。足爪不向内翻或向外翻。

【被毛】

被毛有两种：①卷毛：天然的粗硬毛发，浓密；②披挂：不同长度的毛发紧紧包裹着身体。身躯、头、耳朵及鬃毛等部位被毛较长，绒球、手镯、尾球处毛发较短；毛色颜色是均匀的单色，与肤色一致。包括蓝色、灰色、银色、褐色、咖啡色。

（3）性格特点　非常敏捷，聪明而优雅，是一种忠实的犬种。它快乐、温顺，是很好的家庭宠物。标准贵宾犬还保留了其作为猎犬时的本领，游泳很好，聪明好学。

（4）饲养要点　需适当的活动。倘若你有足够的时间去伺候，它也是一种很好的观赏犬。虽然贵宾犬也能修剪成狮子状，但许多人喜欢把它剪成羊羔状（头部毛发一样长）。

10. 大麦町犬（Dalmatian）

（1）基本概述　大麦町犬又名斑点狗，属伴侣犬类，是公认为最优雅的品种之一，具有白色被毛及清晰、醒目的黑斑点，且会呼叫人，见彩图 2-28。一般认为其起源于南斯拉夫。

（2）体格外形

【头部】

① 脑袋　整体协调，头顶平坦，中间有轻微的纵向凹痕，脑袋的宽度与长度相等。

② 耳朵　中等大小，根部略宽，逐渐变细，尖端略圆，位置较高，耳郭薄而细腻。

③ 眼睛　中等大小，颜色通常是褐色或蓝色，或两者的结合，颜色深一点比较理想。

④ 鼻镜　色素充足，黑色斑点的犬，鼻镜颜色为黑色；肝色斑点的狗，鼻镜颜色为褐色。

⑤ 口吻　轮廓与脑袋的轮廓相互平行，长度与脑袋大致相同，嘴唇整洁而紧闭，剪状咬合。

【躯干】

身躯的长度与肩高大致相等，身体体质好，骨骼结实而强健，但绝不粗糙。

【四肢】

前肢直，结实，骨骼强健；后腿从飞节开始到足爪这部分彼此平行；脚垫厚实而有弹性，脚趾圆拱；尾巴是背线的自然延伸，根部粗壮，延伸到飞节，姿势是略微向上弯曲的曲线。

【被毛】

被毛色彩和斑点是大麦町犬一个重要的判定指标之一。被毛短、浓厚、细腻且紧贴着，毛色底色是纯粹的白色，黑色斑点的狗，斑点是浓重的黑色。肝色斑点的狗，斑点的颜色是肝褐色。斑点圆而清晰，越清楚越好。斑点的大小为2～3cm，分布均匀。

（3）性格特点　表情警惕而聪明，气质外向，充满活力，不带攻击性，不紧张，能很快成为家庭的宠物。

（4）饲养要点　精力相当旺盛，所以每天都需要有规则性的运动，听话易训，感觉敏锐，警戒心特别强，但很容易与小孩相处，具有极大的耐力，而且奔跑速度相当快。

11. 金毛寻回猎犬（Gold Retriever）

（1）基本概述　金毛寻回猎犬原名苏俄追踪猎犬，善于追踪及具有敏锐嗅觉的犬种，属伴侣犬种，原产于苏格兰。见彩图2-29。

（2）体格外形

【头部】

① 脑袋　眉头分明，头盖宽阔，头盖与鼻口相连。

② 鼻子　黑色或棕黑色，寒冷的气候有可能会使颜色变浅。

③ 眼睛　暗褐色，黑又明亮，双眼间距大，适度凹陷，大小中等。

④ 耳朵　短，前缘较靠后，在眼正上方，下垂，紧贴面颊。

⑤ 口吻　结实，宽而深。前颜面的长度约等于由趾部至枕骨的长度。

【躯干】

身体平衡良好，腰短，胸深，前胸发达，肋骨长，曲率良好，但不成桶形，很好地延伸至后躯。侧面看，腰部收缩微小，尾跟背部保持平行，较粗，摇动有力气。

【四肢】

前肢直，后肢也直，力强，肌肉发达，脚掌宽大，肉垫黑色或红色。大腿骨与骨盆成约90°，膝关节充分弯曲。步态自如、流畅、有力、协调，有充分的步幅。

【被毛】

被毛浓密，底毛防水好，外毛硬有弹性，毛直或呈波状，有毛领，前腿后部和腹侧有适度羽状饰毛，颈前、大腿后和尾底有丰厚饰毛，毛色主要为金色或奶油色，胸前有少量白毛。

（3）性格特点　友善可靠，可信赖。对其他人或犬表现敌意或争斗。沉稳充满信心，对小孩有耐心，是非常理想的家庭犬。

（4）饲养要点　金毛犬遗传免疫力高，体态健壮，毛量中等，所以饲养和日常护理极为容易，要注意帮它洗澡梳毛，并避免让它太胖。

12. 威尔士柯基犬（Welsh Corgi）

（1）基本概述　威尔士柯基犬共分两种：卡迪根威尔士柯基犬和彭布罗克威尔士柯基

犬，属牧羊犬、家庭伴侣犬，原产于英国。见 彩图 2-30 。

（2）体格外形

【头部】

① 脑袋　外形狐状，颅部颇宽并且耳间平，额鼻架适中，颊部略浑圆，吻部逐渐变尖。

② 眼睛　椭圆形，中等大小，不圆也不突出，眼棕色，与被毛的颜色相协调，眼缘黑色。

③ 耳朵　坚硬，中等大小，逐渐缩小至浑圆耳尖。耳朵能活动，对声音反应敏感。

【躯干】

颈颇长，略呈拱形，与肩部融合良好，背部坚硬，水平，臀部既不突起，也不会凹下去，肋骨弹性良好，略呈卵形，长度适当，腰部较短。尾短而自然，尽可能是短的断尾。

【四肢】

① 前躯　小腿短、直，肘部与身体平行，骨量足，肘接近身体两侧，肩位置自然。

② 后躯　强壮且灵活，腿短，骨量足，跖部笔直；脚呈椭圆形，脚趾强壮，趾甲短。

【被毛】

被毛长度适中，绒毛层短而厚，外层被毛较长而粗糙，被毛最好是直的，但允许有波纹。本品种的犬容易褪毛，外层被毛为单色的红色、貂色、浅黄褐色、黑色及带或不带有白色斑纹的黄褐色。腿部、胸部、颈部、吻部，下体以及鼻梁等处有白色是允许的。

（3）性格特点　本性友好，勇敢大胆，既不胆怯也不凶残。性格温和，但不要强迫它接受不愿意接受的事物。

（4）饲养要点　性格温和，很喜欢与儿童相伴，天生热爱运动，生性活泼，喜吠叫，所以需要从小进行训练，从幼小时就训练它不吠叫，不嗜咬东西。皮毛易打理，只需每周进行简单梳理。

13. 萨摩耶犬（Samoyed）

（1）基本概述　萨摩耶犬也称萨摩耶德犬，属工作犬种，原产俄罗斯，有着非常引人注目的外表：雪白被毛，微笑的脸和黑色而聪明的眼睛，是现在的犬中最漂亮的一种。见 彩图 2-31 。

（2）体格外形

【头部】

① 脑袋　呈楔形，宽、头顶略凸，两耳与上部中心点呈等边三角形。

② 唇部　黑色，嘴角略向上翘，形成具有特色的"萨摩式微笑"。

③ 耳朵　直立耳，结实肥厚，三角形且尖端略圆，耳距较宽，耳缘有丰厚的饰毛。

④ 眼睛　颜色深一些比较好，杏仁状；下眼睑指向耳根，深色眼圈比较理想。

⑤ 鼻镜　黑色最理想，但棕色、肝色、炭灰色也可以接受。

【躯干】

骨骼适度粗重，但不妨碍速度和灵活性，身体比例近正方形，颈部与肩结合，形成优美的拱形，胸深大于胸宽，尾长适中，上覆长长的毛发。

【四肢】

步态为小跑，动作轻快、灵活，有节奏。前躯伸展充分、后躯驱动有力，飞节非常发达、清晰，脚趾间有保护性毛发，一般雌性饰毛比雄性要丰富一些。

【被毛】

双层被毛。底毛短、浓密、柔软，似羊毛，覆盖全身。披毛较粗，较长，垂直于身体生长，但不卷曲。披毛围绕颈部和肩部形成"围脖"，母犬的被毛比公犬略短，但更柔软。毛色为纯白色或白色带很浅的浅棕色、奶酪色或浅黄色，其他颜色则不允许。

（3）性格特点　聪明、文雅、忠诚、适应性强，友善但保守，不能迟疑或羞怯。

（4）饲养要点　萨摩耶犬是跑走型动物，它喜欢和需要运动，以保持身体健康和萨摩耶犬的天性，决不可长期关在屋里或圈在活动范围有限的围栏里。

14. 德国牧羊犬（Germen Shepherd Dog）

（1）基本概述　又称狼犬，俗称"黑背"，"万能犬"是德国牧羊犬的另外一个名称，是工作犬之中最具灵活性和可塑的犬类之一，原产于德国。见彩图 2-32。

（2）体格外形

【头部】

① 脑袋　线条简洁，与身躯比例协调。性别特征明显。前额适度圆拱，脑袋倾斜，且长。

② 耳朵　略尖，向前，关注时，耳朵直立，耳朵的中心线相互平行，且垂直于地面。

③ 眼睛　中等大小，杏仁形，位置略微倾斜，不突出，颜色尽可能深。

④ 口吻　呈楔形，长而结实，轮廓线与脑袋的轮廓线相互平行。

【躯干】

体形发达，身躯长度的组成包括前躯的长度、马肩隆的长度、后躯长度；尾巴平滑地与臀部结合，位置低，不能太高。休息时，尾巴直直地下垂，略微弯曲，呈轻微的钩子状。尾巴毛发浓密，尾椎至少延伸到飞节。

【四肢】

前肢直，后肢大腿部宽且有力；足爪短，脚趾紧凑圆拱，脚垫厚实，趾甲短且为暗黑色。

【被毛】

双层被毛，披毛尽可能浓密，毛发直、粗硬、且平贴着身体。头部前额，腿和脚掌上都覆盖着较短的毛发，颈部毛发长而浓密。毛色多变，背腰部颜色为黑色，浓烈的颜色为首选。

（3）性格特点　聪明，大胆，表情自信、明显的冷漠，使它不那么容易接近和建立友谊。

（4）饲养要点　最好从幼犬时就开始训练，可成为全家忠实的伴侣，对主人极其忠诚。不论哪种工作，它都能胜任，其身体构造和步态能使它完成非常艰巨的任务。

15. 阿拉斯加雪橇犬（Alaskan Malamute）

（1）基本概述　阿拉斯加雪橇犬是最古老的雪橇犬之一，属工作犬种，原产于北美。见彩图 2-33。

（2）体格外形

【头部】

① 脑袋　宽且深，不显得粗糙或笨拙，与身体的比例恰当，表情柔和、充满友爱。

② 眼睛　颜色为褐色，杏仁状，中等大小，眼睛的颜色越深越好。蓝眼属失格。

③ 耳朵　大小适中，分得很开，位于脑袋外侧靠后的位置，三角形，耳尖稍圆。

④ 口吻　长而大，黑色的鼻镜、眼圈和嘴唇。上下颌宽大，牙齿巨大，剪状咬合。

【躯干】

体格强健、结实，胸深且强壮，肌肉发达，背部直且向着臀部略斜，腰硬且肌肉发达，尾向上翘，卷在背部上，像"一根招展的大羽毛"。

【四肢】

前腿骨骼重，后腿宽，腿站立及运动时与前腿在同一直线上，肌肉非常发达；脚呈雪鞋型，紧且深，脚垫厚且粗，趾紧且拱起，趾间有保护性毛；步态稳健、平稳、有力。

【被毛】

被毛是一种"致密的富有极地特征的"双层被毛。内毛为丰厚的绒毛，外毛为质地较硬的针状毛，毛色是白色与烟灰色、黑色、紫貂色、红色、砂色等颜色的组合。

（3）性格特点　阿拉斯加雪橇犬属原始犬种，性格独立、不过分依赖主人，不喜欢吠叫，对主人极其友好，是忠诚、深情的伙伴，给人的印象是高贵而成熟，富有好奇心和探索精神。

（4）饲养要点　对环境的要求很高，由于其源于寒带，因此不甚耐热，活动能力极强，要求居住环境比较宽敞，保证它充足的运动量。天生肠胃功能较差，特别是幼犬，更加容易患肠胃方面的疾病。

16. 哈士奇犬（Siberian husky）

（1）基本概述　西伯利亚雪橇犬的别称，中大型犬，属工作犬种，原产于俄罗斯西伯利亚地区。见彩图2-34。

（2）体格外形

【头部】

① 脑袋　颅骨中等大小，顶部稍圆，从最宽的地方到眼睛逐渐变细。

② 眼睛　杏仁状，眼距适中，稍斜，眼有可能双眼均为棕褐色，或均为蓝色，或一边棕褐色一边蓝色。

③ 耳朵　大小适中，三角形，耳间距较窄耳朵厚，覆盖厚厚的毛。

④ 口吻　口鼻的宽度适中，逐渐变细，末端既不尖也不方，牙齿剪状咬合。

【躯干】

身长应该是略大于身高的，颈长度适中、拱形，胸深，强壮，最深点正好位于肘部的后面，肋骨从脊椎向外充分扩张，背直而强壮，腰部收紧，倾斜，尾常平直，像一把"圆头刷子"。

【四肢】

腿间距离适中，平行，笔直，骨骼结实有力，爪子中等大小，紧密，脚趾和肉垫间有丰富的饰毛，肉垫紧密，厚实。脚步轻快，动作优美。

【被毛】

被毛为双层，中等长度，内层毛柔软厚实，外层毛的粗毛平直，光滑服帖，所有毛色均可，由黑至白、棕色至红色不拘。

（3）性格特点　哈士奇犬聪明，温顺，热情，非常活跃，好奇心非常强烈，对人类非常热情、友善、淘气、外向、爱流浪，是合适的伴侣和忠诚的工作犬。

（4）饲养要点　胃口小，无体味、不洗澡亦可；会掉毛、宜经常梳理，城乡均可饲养，空间宽敞为佳，须有人陪伴；肠胃功能比较独特，对蛋白质和脂肪的要求比较高。

17. 拳师犬（Boxer）

（1）基本概述　以"Boxer"命名，象征着作战时的英雄姿态，属工作犬品种，原产于德国。见 彩图 2-35。

（2）体格外形

【头部】

① 脑袋 头顶略拱，两眼间的前额略略下陷，口吻止部明显，面颊相对平坦。眼间的前额略凹，头部比例正确，线条优美，钝口吻，没有过深皱纹。

② 耳朵 耳薄，耳根高，竖立时，皱纹有代表性。

③ 鼻子 鼻宽，鼻镜黑，鼻孔大，鼻上有一条线，鼻尖略高于口吻末端。

④ 口吻 比例匀称，上轮廓线略突，上唇覆盖口吻（吊咀），并在前面交会，下颌突出式咬合。

⑤ 眼睛 呈深褐色，比例协调，结合前额的皱纹，赋予拳师犬一种独特的表情。

【躯干】

身体轮廓呈正方形比例，肌肉坚实而匀称，雄性骨量大于雌性同伴，尾部尾根位置高，且直立，断尾，留下仅 5cm 长。

【四肢】

前肢长且直，平行，后肢肌肉发达，大腿宽且弯曲；足部小而紧凑，既不内翻也不外翻，肉趾大，脚尖紧握且厚实，足趾适度圆拱，后脚比前脚小。

【被毛】

被毛短、油亮、光滑，紧贴身体；毛色为驼色带斑纹，斑纹相对稀少，白色的斑纹可以点缀拳师的外观，但不能超过整个被毛面积的 1/3。

（3）性格特点 拳狮犬天生是一种"听觉"警卫犬，它警戒心强烈、威严且自信，它非常爱玩闹，对孩子非常有耐心和忍耐力，对陌生人警惕仍保留，是非常理想的伴侣宠物。

（4）饲养要点 拳师犬容貌特殊，为保证外形和健康的最佳状态，必须经常训练及长距离的运动，经常清洁牙齿。寿命较短，一般不超过 12 岁，极易患风湿病，故在被雨水淋湿后应及时擦干。

18. 杜宾犬（Doberman）

（1）基本概述 杜宾犬又名笃宾犬、都柏文犬、德贝曼犬，属工作犬种。原产于德国。杜宾犬是作为一种凶猛、极具勇气、精力旺盛的短毛犬来饲养的，被作为警卫犬和侦察犬使用。见 彩图 2-36。

（2）体格外形

【头部】

① 脑袋 长而紧凑，面颊平坦、肌肉发达，表情敏锐、机智。

② 耳朵 耳小，耳根高，下折或直立，通常须进行修耳。

③ 眼睛 杏形，位置适度凹陷，眼神显得活泼、精力充沛。眼睛的颜色都是越深越好。

④ 口吻 嘴唇紧贴上下颌，上下颌饱满、有力，位于眼睛下面，牙齿剪状咬合。

【躯干】

体型健壮、紧实敏捷、肌肉发达，肩高等于体长，头部、颈部和腿的长度与身体的高度及深度的比例协调。尾巴在大约第二节尾骨切断，只有在警觉时，尾巴会举起高过水平线。

【四肢】

前肢完美的笔直、彼此平行且有力，骨量充足。后肢大腿长且宽，肌肉发达；足爪拱起、紧凑，类似猫足，即不向内翻、也不向外翻。

【被毛】

平滑的毛发，短、硬、浓密且紧贴身体；毛色为黑色、红色、蓝色、驼色（伊莎贝拉色）；斑纹为边界清晰的铁锈色斑纹，分布在眼睛上方、口吻、咽喉、前胸、四肢的腿、脚及尾下。

（3）性格特点　生性勇敢、坚定、机警，勇敢忠诚而顺从。但却隐含喜好挑衅的性格，故从幼犬时期起，需严加管教。当陌生人来访时，会发出警告的声音，态度毅然，不留任何余地。

（4）饲养要点　适合城市生活，耐热怕冷，被毛短，不需要经常梳理，容易训练，让其充分运动，保持英姿焕发，不容易与别的犬相处。易患气胀病、臀部发育异常、心脏问题。

19. 圣伯纳犬（Saint Bernard）

（1）基本概述　圣伯纳犬属大型工作犬类，是一种温和的巨犬，因在阿尔卑斯山之圣伯纳修道院担任救援犬而得名，现在的圣伯纳既有短毛型又有长毛型，原产于瑞士。见彩图 2-37。

（2）体格外形

【头部】

① 脑袋　表情聪明，面部有深色面具，表情严厉，但不凶恶。一道深沟从口吻根部开始，经过两眼之间，穿过整个脑袋。开始的一半非常清晰，向后逐渐消失在后枕骨。

② 耳朵　中等大小，耳根处有非常发达的边缘，耳翼为柔嫩的圆角三角形。

③ 眼睛　中等大小，深褐色，眼神聪明、友善，深度合适，下眼睑不能完全贴和眼球。

④ 鼻子　坚实、宽阔、带有宽大的鼻孔，鼻梁上从口吻根部到鼻镜有浅沟。

⑤ 口吻　宽、显著、短、不呈锥形，口吻的垂直深度比长度要大，上嘴唇非常发达。

【躯干】

圣伯纳犬是超大型犬，充满力量、比例匀称且轮廓丰满，每一部分都很结实且肌肉发达尾巴长，尾尖也很有力。休息时，尾巴以字母"f"的形状垂直悬挂，略有卷曲的尾巴是允许的。

【四肢】

四肢非常有力而且肌肉格外发达，后肢飞节角度中等，足爪宽，有结实的脚趾，脚趾略紧，趾关节高一些比较好，狼爪应该除掉。

【被毛】

被毛非常浓密、平滑的躺着，毛质硬，毛色为白色带红色或红色带白色，耳根处长有长毛是允许的，斑纹处是白色的胸部、足爪和尾尖；颈部有"领子"，脸部有"白筋"。

（3）性格特点　聪明、忠诚、温顺，易亲近，对儿童宽容，若家庭条件允许，是最好的首先宠物。

（4）饲养要点　圣伯纳犬聪明，忠诚而且性格十分温顺，容易亲近，因为体型大，则需大空间和大量喂食。

20. 美国可卡犬（American Cocker Spaniel）

（1）基本概述　美国可卡犬又名美国曲架、美式可卡，属狩猎犬种，原产于美国，属激飞猎犬，是美国猎犬（运动犬）中最小的一种，也是最受欢迎的犬种之一。见彩图 2-38。

（2）体格外形

【头部】

① 脑袋　浑圆的头部，眉毛整洁而清晰，止部非常明显，表情聪明、温和且吸引人。

② 眼睛　眼球圆而丰满，深褐色，而且一般情况是越深越好，眼睛下方的骨骼轮廓分明。

③ 耳朵　叶片状，长，耳郭精美，有大量羽状饰毛。

④ 鼻镜　有足够的尺寸，与口吻及前脸相称，鼻孔发达，典型的运动犬特征。

⑤ 口吻　短而厚的方形吻部，上唇丰满，覆盖下颌；牙齿结实而健康，剪状咬合。

【躯干】

颈部有充分的长度，没有下垂的"赘肉"，从肩部有力地升起，略微圆拱，逐渐变细，与头部衔接；胸部深，前面十分宽阔，为心脏和肺部提供了足够的空间；尾在背线的延长线上。

【四肢】

四肢粗壮而短，肌肉发达，膝关节弯曲明显，脚宽大，多长饰毛，但丝毫不影响活动。

【被毛】

头部被毛短而纤细，身躯被毛长度适中，有足够的底毛提供保护。耳朵、胸部、腹部、及腿部，有大量羽状饰毛，被毛是丝状、平坦或略微呈波浪状，其质地使被毛很容易打理。毛色有黑色、褐色、红棕、浅黄、银色以及黑白混合等色。

（3）性格特点　性格开朗，活泼，性情温和，感情丰富，行事谨慎；机警敏捷，外观可爱甜美，易于服从，是儿童和女士们最喜爱的伴侣犬和玩赏犬。

（4）饲养要点　每天保证适当的运动量，定时定量饲喂，防止过肥；毛长，每天需进行梳理刷毛修剪，大垂耳犬易患耳病，要常清洁耳道；爪易长，应按时修剪，赘生趾则需除去。

21. 腊肠犬（Dachshund）

（1）基本概述　腊肠犬也称猪獾犬，四肢短小，整个身躯就像一条腊肠，故名腊肠犬，属猎犬种。见 彩图 2-39。原产于德国，善于捕捉穴居兽。按体高分标准型和迷你型，按毛质分短毛、长毛和刚毛型 3 种。

（2）体格外形

【头部】

① 脑袋　略微圆拱，宽窄适度，呈锥形，止部较明显，过渡到精致、略微圆拱的口吻。

② 眼睛　中等大小，杏仁形，深色眼圈，表情令人愉快、舒适，眼神不尖锐。

③ 耳朵　耳根接近头顶，中等长度，圆形，挂在两侧，活动时，耳朵前侧边缘贴着面颊。

④ 牙齿　犬齿有力，牙齿紧密，剪状咬合。

【躯干】

颈部长，肌肉发达，颈背略微圆拱，躯干长而肌肉充分发达，背部尽可能直，不允许下陷，腹部略微上提，尾巴位于脊椎的延长线上，不扭曲或明显弯曲。

【四肢】

四肢短小，脚掌丰满、紧凑，足爪有五个脚趾，四个有用，脚趾适度圆拱，脚垫坚硬、厚实，整个足爪笔直向前，足爪整体和谐，呈球状，狼爪可以切除。

【被毛】

短毛型腊肠犬被毛平滑而直顺；长毛型腊肠犬被毛直而柔软，略呈波浪状；刚毛型腊肠犬拥有长须和浓眉，被毛刚硬，胸部和脚上的毛发较长。毛色一般为单一颜色，红色和奶油色。

（3）性格特点　腊肠犬聪明伶俐、非常善解人意、对主人忠心，喜欢吠叫，具有很强的警戒心，适合深入穴洞捕捉猎物。捕猎动作奇特，以吻部撞昏猎物，再迅速地咬住。

（4）饲养要点　注意保持正常体重，因背部很长，过度臃肿易致髋关节受伤，严重可引起局部抽筋和瘫痪。下垂的耳朵内容易积存脏东西，应注意定期清洁；深色趾甲易看清楚血线，修剪时应注意。

第四节　猫的品种

【学习目标】

了解国内外宠物猫的主要品种以及这些品种的外貌特征、性格特点和生产性能。

重点：国内外主要宠物猫的品种特征。

难点：从外貌特征区别不同品种的宠物猫。

见此图标[图]微信扫码

电子彩图辨细节
线上资料帮我学

一、我国猫的主要品种

我国对猫品种的选育和改良还处在初级阶段，至今为止没有对猫的品种进行科学的鉴定和命名工作。因此，国内猫品种的资料很少，分类也比较复杂。我国城乡居民所饲养的猫大多数属于短毛猫。国外的一些品种也引入我国，例如波斯猫、泰国猫等品种，我国猫的主要品种如下。

1. 云猫（彩图 2-40）

因其毛色似天上的彩云而得名，该猫生活在我国南方。云猫的毛色呈棕黄或黑灰色，头部为黑色，眼睛下方及侧面出现白斑，身体两侧有黑色花斑，背部有数条黑色纵纹，四肢及尾巴有深色斑纹，外观漂亮，且很有观赏性。喜食椰子树和棕榈树汁故又称为椰子猫和棕榈猫。该猫的繁殖期不固定，一年两胎，每胎产仔 2～4 只。

2. 山东狮子猫（彩图 2-41）

因颈部毛长，形如狮子而得名。主要分布于山东省。毛色为白色、黄色或黑白相间的。身体健壮，尾部粗大，抗病力强，耐寒力强，捕鼠能力强。繁殖力低，每年一胎，每胎产仔 2～3 只。

3. 狸花猫（彩图 2-42）

该猫在我国各地均有分布，只是在陕西、河南等地较多。颈、腹下毛色为灰白色，身体其他各部位黑、灰色相间的条纹，形如虎皮，短毛而光亮润滑擅长捕鼠，产仔率高，不耐寒，抗病力弱，与主人的关系不太密切，不恋家。

4. 四川简州猫

在我国广大农村饲养量较大，体型健壮高大，动作十分敏捷，擅长捕鼠。

二、国外猫的主要品种

1. 泰国猫

又名暹罗猫，原产于泰国。泰国猫是短毛猫的代表，在世界各地相当流行。

（1）体型特征　身体修长，体型适中且紧凑。脸尖，呈楔形。鼻子长而直，耳端尖、直立。眼睛两端上翘呈杏仁形状。四肢、尾巴细且长。被毛短而细致，厚实光滑。刚出生的泰国猫毛色几乎全白色，随着日龄的增长而呈现不同的特点。泰国猫毛色的显著特征是在白色的背景下，配以颜色较深的脸、耳朵、四肢和尾巴。根据毛颜色的不同，泰国猫又分为四个不同的类型（彩图 2-43）。

① 海豹色重点色　是暹罗猫的传统颜色，最早于 19 世纪 80 年代出现于欧洲。成年猫背部为浅黄褐色，腹部为白色，脸、耳朵、四肢和尾巴呈现海豹样的褐色。

② 巧克力色重点色　在象牙白的背景下呈现奶油巧克力色。

③ 乳黄重点色　耳朵、尾巴、脸部皆呈乳黄色，背部和两侧呈现浅乳黄色。

④ 蓝色重点色　是传统暹罗猫之一，从 20 世纪 30 年代起成为最受欢迎的品种之一。背部、尾呈现淡蓝色，眼睛呈现碧蓝色。

（2）性情　情绪多变，多愁善感，攻击性和嫉妒心较强，大方热情，叫声较大。

（3）生产性能　母猫性成熟较早，五月龄可配种受孕。产仔数较多。

2. 波斯猫

波斯猫属长毛猫，是世界上爱猫者最喜欢的猫品种之一，素有"猫中王子"、"王妃"之称。有关波斯猫的起源问题说法不一，比较统一的观点是波斯猫身上有阿富汗长毛猫和土耳其安哥拉猫的血统，因而起源于土耳其的可能性比较大。在 1871 年才开始进行科学选育，因此波斯猫是一个现代品种。

（1）体型特征　体长 40～50cm，尾长 25～30cm，肩高 30cm。骨骼粗壮，全身肌肉发达，背短而平，肩和臀高度相同，尾巴和四肢稍短。头部浑圆，鼻短而宽，耳小，眼睛又大又圆，稍突出。波斯猫眼睛颜色因毛色的不同而有差异。但多数是黄色、琥珀色或是双眼颜色各异。两只眼睛的颜色越纯、越深越好，颜色均匀更好。波斯猫尾巴短且圆，低落拖地。波斯猫被毛长且有光泽。由于颈和肩部的被毛更致密，在外观上看，犹如一头小狮子。耳朵内外、趾间皆有毛。

波斯猫毛色繁多，但可分为三大类共计 88 种颜色，颜色示例见 彩图 2-44 。

① 单色　黑色、白色、蓝色、奶油色（米色）、浅红色（黄褐色）。单色猫眼睛的颜色大多是黄色的。

② 多色　被毛的颜色在一种以上，眼与被毛的颜色不同。例如，栗鼠色，在白色的背景上，背、头和尾部出现黑色斑点，黑黄白色等。

③ 杂色　被毛呈不同颜色和图案，如从灰色到棕色，从天蓝色到橘黄色；有的呈现老虎斑样外观。

（2）性情　外静内动，乐观向上，待人真诚，气质高雅。

（3）生产性能　波斯猫每窝产仔 2～3 只。

3. 喜马拉雅猫

属于长毛猫，在 1929 年由泰国猫、巴曼猫和波斯猫杂交培育而成。名字与喜马拉雅山无关，而是来源于喜马拉雅兔，因为两者的毛色、长相相似。

（1）体型特征　身材矮胖，四肢强健短直。具有波斯猫的典型头型，圆顶状的头部。眼睛大而圆，呈现蓝色。耳小，短鼻。短尾且尾毛茂密。喜马拉雅猫既有波斯猫突出的长毛，又有泰国猫的典型毛色。毛长可达 12cm，毛柔软厚长。被毛有点状颜色，共计 7 种，分别是海豹点、巧克力点、蓝奶油点、丁香点、玳瑁点、橙色点和蓝色点。这些色点分布在猫的腿、脚、尾巴、耳朵和面部等处，因此该猫也被称之为色点长毛猫。见 彩图 2-45 。

（2）性情　聪明文雅，温柔美丽，顽皮可爱，叫声悦耳。

（3）生产性能　雄性喜马拉雅猫在 18 月龄左右达到性成熟，雌性要早些。每窝产仔 2～3 只，刚出生的猫被毛较短且几乎是全白色，6 月龄以后才长出花斑。

① 巧克力重点色猫　被毛基色是象牙白色，耳、尾等处有深咖啡色花斑。

② 海豹重点色猫　被毛基色是乳白色，面部、耳、尾部等处呈现深海豹褐色。眼睛呈现深蓝色。

③ 蓝色重点色猫　被毛基色是白色，眼、鼻、腿等处是蓝色。

4. 缅甸猫

属于短毛猫，原产于缅甸，是 1930 年从缅甸仰光带到美国的雌性猫与雄性暹罗猫杂交培育而成的。

(1) 体型特征　肌肉结实有力，头圆略尖，两耳的间距稍大，耳端稍尖呈圆形。眼睛圆而大，被毛短且稠密，光滑富有光泽。毛色有棕色、红色、蓝色、橙黄色、巧克力色和深褐色等。见 彩图 2-46。

① 红色缅甸猫　被毛是浅橘红色。

② 巧克力色缅甸猫　耳朵和面部颜色较身体其他部位颜色深，被毛基色是褐色。

③ 棕色缅甸猫　美国人只接受紫色和棕色的缅甸猫，被毛呈深海豹色。

④ 蓝色缅甸猫　被毛呈银灰色。

(2) 性情　诙谐幽默，性格温和，勇敢活泼，乐于接触人。

(3) 生产性能　性成熟较早，母猫在 7 月龄能发情配种，平均窝产仔 5 只。寿命较长，大概 20 岁左右。

5. 苏格兰猫

又名苏格兰塌耳猫，在 1961 年，一个叫威廉的苏格兰牧民发现了折耳猫，并与动物遗传育种学家共同培育了这一珍贵的品种。

(1) 体型特征　身材矮胖，头宽而圆，眼睛大且圆，典型特征是耳小且向前下垂，尾巴有弹性，长度占身长 2/3。被毛短且细密，且柔软有弹性。毛色种类较多，有黑色、浅蓝色、金黄色等。见 彩图 2-47。

(2) 性情　热爱主人，留恋家庭，遇到猎物时勇敢出击。

(3) 生产性能　猫在 4 月龄就长出典型的塌耳。

6. 阿比西尼亚猫

又名埃塞俄比亚猫和芭蕾舞猫，属于短毛猫。在英国培育而成。

(1) 体型特征　体型中等，四肢高而细，肌肉发达，尾巴长短适中。头略尖呈楔形，眼睛大呈杏仁形，耳大，锥形尾。被毛柔软且富有弹性。毛色有巧克力色、淡紫色、蓝色、银黑色、红褐色等。典型特征是毛颜色有层次感，越接近根部毛颜色越浅，越接近尖部毛颜色越深。

① 红褐色阿比西尼亚猫　眼睛呈现琥珀色。见 彩图 2-48。

② 淡褐色阿比西尼亚猫　幼猫在出生后 3 周会出现斑纹，头顶盖呈深色。见 彩图 2-49。

(2) 性情　记忆力和幽默感较强，顽皮好动，有野性，害怕陌生人。

(3) 生产性能　母猫产仔数较少，且妊娠期需要特殊照顾，产仔时需适当助产。

7. 美国短毛猫

又名美洲短毛虎纹猫，原产于美国。

(1) 体型特征　身体强健，头圆，耳直立。眼圆稍向外倾斜。被毛坚硬，耐寒、耐潮湿；冬季短毛增厚。毛色比较多，主要包括以下几种。见 彩图 2-50。

① 白色美国短毛猫　毛色纯白，无杂色，眼睛颜色常呈金黄色，也有蓝眼睛，但是蓝眼睛侧耳聋。

② 暗灰黑色猫　头宽圆，眼睛呈金色。

③ 斑色　斑色是一大类毛色的统称，斑纹与毛色构成了图案组合。

④ 多色和杂色　除上述所说颜色外还有玳瑁色。被毛基色是黑色，点缀着红色和奶油色花斑，眼睛金黄色等。

（2）性情　聪颖淘气，适应性强，忠于主人，性情随和，擅长捕鼠。

（3）生产性能　窝产仔猫数 4 只。

8. 巴厘猫

20 世纪 50 年代，在美国的泰国猫的饲养者收获了不同于泰国猫的仔猫，即被毛为丝状长毛的突变个体的仔猫，这就是新品种巴厘毛的雏形。因为巴厘猫被毛光滑柔顺，像是印度尼西亚巴厘岛上的舞蹈家，因此而得此名。实际上和巴厘岛毫无关系。

（1）体型特征　身材修长，肌肉发育良好，腿细长，且前腿稍短于后腿。头呈楔形，鼻直且长，眼睛呈杏仁形，眼睛深蓝色。丝状被毛，毛长 5cm，长毛下无绒毛。与泰国猫一样，毛色的显著特点是浅色被毛基色，在面、耳朵、下肢和尾巴等处有深色斑块。见 彩图 2-51 。

① 海豹色点　被毛基色是奶油色，面部、耳朵、尾部、爪呈深褐色。

② 巧克力色　被毛基色为象牙白色，尾长而如羽毛形。

③ 丁香色　被毛基色为雪白色，添加巧克力红灰色色点。

（2）性情　步态优美，跳跃能力强，交际广泛，叫声具有祈求的声调。

（3）生产性能　窝产仔猫数 3～4 只，性成熟较早，若与泰国猫杂交，后代具有泰国猫的被毛特征。

9. 俄国猫

又名俄罗斯蓝猫，素有"短毛猫的贵族"的美称。一个世纪前，从俄国的港口通过海运输入英国，经英国人培育改良成现在的品种，该猫受到世界各地人们的喜爱。见 彩图 2-52 。

（1）体型特征　身材细长，骨骼发育良好，头略尖，耳大直立。杏核眼，眼为绿色。锥形尾，长且光滑。被毛短且厚实，显著特点是呈貂样银灰色光泽。毛的颜色从灰色到蓝灰色，分布均匀平整，因为有些毛色为蓝灰色，所以称之为俄罗斯蓝猫。

（2）性情　沉稳安静，聪明，叫声轻柔。

（3）生产性能　一年产两窝，每窝产仔猫 4 只。

10. 土耳其安哥拉猫

原产于土耳其首都安卡拉，是波斯猫的祖先，是现存最古老的品种之一。

（1）体型特征　体型苗条，身体健壮，头中等大小，中间脸型，杏仁眼，耳大而尖，锥形尾。丝状被毛，无底层绒毛，易于梳理。柔软细腻，颈部、腹部和尾巴的软毛较丰厚。起初猫的颜色只有白色，现在毛色多样化，有黑、蓝、白、红等清一色，也有斑纹色，最受欢迎的是白色。白色土耳其安哥拉猫眼睛颜色不同，若是蓝眼睛则可能出现聋子，颈部周围毛较长。见 彩图 2-53 。

（2）性情　温顺，恬静端庄。

（3）生产性能　性成熟早，但特征性被毛特点在 2 岁时才能长出来。

【练习与思考】

1. 试述犬头部各器官的类型及相应的品种类型。
2. 描述犬体尺测量的指标及测量方法。
3. 犬、猫的品种类型有哪些？
4. 试述我国主要宠物犬种的品种特征。
5. 试述国外主要宠物犬种的品种特征。
6. 试述国外主要宠物猫种的品种特征。

微信扫一扫

在线自测 ｜ 打基础
电子彩图 ｜ 辨细节
视听资料 ｜ 划重点
拓展知识 ｜ 多交流

第三章　家庭养宠准备

【内容提要】

主要介绍犬、猫的选购和家庭养犬、养猫的用品的准备，其中包括犬、猫的品种、性别、年龄、毛种的选择，犬、猫的挑选以及犬、猫用品的准备。

第一节　家庭宠物的选购

【学习目标】

正确选购宠物犬、猫，并能判断其优劣，掌握宠物犬、猫的选购技巧。

重点：犬、猫的选购。

难点：健康犬、猫的挑选。

一、宠物犬的选购

1. 宠物犬品种、性别、年龄、毛种的选择

犬的品种很多，它们的外貌和特性相差很大，选择什么样的犬饲养，要根据养犬主的实际用途、居住条件和生活方式等来适当确定。

（1）犬种的选择　犬的品种很多，每个品种都有自己的优势和缺点。为了买到称心如意的宠物犬，养犬前有必要先了解和掌握一些购犬、选犬知识，了解宠物犬市场，对犬的品种、价格等有所了解。有必要的话，还可以到犬主家或大型养殖场实地考察，增加感性认识和理性认识。因为宠物犬将来要成为家庭一员，在购犬前必须从经济实力、喜好、居住环境和饲养条件等方面权衡后，在种类繁多的品种中，有目的地去选择最适合自己的犬种。如住楼房且面积又不大，可选择小型犬饲养，例如小型的巴哥犬和北京犬比较理想。如果工作繁忙，最好不要选长毛犬或卷毛犬，给犬梳理被毛、洗澡需要许花费多时间。

目前，从我国群众性养犬的趋势看，以小型或超小型犬为主，如北京犬、马耳济斯犬、吉娃娃犬等，这些小型犬食量小、体尺短、体重较轻，连小孩都能将其抱在怀里，深受妇女和儿童的喜爱。大型犬如阿富汗猎犬、大丹犬、拳师犬、圣伯纳犬等由于身长体重，且其食量是小型犬的5～10倍，幼犬长到成犬后在外散步或运动所需的运动量也大，老人或小孩无法适应，因此这类大型犬在城区饲养较少。此外，对于这类大型犬没有恰当的训练是无法控制的，所以在没有足够训犬经验的情况下，不要挑选这样的犬。

综合考虑后，将选择的范围缩小到一种犬，它要最适合您的性格、生活方式、工作性质、饮食习惯和品味。然后查阅一下有关介绍该品种的书籍，对该品种的描述、历史记载、品种标准以及性格作进一步的了解，以便选择一头英俊、健壮、体形结构完美、性格极佳的理想伴侣。

值得一提的是，选择纯种犬还是杂种犬也是要考虑的问题。纯种犬和杂种犬各有优缺点：纯种犬能够保持品种纯正，提高养犬档次，且繁殖的仔犬出售也非常容易。但纯种犬为

了保持其品种优势，常因近亲繁殖而出现一些遗传性缺陷；杂种犬尽管有外貌不美观、遗传不稳定、易丧失品种特征及繁殖的仔犬不易出售等缺点，但杂种犬，尤其是杂种一代的犬也有其特有优势，它们比那些纯种犬更具有健康的体格，不娇气，遗传性疾病较少，当然杂种犬的价格也很便宜。因此，如果不参加犬展或不进行繁殖，杂种犬也值得考虑，因为它适应性强，不娇气，不易生病，且同样也能给您带来无限的欢乐。

（2）犬龄的选择　在犬的年龄选择上，一般选择幼犬要胜于成年犬，但也不是绝对，选择幼龄犬或成年犬各有利弊，这主要是根据人们的需要。

幼龄犬能很快适应新的环境，与主人建立起牢固的友谊，易于调教和训练。有资料报道，仔犬大约在 3 周龄时感觉器官开始起作用，逐渐地对周围环境感兴趣。因此，培养幼犬社会化的时机应在 3～12 周龄（社会化是指幼犬学会与其他动物或人类和睦相处的过程），这个时期幼犬能够快速接受新事物，更自信，更乐于交际。那么究竟选择哪一年龄段的幼犬比较合适呢？选择幼犬的最佳年龄是在出生后 2 月龄，此时幼犬性格开始表现出来，可以看出身体发育好坏。未满 2 月龄的幼犬，个性不明显，超过 3 月龄的幼犬，身体发育过快，比例不协调，体形好坏难以判断。选择幼犬不足的是，幼犬独立生活能力差，开始阶段需要精心照顾，需花费较多的时间调教和训练。

成年犬生活能力强，特别是经过专门训练的犬，具备了某些专门的技能而无需训练，可省去许多时间。但成年犬存在较多弊端，如难以驯服，对以前的主人仍怀有留恋之情，要赢得它的忠诚和感情需花费更多的时间和精力，有的犬还有可能跑回原主人家，尤其是缺乏良好训练的犬，养成某些令人难以接受的恶习不易改变，纠正起来也比较困难。

犬的年龄可根据血统证书或出生登记表上的出生日期进行推算。对于无资料可查的，通常可根据犬的牙齿生长与磨损情况等来判定，可参考第二章第一节的相关内容。

根据牙齿变化来判定年龄主要以牙齿的生长情况、齿峰及牙齿磨损程度、外形颜色等综合判定。每侧牙齿的类型与数目，常以齿式表示，成年犬的牙齿 42 枚，其齿式为 $2\left(I\,\dfrac{3}{3}+C\,\dfrac{1}{1}+P\,\dfrac{4}{4}+M\,\dfrac{2}{3}\right)=42$。幼犬的乳齿呈白色，齿细而尖，全部长齐，共计 28 枚。其齿式为 $2\left(I\,\dfrac{3}{3}+C\,\dfrac{1}{1}+P\,\dfrac{3}{3}+M\,\dfrac{0}{0}\right)=28$。

犬齿全部为短冠形，上颌第一、二门齿齿冠为三峰形，中部是犬尖峰，两侧有小尖峰，其余门齿各有犬小两个尖峰，犬齿呈弯曲的圆锥形，尖端锋利，是进攻和自卫的有力武器。前白齿为三峰形，后白齿为多峰形。判定年龄时可参照以下标准：20 天左右，犬的幼齿开始长出。4～6 周龄，乳门齿长齐。将近 2 月龄时，乳齿全部长齐，呈白色，细而尖。2～4 月龄，更换第一乳门齿。5～6 月龄，换第二、三乳门齿及乳犬齿。8 月龄以后，全部换上恒齿。1 岁，恒齿长齐，洁白光亮，门齿上都有尖突。1.5～2 岁，下颌第一门齿犬尖峰磨损至与小尖峰平齐，此现象称尖峰磨灭。2～3 岁，牙齿磨损明显且开始失去光泽。3 岁以上，前齿出现磨损，牙齿发黄，无光泽。

以上是根据犬牙齿变化情况来判定犬的年龄，但由于所喂饲料的性质（颗粒饲料或流食）、生活环境（如圈养的犬就比散养的犬缺少啃咬砖头、木棒的机会）等因素，牙齿磨损的程度也有所不同，因此给判定带来一定的误差。

（3）性别的选择　就感情、忠实和性情而言，决定因素不是犬的性别而是犬的品种。在同一品种内，公犬一般性情刚毅，活泼好斗，勇敢威武，体格强壮，难以驾驭，因而训练时要比母犬花更多的时间。母犬一般比公犬小，性情较温顺，易于训练调教，但未做卵巢摘除的母犬，每年有两次发情，并且每次发情要持续 9～14 天，个别的长达 21 天，此时必须将它与公犬隔离，还要防止弄脏居室。当然，如果不想让犬繁殖或不参加犬展，可在适当的时间做卵巢摘除手术或去势，这些手术不会改变犬的性格，易于驯养，而且有助于维护犬的健康，控制犬的数量。

相对于成年犬，幼犬的性别辨别相对比较困难，但只要掌握技巧、稍加注意，其实并不难。一般，排尿处有个小球形状的，而且像个小桃子的那是母犬，您同时可以在它肚皮上观察看有没有乳头，小母犬的一个乳头表现为稍稍突起的一个小点。

（4）毛种选择　犬的毛种有长毛种、短毛种与中毛种。长毛种的姿态优美，售价较高，但相对花更多时间给犬梳理被毛，如果无空闲时间的人或懒惰的人是不适合购买来饲养。短毛种犬的性情活泼与机敏，无需花费很多时间给它梳毛与整毛，相对较简单。因此，要根据个人的生活习惯及时间条件而定。

同一品种的犬，毛被颜色类型也不是完全相同的，而各人喜爱的颜色也不相同。因此，在可能的条件下，尽可能挑选自己喜爱的毛色，但仍要遵照每个国家犬展会规定的毛色，否则，会失去参加犬展比赛的资格或被扣分。例如，现今贵妇犬的颜色多彩多姿。而美国犬展会规定要纯色的，英国犬展会规定可黑、可白、纯蓝或褐色，在法国，除了上述的毛色以外，银色的也可以参加犬展比赛。假如在犬展会内，有同等积分的贵妇犬出现时，最后以颜色美丽者获优胜。

2. 宠物犬的挑选

（1）选购途径　购犬途径主要有到犬市场、饲养场、中介机构（经营犬的公司）购买，各种途径各有利弊。因此，要根据自己的实际情况决定购犬方式。

① 到犬繁殖场去购买　从犬繁殖场购买的犬，由于它有一系列饲养管理制度和方法，种犬的数量较多，不仅可以从多数仔犬中挑选优质的仔犬，也可学习、了解到他们的饲养管理方法，甚至当犬初到家中时，可以应用他们的饲料配方和饲喂、管理方法，防止因饲养管理条件的突然改变而引起仔犬发病。同时，从繁殖场购买的犬，一般能保证健康和免疫接种，相对来说，品种也较纯，一旦发生意外，可以与场方协商解决。但一般选择品种余地较小。

② 到犬市场去购买　犬市场里犬的数量和品种较多，便于选择。但是从市场购到的犬很难保证已注射过疫苗，也难保证是否健康，有些卖犬者，为了消除自己的包袱，将某些有缺陷的犬或有某些疾病的犬，经过医疗或所谓的整形手术把问题掩盖过去后，到市场上去出售，如果购犬者没有仔细检查，只听卖犬者的花言巧语，就容易上当受骗，同时，也无从知道父母代及其他仔犬的情况，当然，在市场也有不少优良、健康仔犬，但必须要经过耐心、仔细检查，方可选购到称心如意的健康仔犬。但应注意，市场上的犬来自四面八方，犬源复杂有些带有传染病病原的"健康带菌（毒）犬"或病愈不久的"带毒（菌）犬"，慢性无症状的病犬。或处于"潜伏期"的病犬常混在其中，选购时必须注意。

③ 中介机构（经营犬的公司）购买　中介机构给养犬者购犬提供了方便，同时也比较可靠，但往往价格较高。

（2）品种外貌特征的鉴定　犬的品种很多，每一品种都有其外形特征，因此，选购犬时，必须要根据每一品种的外形特征标准及每一国家犬展会规定的标准要求来考虑。因此，挑选前，应阅读一些有关该犬种的资料，初步了解这些种犬的外形特征和特性，然后运用这个标准去衡量选购对象各个方面的情况。但是，所有的宠物犬都有相似的整体外貌要求，如外观各部匀称紧凑、肌肉发达、体质健壮、姿态端正、牙齿整齐呈剪状咬合、被毛有光泽、运步流畅等特点。具体考查时，要按照品种特点来判定，一般采用目测和仪器测量的方法。

（3）健康检查　购买犬只最重要的便是选择健康的犬。因此，在挑选犬时健康检查是必不可少的一项内容，它主要包括以下几个方面。

① 精神状态　健康犬活泼好动，反应灵敏，情绪稳定，喜欢亲近人，愿与人玩耍，而且机灵，警觉，性高。凡胆小畏缩怕人，精神不振，低头呆立，对外界刺激反应迟钝，甚至不予理睬，或对周围的事物过于敏感，表现惊恐不安，或对人充满敌意，喜欢攻击人，不断狂吠或盲目活动，狂奔乱跑等均属精神状态不良（图3-1）。另外，在犬平静时，它的呼吸必须安静平滑，没有喘息和咳嗽（图3-2）。

图 3-1　犬的精神状态良好　　　　图 3-2　犬的呼吸安静平滑　　　　　图 3-3　犬的眼睛正常

② 眼　从犬的眼睛可分辨其健康状况（图3-3）。健康犬眼结膜呈粉红色、无血丝，眼睛干净明亮不流泪，无任何分泌物，两眼大小一致，无外伤或疤痕，对光线没有不正常的表现。病犬常见眼结膜充血，甚至呈蓝紫色，患贫血病则可视黏膜苍白，眼角附有眼屎，而眼无光或羞明流泪（图3-3）。

③ 鼻　用手指轻轻接触犬的鼻镜（图3-4），凉而湿润，无浆液性或脓性分泌物，则表示幼犬很健康。并不是所有犬的鼻子都凉而湿润，如果其他地方看上去都正常，那么即使热又干的鼻子可能也是正常。鼻子上没有结疤或流鼻涕的现象。

④ 耳朵　健康犬耳朵灵活，耳道清洁，没有耳屎，耳尖无皮屑（图3-5）。没有不停地抓挠耳朵的现象，无怪味。

⑤ 口腔　轻轻翻起嘴唇，观察牙齿是否干净整齐（图3-6）。牙龈粉红色，无炎症迹象。舌头鲜红或为品种规定颜色，无舌苔，无口臭。让犬嘴闭合，观察有无闭合不全和流涎。

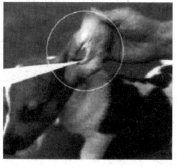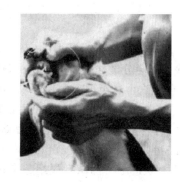

图 3-4　犬的鼻镜凉湿　　　　　　图 3-5　犬的耳朵灵活清洁　　　　　图 3-6　犬牙齿干净整齐

"查牙辨龄"口诀：找到乳犬齿，30 龄左右犬；乳牙全长齐，2 月龄犬；换第 1 门牙，3 月龄左右犬。

⑥ 皮肤、被毛　健康犬皮肤柔软而有弹性，不冻不热，手感温和，被毛干净、蓬松有光泽，没有脱落和污垢（图 3-7）。病犬皮肤干燥，弹性差，被毛粗硬杂乱，有体外寄生虫，还可见斑秃、癞皮和溃烂。

⑦ 肛门　健康犬肛门紧缩，周围清洁无异物。如果肛门周围被毛被污染，表明犬可能正在腹泻。有可能的话还可检查一下犬的小便是否正常，粪便形状是否完好（图 3-8）。

⑧ 四肢　令犬来回跑动，以观察四肢是否正常，健康犬的四肢保持重心平稳，步态自然，无跛行。如出现跛行、两前肢向内并拢（"O"形腿）或向外岔开（"X"形腿）都属不正常（图 3-9）。

图 3-7　犬的皮肤柔软具弹性　图 3-8　犬的肛门紧缩无异物　　　图 3-9　犬的四肢步态正常

⑨ 爪子　健康犬的爪子应该平坦没有畸形与缺失；足趾之间无囊肿（膨大）。

⑩ 注意观察有无遗传性毛病　纯种犬往往为了保留其品种优势，常因近亲繁殖（血统太相近）而出现一些遗传性毛病。如沙皮犬、松狮犬以及北京犬、贵妇犬容易发生眼睫毛倒生（由于世界性的"血统标准"过度强调其双眼的特征所致），尤其是沙皮犬更为多见。斑点犬出现斑点相连及多数发生缺齿。拳狮犬易发生关节病、耳聋或神经系统退化症。另一种遗传性毛病是脾气和情绪，凡是神经质或情绪不稳定的犬，行为难于预测，多数是遗传或人为行为所引起。若上一代有咬人史的犬，其下一代也可能遗传。

通过上面各项检查，基本上可将病犬检出。如有条件应请兽医检验部门作布鲁杆菌病、弓形虫病等传染性疾病的检验。

（4）特殊检查　经上述健康检查，可选出健康的犬，但为了能符合饲养目的（玩赏或伴侣）和技巧训练，应对犬的性格作进一步的测试，选择温顺、忠实、胆大、勇敢、驯服和心理状态稳定的犬。

幼犬性格测试要用 0.5～1h 的时间，方法是在幼犬最活跃的时间，带它到一处陌生而宁静、不会分散注意力的场所测试，这个测试包括了以下九个项目，每个项目的评分都是 1～5 分。这个经英国专家精心设计的测试方法具有较强的可操作性。

① 社交能力　测试者跪在幼犬前面一段距离，呼唤幼犬前来，如果幼犬尾巴竖起直奔过来，它一定是充满信心、喜欢社交的犬；性格独立的犬可能无动于衷；而柔弱胆怯的幼犬可能会前来，但态度犹豫且尾巴垂下。

② 追随　测试者先站起来慢走，以吸引幼犬追随。自信心强的幼犬会主动追随；而强悍的犬会走在人的前面或是绊手绊脚；柔弱胆怯的犬会迟疑地欲行又止；独立的犬则会走到别处。

③ 压制　把幼犬翻转压制在地上四脚朝天，用一手按着它的胸口，并稍微用力限制它不许活动，盯着它的眼睛看半分钟，此时，强悍的犬会努力挣扎，目光不显畏惧；胆怯的则会温顺屈从、目光游移。这项测试十分重要，最强悍的幼犬只适宜经验丰富的人士饲养。

④ 气度　完成压制测试后，立刻将幼犬放在面前，温柔抚摸它的全身，轻轻地对它说话，并低头前倾让它可以舔到测试者的脸。观察犬的反应，如果是一只不忘记刚才被压制、气度不宽宏的幼犬，是比较难以接受训练的。

⑤ 提高　把幼犬抱在胸前，站起来半分钟，目的是考验它在不能控制的环境下如何应付。能舒展自然躺在您臂弯的幼犬、长大后比较容易适应陌生环境；相反，不断挣扎的幼犬，长大以后会不愿接受人类的支配。

⑥ 寻回　把一张纸捏成团，抛在幼犬面前数尺，通常它的反应会：a. 奔向纸团、衔起它，在测试者的鼓励下走回来，这将是容易受训的良犬；b. 对纸团兴趣不大甚至走掉，这只犬接受训练的程度较低；c. 衔着纸团走向角落独自咬扯玩耍，这是只性格独立的犬，将来需要有经验的训练者。这项测试在试验犬对人类是否有兴趣时十分有用，是选择工作犬的有效方法。

⑦ 触觉　用拇指和食指捏着幼犬前脚中趾之间的皮蹼，从一数到十，同时手指相应逐渐增加力度。若幼犬在最初已剧烈挣扎，将来它对脖圈、束缚及训练会过度敏感；而在最强力度下才挣扎的犬，则需要强硬的训练者。

⑧ 听觉　把一个金属盖敲一下，发出响亮的声音后再藏起来。一声巨响之后，幼犬多数会惊慌失措，假如它没有反应的话，应立刻带它去兽医处检查一下是否失聪；如果幼犬能迅速恢复正常，而且还能寻找声音来源，那它便是机敏优良的犬；心有余悸、远避声源的犬，可能不适合喧闹的家庭。

⑨ 视觉　先把一些布条放在幼犬面前挥舞，信心十足的幼犬会静静地研究这是什么，勇敢的会试问咬破它，怯懦的会躲起来了。

评分标准：每一项的评分都是1~5分，表现最强悍的得1分，最怯懦的得5分，如果幼犬在各项测试中每项都得1分（当然这是极罕有的），说明它具有极强的支配欲甚至可能带有攻击性，所以不是理想的家庭宠物犬；各项中得2分最多的幼犬，同样具有较强的支配欲，可通过适当的训练而变成优秀的伴侣和出色的工作犬；得3分最多的幼犬，性格活泼外向，是一只服从训练的卓越的犬，对刚刚养犬的人士最适合不过；得4分最多的幼犬，极乐意与人相处，尤其能与儿童融洽做伴，是家庭宠物犬的上选；得5分最多的幼犬，比较敏感和缺乏自信，对没什么要求、喜欢安静生活或养犬纯粹为做伴的年老夫妇来说，是颇佳的伴侣。

上述的测试只是提供一种参考，在挑选犬时还要考虑养犬的目的，另外居住环境及个人性格同样是一项重要的因素。

如果以上检查都通过，还要询问饲养者，自己所中意的幼犬近期是否生过病、进食排泄情况如何，有没有驱过虫、接受过疫苗预防接种，包括疫苗的种类、接种的时间等。如有可能，索要一份预防接种的记录和驱虫的计划书。即使已经注射过疫苗，也不能放弃原来的记录卡，因为它可以告诉您何时需要追加预防接种。成交后的犬应到兽医防疫部门进行接种疫苗，并填写检疫证明书，确认健康者才允许交易。饲主最好能给您一份犬原来的食谱，您带回的前两周要严格遵守这个食谱，否则突然改变食物，它会不吃。两周后可以逐渐做些调整。当您购买纯种犬时，饲主应该提供犬的血统证明书和双方签字的转让书，这样养犬协会才给重新登记和被承认，假如您买的犬没有办理这个手续，将来参加展示、比赛、育种或配种时，都会遇到很多麻烦。这一点非常重要，千万不可忽略。血统证明书一般应填有犬种名、犬名、犬舍名、出生年月日、性别、毛色、繁殖者、同胞犬名、奖励、训练成绩、登录者、登录号码、登录日期等。

总之，在进行宠物犬挑选时，尤其是在考查幼犬时，要全面进行分析，因为幼犬的发育尚未成熟，机体的各个机能还不完善，其主要反应往往受外界条件的影响而发生变化，或表现不典型。

3. 宠物犬运输及途中和到达目的地管理

如果是从外地购犬，犬的运输是十分重要的问题，在运输前做好充分的准备工作，在运输途中和到达目的应认真护理。

(1) 运输前的准备　起运前须到当地兽医防疫部门检疫，办理检疫手续，只有健康犬才能起运。应准备携带犬笼、木箱或竹筐等，并经消毒后装犬。备足食物和饮水，以便中途饮食。如果长途运输还应准备晕车药和镇静药。

(2) 运输途中护理　要随时注意车内的温度和湿度。冬季运输时应防止犬受凉感冒，避免贼风吹到犬身上；夏季气候炎热，车门温度高，湿度大，犬容易中暑，所以要注意车内通风，保持车内干燥，及时清除粪便，保持车内清洁卫生。定时饲喂，不要喂得太饱，但可随时饮水。有的犬乘车常发生呕吐，应及时服用止吐药。犬刚上车时，十分恐惧，关在笼内或箱内会狂跳乱叫，为了使犬安静，可使用镇静药物，或者守护在犬身边，经常地轻拍抚慰，逗它玩耍，使犬愉快地度过第一次旅行。

(3) 到达目的地后　不能马上让犬大量饮水，只能让犬稍饮一些水，排出大小便，然后，再给予限量喂食，以防摄食过量。对新购入犬应当妥善安置，新主人应亲自护理，使它很快适应新环境。

二、宠物猫的选购

1. 宠物猫品种、性别、年龄、毛种的选择

当您决定养一只猫时，就要考虑一个问题，究竟选择哪种类型的猫饲养？

(1) 宠物猫的品种选择　选猫就如同找对象，讲究的也是"门当户对"，在选择时应当将双方的性格、感情、共同时间等诸多的因素都应该考虑进去，不能有半点马虎，更不能心血来潮。如果您对猫的品种没有选好，就会被它弄得焦头烂额，最后不得不重新再给它找个新主人。因为猫的品种有上百种，而常见的也有40多种。因此，在选择时很难用一个标准来衡量究竟哪个品种好，哪个品种差，不过有一点应当搞清楚，饲主需要纯种猫还是杂种猫。如果饲主仅仅是想买一只宠猫做伴的话，那就没有必要非买纯种猫不可，因为杂种猫同样能够满足要求，买杂种猫又不会花太多的钱，而且杂种猫的被毛及外形特征选择的余地大，同时还具有高活力、抗病力强、易饲养管理等优点。究竟买什么品种的猫，这就要根据饲主的家庭条件和个人的具体情况来确定。

如果饲主是一位离、退休老人或独身人士，需要一只猫朝夕相处、相依为伴的话，那么饲主可以选择一只活泼伶俐、顽皮好动、善解人意的猫，它会给主人带来无穷的乐趣和消除寂寞感。像泰国猫、缅甸猫、喜马拉雅猫等。这类品种的猫体质强壮、体形修长，好动，而且聪明伶俐，善解人意，可供选择。而像俄国蓝猫对饲主来说就不太适合了。

如果饲主既美丽可爱而平常又特别喜欢收集小玩偶一类的物品，那么饲主最好选择一只波斯猫或者是巴厘猫品种的猫。这类品种的猫温文尔雅、反应灵敏、喜静少动，尤其是它那一身蓬松柔软而又光滑的长毛，给人一种既华丽又高贵的感觉，它在饲主的居室中不动时，就像一只活的玩偶。它们那种尖细而优美的叫声以及爱在主人面前撒娇的顽皮劲儿，一定会更博得人们对它们的宠爱。尤其是当客来访时，在客人面前，怀抱抚摸猫咪时，定会更显出女性主人的温柔和对生活的挚爱。

如果饲主是一位有小孩的双职工家庭，可选择泰国猫或缅甸猫。这类品种的猫，天性聪明，活泼好动，对主人感情深厚，它们将是主人家孩子的忠实伙伴。在与猫玩耍的过程中，教他（她）学会如何友善待人，理解爱和感情的需要。在照顾猫的同时，也培养了孩子们的责任心。

如果饲主住平房有院子而又为鼠所困扰的话，不妨选择一只善于捕鼠的猫，如阿比西尼亚猫，尤其是我国的四川简州猫、山东狮子猫、狸花猫等，它们都是体壮灵活的捕鼠能手。这类品种猫定能满足饲主的需要。

如果饲主想选种、育种，参加猫展或是想成为一个养猫专业户，那么纯种猫（特别是流行品种、稀有品种和外貌独特的品种）将是您追求的目标。在养猫的同时再做一些品种繁育工作，这样不仅可以满足饲主个人养猫的喜好，同时，还可增加一些经济收入，并为我国猫品种的培育做出贡献。

下面几点可供您在购买纯种猫时参考：首先对您所购买的猫品种应当清楚，同时注意观察是否符合品种要求；其次，在购买小猫时，应先观察该猫的父母，因为有些外貌特征（如被毛的类型、毛色等）只有小猫到了成年后才能表现出来；再有就是要看所购买猫的家谱，每种猫都有家谱，上面记载着它的品种来源、性别、体态特征（毛色、眼睛颜色）及其祖先，并且看其在世界猫种中所占的位置等。

另外，选择纯种猫还是选择普通猫进行饲养是值得一提的问题。选择普通猫（中国种）适应性好，便于饲养，价格又不贵。如果饲主想养一只与众不同的逗人喜爱的猫就选择一些国外品种猫。选择一些国外著名品种猫费用不小，饲养难度也较大。

（2）宠物猫的年龄选择　成年猫的独立生活能力比小猫强，无需太多的照顾，也不必教那些它已经掌握的本领，如果必要的话，一天喂一次食就可以了。但成年猫在以前的环境中生活习惯了，较难适应新的环境，同时一些适合原来主人的脾性，也未必会一定得到新主人的喜欢。因此，成年猫换到新环境后的头几个月，不能任意让其跑出户外，以防外出后找不到家或重新回到原来的家去。一个比较繁忙的家庭或老年人，最好选择饲养一只成年猫。

小猫就比较容易适应新的家庭和新的主人了。因为小猫对第一个家庭及其主人的印象比较浅，一般1周后就可以熟悉新的环境。像所有的小动物一样，主人需要花更多的时间来照料和训练小猫，比如训练小猫用便盆等，而且还要按时喂食。开始时每天要喂四五次。若小猫生了病，护理也要比成年猫麻烦得多。家里的小孩常把小猫当成玩具，喜欢和小猫玩耍，这样很容易伤害小猫，而一只成年猫则会保护自己，可以回避小孩的"非礼"。如果小孩闹得太过分，猫能进行不伤害小孩的防卫，过不了多久猫和孩子可以形成一种友好谅解的状态。一般认为小猫断奶离窝的最佳时间是6～8周龄。这时小猫已基本具备独立生活的能力。如果离窝过早，小猫的独立生活能力较差，照料稍有不周，就易生病甚至死亡。

如果家里养了其他小动物，就应该选择一只小猫，因为小猫的适应能力强，短时间内就可以熟悉其他小动物；如果家里要养一只能捕鼠的猫，就该选一只成年猫，成年猫敏捷、灵活，能胜任捕鼠工作。

猫的年龄可根据猫的牙齿和毛的生长情况来判断。一般情况下，猫生后第2～3周开始长乳牙，2～3个月长齐乳牙，并开始换牙，至6个月时，永久门牙全部长齐。1年后下颌门牙开始磨损，5年后犬齿开始磨损，7年后下颌门牙磨成圆形，10年以上时，上颌门牙磨损成圆形。也可根据毛的生长情况和毛的颜色变化情况大致鉴别猫的年龄。猫出生6个月后，长出新毛表示成年；六七年后进入中年期，此时，嘴部长出白须；到老年期，则头、背部长出白毛。

（3）宠物猫的性别选择 公猫好动，活泼可爱，对主人很亲热，也比较聪明，接受训练的能力比母猫强，经过训练可以学会很多有趣的动作，饲养要求相对讲比母猫低些，体格健壮，抗病力强。较适合老年人或性格比较内向的人饲养。但有时公猫性情比较暴躁，攻击性强，有可能抓伤人或其他小动物。在性成熟以后，易到处"撒尿"以划出自己的势力范围。

母猫性情温顺，感情丰富，易和主人建立起深厚的感情，容易饲养管理。但在繁殖季节，母猫每隔3～4周就有1次发情，求偶的叫声很难听，而且总想跑出户外，如果任其与公猫交配，则要怀孕和产仔，产仔后需要主人的精心照料，小猫离窝后要适当处理。母猫的抗病力较公猫差，特别易得产科病。

如果您对公猫和母猫的缺点都不能忍受的话，可以对母猫作卵巢摘除术，这样会使母猫成为人们更好的宠物，因为这时母猫已不存在发情和妊娠的过程。公猫在幼小时即予阉割，就不会因到处"撒尿"而破坏房间的卫生，同时还可使公猫安心地待在家里，不会再出去四处寻觅母猫。

成年猫性别鉴定比较容易，未去势的公猫在其后腹下有一对睾丸。小猫的性别鉴定比较困难一些。但只要掌握了正确的方法，也还是较容易的（图3-10）。具体鉴别方法：用手掀起尾巴，这时可以看到尾下有两个孔，上面的是肛门，下面的是外生殖器开口处。比较两者之间的距离，距离长者为公猫，一般为1～1.5cm。距离短者为母猫，两孔几乎紧挨在一起。外观上，公猫尾巴下面有两个点"："像冒号一样；母猫的则像一个倒过来的感叹号"！"，即肛门孔呈圆点状，其下部的外生殖器开口呈扁的裂隙状。去势后的成年公猫因已摘除睾丸，所以，也要看肛门和外生殖器开口的距离，一般为1.5cm，而同龄的母猫只有1cm。

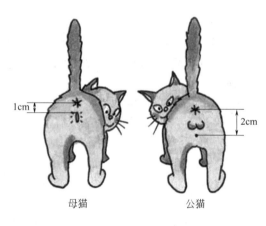

母猫　　　公猫

图3-10　公、母猫的鉴别

（4）毛种选择 猫的毛种有长毛种、短毛种与无毛种之分。是选长毛猫还是选短毛猫？长毛猫和短毛猫各有千秋。长毛猫看起来像一个毛茸茸的玩具，特别漂亮，柔软的长毛摸起来特别舒服；而短毛猫精神抖擞，容光焕发，确实也令人心动。但是长毛猫的梳理工作，对人们来说就是一个令人头痛的问题。如果饲主对长毛猫的被毛梳理不及时的话，那么这漂亮的长毛很快就结满毛球，其样子不但丑陋，而且还影响了猫的健康，因为猫有舔毛的习惯，在舔毛过程中不知不觉地吞下了大量的毛，时间久了，就会在胃内形成毛球，导致呕吐。相对来说，短毛猫就不必花费那么多时间去梳理了。从猫的性格来说，长毛猫性格更为温顺、机警怯懦，独居不群，娇媚；食量小，比较挑食；喜欢与熟人接近；爱干燥、爱清洁，贪舒适、安静。短毛猫的性格要比长毛猫强硬，不大择食，食性比较杂；不喜欢主动依附于人，善攀能爬，捕鼠的本领要比长毛猫强。但是不管长毛猫或是短毛猫，都会有掉毛的情形。很多养猫的人，常为家里飞扬的猫毛而感到苦恼。这时，饲主可以考虑养只无毛猫。加拿大无毛猫并非总是完全没毛，它们的毛很细且紧贴皮肤，感觉就如一个温暖的桃子一样。它们的鼻子、尾巴和脚趾往往也长有少量的长毛。加拿大无毛猫并非完全不需要饲主清理，由于没有毛发，导致身体油很多，所以饲养时要经常给它们洗澡。

另外，猫被毛颜色大概可以分成全色、深褐色、重点色、貂色、玳瑁色、白色六个类别。同一品种的猫，被毛颜色类型也不是完全相同的，而各人喜爱的颜色也不相同。因此，在可能的条件下，尽可能挑选自己喜爱的毛色。

总之，选择何种猫饲养，要因人、因时、因地而决定。

2. 宠物猫的挑选

（1）选购途径　如果饲主已经决定养猫的话，那么通过什么途径才能买到或找到所喜欢的猫呢？一般有以下几种途径。

一是当饲主的街坊、朋友或者同事家母猫生了小猫，可能急着想把他（她）家的小猫送给一个"门当户对"的猫爱好者，以期不受虐待，这时饲主可从中选择一只进行喂养。

二是可以到举办的猫展去选择。许多繁殖猫的人和其他的猫主人会在猫展上展示自己的猫，在猫展上不仅能够选到您所喜欢的品种和花色，同时还能学习到不少养猫的知识以及学会一些鉴别猫好坏的具体方法。宠物商店或集贸市场也是选购猫的主要场所。那儿出售的猫价格通常比较合理，但容易感染和蔓延疾病，小猫特别容易生病，买回后不太好养。饲主决定要在那儿买猫的话务必要对猫做彻底的检查。

三是可以通过保护小动物协会，他们推荐认可的猫咪可能满足饲主的要求。也可以利用现代的高科技网络工程或是宠物热线进行联系选择。

四是如果饲主有足够的支付能力，想从国外购买优良品种猫的话，可以通过中国种畜进出口总公司进行办理。

如果饲主要购买价格昂贵的纯种猫，请兽医检查更有必要。正规部门出售的猫会提供一个血统证明书。购买品种猫时一定要细心看清楚猫种名、出生年月日、性别、毛色、繁殖者、免疫时间等内容。

（2）品种及外貌特征的鉴定　猫的品种很多，每一品种都有其外形特征，因此，选购猫时必须要根据每一品种的外形特征标准来考虑。挑选前应阅读一些有关该猫品种的资料，初步了解这种猫的外形特征和特性，然后运用这个标准去衡量选购对象各个方面的情况。

（3）健康检查　挑选猫的重点在于看这只猫是否身体健康，是否活泼可爱。饲主可以到猫的主人家挑选，也可以去宠物市场或商店购买，关键在于首先必须了解这方面的一些常识，以便选择一只聪明伶俐健康的猫。

在主人家选猫时，要先看看猫妈妈和同窝猫的身体情况，因为母猫的健康与否可直接影响下一代猫的身体状况，向主人询问仔猫父母的情况（包括品种、既往病史、疫苗接种情况等）。观察同窝小猫，您应选择那些体质强壮、被毛光滑、食欲旺盛的猫，而不要选择一窝中体形较小的猫，因为那样的猫多是先天发育不足，生下后体质较弱，再加上吃奶不足，导致发育不良，这样的猫不仅生长缓慢，而且容易生病，给日后饲养可能带来不必要的麻烦。

在市场或宠物店里选猫的时候，卖主或店主也不可能完全告诉饲主想知道的一切情况，基本上要依靠买主自己的观察来判断猫的优劣。如果有一群小猫可以挑选的话，首先观察活动力比较强的猫，然后再找那些反应机警、好奇心强，并且乐意让人接近的猫。买主可以使用逗猫棒或其他的逗猫用品逗弄小猫，来观察小猫的反应能力和四肢的活动能力。为了避免选到病猫或体质状况不好的猫，选购时可以参考以下几点。

① 眼睛 明亮圆大，灵活，有神，第三眼睑即瞬膜不外露，不流泪，没有任何分泌物，也没有炎症，两眼大小一致。不要选择第三眼睑外露遮盖一部分眼球的猫，外露越多，病情越重；也不要选择流鼻涕、眼泪的小猫和眼睛会有脓性或浆液性分泌物，这些通常是有病猫的标识。

② 鼻子 通过鼻端可以感知猫的体温高低。鼻子凉而湿润，没有分泌物。不要选择鼻端发热发干，甚至龟裂或者有黏性鼻水的猫。

③ 耳朵 干净无污物，两耳竖立（塌耳猫除外），活动自如。可以在猫的左右耳后，轻轻拍掌，观察猫对声音的反应，以确定它的听力，健康猫对外界声音反应灵敏。如果仔细检查发现耳朵内黑褐色的耳垢，或有抓痕，这样的猫很可能有耳疥虫。

④ 口腔 掰开下颌，看看口腔内是否干净，有没有溃烂，牙齿有没有牙垢，牙齿颜色是否为白色，牙龈、舌头和上颌是否为粉红色。发烧时猫的口色为潮红色，贫血时为苍白色，病重时为青紫色等；口腔内如果有口臭味，就应该注意口内是否有溃疡、水泡或有否消化系统疾病。

⑤ 被毛和皮肤 全身被毛应当富有光泽、柔软，没有掉毛的区域，无外伤，结痂。如果被毛稀疏不均，呈斑块状的毛长或毛短，仔细观察还有毛屑，这样的猫可能患有皮肤病。病猫的被毛往往比较粗乱，缺乏光泽，体瘦，无力。翻开皮毛检查，如果发现一些小黑点类的东西，说明这只猫身上有跳蚤。皮肤柔软有弹性，皮肤无肿块，皮肤不发红，皮温不凉不热，温和适手。

⑥ 肛门和外生殖器 肛门清洁，紧缩干爽，近的被毛上不应沾有粪便污物。抬起猫尾巴，确认有无腹泻。生殖器官发育正常，繁殖力强。种公猫不应是隐睾、单睾的，2个睾丸发育应正常、均匀。

⑦ 肚子 肚子是否浑圆，有无硬块，抚摩肚子时，有无不耐烦的表现。

⑧ 四肢 猫站立时，其四肢有无弯曲变形，有无外伤和硬块，行走时步态是否平稳、灵活，躺卧时是否神态正常。有四肢疾病时，行走蹒跚或跛行，站立姿势不正。

⑨ 呼吸 猫正常的呼吸次数是20～30次/分，如果呼吸次数增多或减少，有可能发生了疾病。当然要排除季节、气温以及活动量因素的影响。

⑩ 其他检查 选择同一品种猫时，还应注意以下几点：第一，要注意观察猫的头部。因为头部和脸部最能代表猫的品种特征。第二，观察猫的脊背。要选择脊背适宜的，鲤鱼背与凹背都不好。第三，观察猫的前脚形状。脚呈平行状态为最好。第四，观察猫的后脚形状。直立时，双脚呈平行状态为好。第五，看爪，要求爪尖排列紧密、均匀且较圆。除了上述条件之外，还要了解猫的性格特征。要选择温顺、活跃的猫。当选中了一只小猫时，就应当试着呼唤它，看看猫有无反应。如果小猫容易受惊或龇牙咧嘴，就要仔细观察其是否身体不适，是否害怕新主人或不适应新环境。

3. 宠物猫运输及途中和到达目的地管理

（1）宠物猫运输及途中管理 如果是从外地购猫，猫的运输就是非常重要的问题，在运输前做好充分的准备工作，在运输途中应认真护理。

在运输前应到当地兽医防疫部门进行检疫，办理检疫手续，只有健康猫才能进行运输。如果是长途运输应准备一些晕车药、镇静药、止吐药等。运输途中，注意车船内的气温，以防止着凉或中暑。运输途中，应给猫足够的饮水，但不应喂得太饱。猫在刚上车船时，可能十分恐惧，应在其身边轻轻抚摸或给予镇静药。

（2）宠物猫到达目的地管理 新来的猫咪，尤其是小猫，总会成为家里的新焦点，家里人和朋友都想认识它，还想摸摸它并和它玩。在这个兴奋的时刻，对孩子就会有一些特殊的要求，因为他们往往不了解新来的小猫意味着伙伴，而是把它当成玩具来对待。即使如此，也要尽量保证把新来的小家伙介绍给家里人时，周围不要有太多人围着。饲主不应直接在客厅把猫咪放出来，相反，要马上把它带到它的砂盆、睡觉的窝、吃饭喝水的食盆和水盆那里去，那里将成为它的固定地盘。这些东西那是日常生活中的一部分，它们能给小猫以安慰。这时，应该给它一些水和一点食物。

到达目的地，不应让猫马上饮食，可让猫喝些水。另外提供安静的环境，尽快适应新环境。让其充分地休息，排出大小便，再给予少量食物，应喂它以前吃惯的食物，且不宜过饱。

第二节 宠物用品的准备

【学习目标】

了解宠物用品的种类，并能根据实际情况，正确选择合适宠物犬、猫的用品。

重点：犬、猫的常见用品的准备。

难点：能根据实际情况，正确选择合适的宠物犬、猫用品。

养宠物不能靠突发奇想，而是应该通过它在饲主家里的生活来不断地了解它的需求。要想让宠物能够在新旧环境之间安然过渡，最关键的是要在把新来的宠物接到家之前，做好细心的准备和计划。宠物需要时间和空间来调整适应，如果它到家的时候饲主已经准备好了合适的用品，那么让它定居下来也很容易。

一、家庭养犬用品的准备

1. 犬舍（窝）的准备

对于犬来说，窝是必需的，每次回家后它都要在里面休息。一个美观舒适的小窝，会使犬自得其乐，也会使家庭多一份温馨。从这个意义上来说，犬舍不仅是犬的乐土，也是家中的点缀，不应该过于草率。如果让犬随便找地方睡觉，会影响日常管理，而且容易污染毛发，感染寄生虫。

实验用犬或大批养犬的单位对犬舍有严格的要求和一定的标准，这里仅就家庭养犬的犬舍问题作一简要介绍。宠物犬舍（窝）分为室内和室外，如图3-11，室内犬舍（窝）可适当小些，适于体形小的犬；室外犬舍（窝）应大些，适于体形大的犬。

（1）室内犬舍（窝） 小型玩赏犬由于体形小，关在室内，不用担心风吹雨淋，故犬舍（窝）不需良好的屋顶和墙壁，只需适当的空间。也可用木箱或足够大的纸箱暂时代替犬舍（窝），底部铺垫旧报纸、旧布、毯子等，不要用容易撕破的棉垫和羽毛垫，以免被犬撕破误吞入体内，影响消化，严重的还可能引起消化系统疾病。铺垫物要经常更换、打扫、消毒。纸箱的高度要适中，以幼犬能自动爬进爬出为宜，并要放在通风良好、日光充足的走廊、阳台或屋内一角，必须避开冷风。纸箱周围不能存放杀虫药或消毒药水，以防幼犬因好奇而误食或损坏。

养犬的第一步便是为犬选择固定、舒适容易辨认的住所。随着幼犬的生长，为了保持室内整洁和犬生活的方便，最好准备一个舒适的犬舍（窝）。可以通过市场上购买或者自己制作一个简易适用的犬舍（窝）。

目前，市面有许多的室内犬舍（窝）：一种是以藤条编制的，长一尺左右，高半尺左右，

图 3-11　宠物犬舍（窝）

旁边开一个小门，上面带有一个提手，属于便携式，出门带着很方便，也很美观。但是，出于尺寸的关系，它只适于超小型犬或幼犬使用，犬稍微大些，就显得过于窄小了。此外，藤条为材料做犬舍（窝），碰到好啃东西的幼犬，极易破损，而幼犬极少有不喜欢磨牙的。

　　还有一种犬舍（窝）是铁制的，材料和那些挂架车筐相同，光洁漂亮的喷漆铁条呈横竖两个走向，形成一个个方形的格子。这种犬舍（窝）清理方便，夏季通风良好，摆放时要注意将其靠墙，以形成一面或两面封闭的格局，使犬更有安全感。不过，这种犬舍（窝）也是为单只小型犬和幼犬准备的，在小型犬怀孕产仔、幼犬长大的情况下，这种犬舍（窝）就不合适了。另外，对于家庭陈设讲究的居室来说，这种犬舍（窝）会显得过于简陋。

　　如果想配合装修氛围与特定犬种，不妨自己动手试一试，建造一个量身定做的理想犬舍（窝）。下面是一些关于室内犬舍（窝）资料的建议。

　　① 犬舍（窝）的大小与形状　犬舍（窝）不用太大，即使准备兼作产房，只要犬在站立时头顶碰不到天花板，横躺时四周尚余一些空间就可以了。只作暂时"禁闭"之用或允许犬自由从犬舍（窝）进出时，再小一点也没有关系。为幼犬物色犬舍（窝）时，一定要将犬长大后的身长、高度考虑在内，以求一劳永逸而不要多次投资。犬舍（窝）在形状上以正面宽长、进深短些的长方形，门为左右两扇者最为方便，这样的犬舍（窝）易于清理。冬天若需铺设电热毯时，也可以固定在一边。

　　如果是没有生产问题的公犬，门可以开得小些，冬天也比较保暖、开门时应注意开在一侧，这样可以增强犬的安全感。室内犬舍（窝）最主要的是要解决防暑问题，因为它们毕竟不会受到寒风的侵袭。如果冬天气温很低，可以使用毛毯、软垫、三合板进行保温。夏季合用的室内犬舍（窝），材料以钢管为主的居多，如屋顶、四周墙壁等，都使用钢管围成，通风透气，犬就不会觉得闷热，即使将犬搬到屋外去做日光浴，也很轻便。此外，可以在小型犬舍（窝）下安装可以折叠的活动脚支架，不仅可以防暑，还可以防潮。

②犬舍（窝）的材料与特点　犬舍（窝）多以木材和金属为材料搭配使用，随着建筑材料的多元化，犬舍（窝）的用料更为广泛。例如，塑胶、玻璃纤维、铝板、复合板材、藤条、不锈钢等（表3-1）。

表 3-1　犬舍（窝）的材料及特点

犬舍（窝）材料	特　点
木制品	给肌肤带来的触觉柔软，寒暑差别也不大，但棱角往往易被犬啃坏，潮湿天气又容易生霉。为避免此类情况的产生，四角应该用铁皮包住
金属制品	要漆上油漆，以免生锈；所用铁条不宜太细，防止被犬扭曲破坏
塑胶或玻璃纤维制品	没有接缝而表面平滑，犬不会啃咬，又不会伤及皮毛，有轻便、可以用水清洗等优点，但缺点是不能任意拆卸和组合，通风也不好
铝板制品	轻巧而不会生锈，但铝板轻薄，看上去缺乏坚固感和厚重感
复合板材制品	表面平滑，不怕水洗，擦拭方便，色彩也可随意变化，但它们有容易被污染的缺点
藤条制品	在夏天使用最为凉爽，而冬天难免感到寒冷。同时，藤条是犬最喜欢啃咬的材料而且编制困难
不锈钢制品	表面平滑，不会生锈，不仅不怕犬咬，也不会使犬有断毛的现象发生，清理起来也相当方便。问题是不锈钢易冷易热，与肌肤接触缺乏舒适感，使用时室内温度及其中的垫子需要特别注意

总的来说，制作犬舍（窝），都要注意保护好犬的皮毛，犬舍（窝）内侧的壁面、柱子、门框或不锈钢管等，应使用表面平滑的材料，应避免钉子头部突出在表面上，要经常查看有没有突起物。

犬舍（窝）前面的两扇门，应装设间隔窄小的格子，以犬无法伸出鼻子为准，或者张设细网，避免犬嘴边的毛损伤断裂。

③犬舍（窝）的理想位置　犬舍（窝）放置地点以冬天温暖、夏天凉爽干燥、便于清扫的地方最为理想。如果爱犬肩负保安责任的话，就需要选择可对屋室一览无余的地方。即将生产的母犬，其犬屋应安放在家人随时可以见到而又能保持母犬安静的地点。

（2）室外犬舍（窝）　对于体型较大的犬要在室外专门制作犬舍（窝），室外犬舍（窝）分为固定式和移动式两种。在庭院中用水泥、砖、铁丝或钢丝建成的犬舍（窝），顶部最好不使用吸热散热太快的材料，尽可能采用瓦或隔热保暖性能好的材料。应设在土质坚硬不易潮湿的地方，通风采光良好，南北朝向，下面铺水泥地，舍内放一张犬用床板。围成的铁丝网高度以犬无法跳出为宜。移动式犬舍（窝）可用木板钉制成。关于犬舍（窝）的样式和犬小，要根据不同地区的气候条件和犬体大小来确定，要求犬舍（窝）内能放下犬可伸展四肢躺下的犬床。夏季能防雨、防潮，冬季能防风、防寒。犬床不能直接放在地上，床下要垫以木块或砖，床上要铺些铺垫物（旧布、毯子等）。犬舍（窝）的门不能敞开，要有遮挡物。

（3）围栏的准备　围栏可选用轻质的不锈钢丝制成，钢丝间隔要适度，以便清楚地观察到犬的举动，犬也能清楚看到周围的环境。围栏顶部一般不要上盖，以便放置各种用品和移动幼犬。围栏既增加了幼犬的安全感，又防止了初次到家的幼犬随地大小便。

（4）报纸的准备　一般报纸即可，因为它廉价，随处可得，又吸水。报纸铺在围栏下，以便更换。当幼犬熟悉环境后，围栏可去除。为了使幼犬在固定地点排便，可将排过便的报纸置于此处，幼犬自然就到该处排便，这也是训教幼犬在固定地点排便的方法。

2. 犬用食具的准备

犬的食具包括喂犬的食盆和水盆，要求坚固不易损坏，表面光滑、便于洗涤、底部较重、边厚不易打翻。另外用具也不能太浅，以免食物向外飞溅。这些用具最好是铝和不锈钢制品，不能用易碎的陶瓷制品和易生锈的铁制器皿。

器皿的大小形状应根据犬的吻形大小形状而异。扁脸短鼻犬种，应该用浅器皿；耳朵较长犬种，进食时耳朵可能会落入食饮器中弄脏食物，应使用深的及盆口窄的，以便把耳朵挂在盆外，不会将耳朵掉到盆里而把耳朵弄脏。下宽上窄的食盆不容易被性急的犬扒翻，而且很浅的饭盆正好装满犬的一顿食物。这符合喂犬的原则，即一次给够，不能再添加，否则会让犬养成吃着碗里、看着锅里的坏毛病。想一次性买一个大犬食盆让犬享用一辈子的做法也是不对的，小犬用大犬食盆会够不着食物，放多了吃不了又容易变质。

另外，现在市场上有一种自动喂食器出售，便于主人出去一整天或常常较晚回来的主人使用。犬可自由选择吃饭的时间，不必依赖于主人。饲主不在的时候都可以吃到食物。可以试着用这种产品，但若控制不当，容易让爱犬变得过度肥胖。

3. 犬用玩具的准备

犬具有啃食性，尤其是城市家养犬。当犬感到烦闷、孤独或感到很压抑的时候，它们就喜欢咬东西以发泄，主要表现无原因地啃咬物品。宠物犬玩具（图3-12）就可以让它缓解压力，并且可以减少破坏日常家具的行为。如果没有玩具让它们玩的话，有的犬不论是什么东西都会拿来咬，如您的鞋、书籍、家具等。另外，犬通过啃咬有助于幼犬牙齿和牙床健

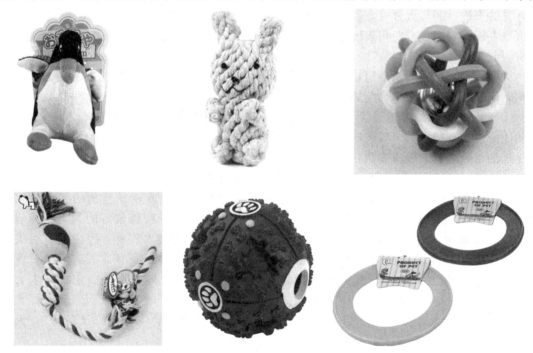

图3-12　宠物犬玩具

康，清洗牙齿；追捕有助于幼犬学会追逐、逮住并衔回物品。

根据犬的大小，为犬寻找一个合适的玩具，这能挖掘它的潜能，帮助它消耗部分精力。有些玩具它在幼犬时合适，而对长大了的犬可能就显得较小了，应该把它丢弃，像小的橡胶球等小玩具，可能会被长大的犬吞掉咽下去或者卡在喉咙中。那些玩具碎片和已经被撕碎的玩具应及时丢弃。

犬也喜欢多种多样的玩具，可以一次准备多件玩具给它玩，或是隔一段轮换不同的玩具，这样会使爱犬充满兴趣。如果犬非常喜欢某一件玩具，那么最好不要替换这件玩具。

玩具可由很多种原材料做成，有些会比较硬些，有些会比较软。它们由乳胶、橡胶、尼龙、绳子、粗帆布、羊毛等做成，各有特点（表3-2）。

表 3-2　犬用玩具的材料及特点

犬用玩具材料	特　　点
乳胶玩具	适合温和及不经常咬东西的犬。有各种各样的颜色及形状，并可根据季节的变化而出新的款式
橡胶和尼龙玩具	适合攻击性比较强的犬。这类玩具耐用持久，有些有孔，里面可放些香料或是其他能响的东西引起它的兴趣
绳子做的玩具	由尼龙或是棉料做的，适合攻击性中性的犬特别是喜欢拖东西的犬，也可以加些丝料以帮助清洁口腔。此外，还有咬绳，这是一种将普通绳经两头结扎，供犬啃咬的用品。它的用途与绒毛玩具相同，只是多用于大型犬和一般犬训练用
长毛绒、羊毛玩具	这种软的玩具比较受犬的欢迎，叼到哪里都行。因为它里面填了料，但不宜给好斗的犬
粗帆布玩具	粗帆布可以浸水并比较耐用，可以给攻击性中性的犬用

当给犬买一件新的玩具时，应该看看它对新玩具的反应，观察您的犬的咀嚼嗜好，了解其撕咬的习惯，而选择适当耐用的玩具给它。当了解了犬喜欢咬什么样的玩具之后，就可给它买个合适的玩具。

具有攻击性的撕咬可能将玩具咬成碎片，而碎片可能卡在犬的喉咙中，甚至导致犬的死亡。具有强烈攻击性撕咬的犬，应该给它一些硬橡胶或者尼龙制品比较耐用不易咬碎的玩具。具有半攻击性撕咬的宠物不会将玩具咬成碎片，但是会加剧玩具的磨损，可以给它们一些帆布或毛绒玩具。这些玩具比较柔软，不容易被撕碎。没有攻击性撕咬行为的温和型犬可以给它们一些软橡胶玩具。

4. 犬用提具、脖圈和牵引带的准备

（1）犬的提具　篓、提具等都是为了犬的安全设计出来的，如图3-13，可有几种选择。

① 硬提具　通常是由高密度聚苯乙烯制成，非常耐用，并且是目前航空界唯一允许带入的一种"篮子"。犬待在里面会感到很安全，再加上泡沫垫子，那篮子就更舒服了。

② 软提具　这种提具就更为软而灵活。它可以用于带小宠物，这种产品要设有把手及有专门的窗口可让您的宠物往外看，有些航空公司在座位下专门设有足够让宠物活动的空间，这种提具刚好可放在此空间里。

③ 金属提具　这种产品通风好、视野好并且容易拉出来清洗、运输及储藏。它可以让主人不在家的时候，犬也有活动的范围，可参考不同的金属尺码为犬选择一个合适的提具。

④ 硬纸板提具　主要用于小犬，也适合用于小动物短距离的运输，比如去宠物医院看病。

（2）脖圈和牵引带　带爱犬外出散步时，一定要用脖圈和牵引带，并在幼犬时就要养成

图 3-13　犬用提具

带脖圈的习惯。如图 3-14，脖圈可由真皮、人造革、尼龙、金属及棉带等制成，用于套住犬的颈部，达到控制其行为的目的。根据用途分一般型和除蚤型两种。除蚤型含药物，跳蚤闻到后立刻逃窜。脖圈紧松、大小要适合犬体，并要随幼犬的生长及时调整或更换。不锈钢脖圈和链条美观耐用，但一般只用于短毛的中型或大型犬种。牵引带有皮带、帆布带、化纤带或铁链等。为防止犬咬伤人，还可用口罩。

图 3-14　犬用脖圈和牵引带

5. 常用洗刷用具和清洁用品的准备

　　洗刷用具主要是刷子和梳子等（图 3-15）。刷子种类很多，有长有短，有软有硬，有尼龙刷、鬃刷、金属刷等。尼龙刷子用来刷灰尘，金属刷用来刷皮屑，鬃刷用于被毛整理梳光。还有油刷用来给某些小型犬或长毛犬抹油用。梳子有稀齿、密齿和齿稀密适中等类型。稀齿梳用于梳理长毛品种的犬，适中型梳子用来梳理粗毛品种的犬，密齿梳用于捉拿跳蚤或润饰毛。另外，还要备有理毛、美容和洗澡的用具，如剃刀、剪子、电推剪、浴盆、棉球、毛巾、洗发剂、电吹风等。

图 3-15　犬常用洗刷用具

清洁用品种类比较多，主要包括清洁剂、牙刷、咬胶和清洁骨等。市场上有宠物犬专用的多种清洁剂销售，尽量选择全天然植物配制，无刺激性或刺激性小的清洁剂。

另外，市场上有犬的咬胶和清洁骨销售。咬胶是一种带有味素，用可食用胶体制成的骨头替代品，是犬的磨牙用品。清洁骨是一种用硬塑料制成，外表像骨头，表面有许多凹凸物的清洁犬牙用品。在犬啃咬时，凹凸物可以与口腔内牙的内外表面以及牙缝产生摩擦，清除牙垢和齿缝食物残渣，为使犬爱咬，大部分清洁骨也添加了味素。因为牙垢和牙细菌的增多，犬的牙齿结构很容易受到破坏，影响咀嚼，同时导致犬的口腔散发臭味。虽然咬真骨头也可以达到清洁目的，但清洁后的新食物残渣又会留下成为新问题。使用不会腐烂变质的塑料来清洁牙齿更有效。

6. 犬粮的准备

均衡的营养能促进健康发育、增强疾病的免疫能力和抵抗外界恶劣的环境（如气温等因素）的能力。长时间不合理的膳食搭配，会使营养失衡，引发爱犬急性痢疾和呕吐等疾病，危害犬的健康。因此，要清楚应该给狗吃什么是恰当的。如果经济条件允许的话，最好购买市面上出售的犬粮。这些食物中包含了犬所必需的一切营养成分，经常喂食，对狗的健康及正常的发育起到极大的作用。

市面上出售的犬粮有发育期幼犬用、妊娠哺乳期母犬用、成犬用、高龄犬用等种类。这种饲料是经过科学方法配制而成的全价饲料，适口性好，营养丰富，容易被消化吸收，使用也非常方便。一般分为 3 种类型：干型饲料、半湿型饲料和湿型（罐装）饲料。

（1）干型饲料　含水量低，有颗粒状、饼状、粗粉状和膨化饲料，这种饲料不须冷藏就可长时间保存，饲喂时要提供充足的饮水。

（2）半湿型饲料　含水量在 20%～30% 之间，一般做成小饼状或粒状，密封口袋包装，本身有防腐剂，不必冷藏，但开封后不宜久存。

（3）湿型（罐装）饲料　含水量为 74%～78%，制成各种犬食罐头，营养成分齐全，适口性好，是最受欢迎的犬饲料。

另外，可以自行配制犬粮，但是如果缺乏专业知识容易引起饲料营养不全或因配制方法不当而造成营养成分丧失，或因犬的偏食而发生某些疾病。为使犬健康生长，根据其营养需要，将各种饲料按一定的比例混合在一起，制成营养比较全面的日粮，还是十分必要的。

7. 其他用品的准备

准备 1～2 本有关科学养犬及犬病防治方面的书籍，以便使您了解、认识和正确地饲养犬，并尽早地发现犬是否有病。给犬准备一个足够的活动空间，犬好奇心强，注意把那些重要的或易碰坏的物品收藏好，以免造成不必要的损失。

另外，家庭内准备一些常用的诊疗用具和常用的药品等，常用的诊疗工具主要有体温表、注射器、针头、剪刀、镊子、一些药用棉、纱布、消毒药（百毒杀、来苏儿、新洁尔灭等）、3% 碘酊、紫药水及抗生素药膏等。

二、家庭养猫用品的准备

1. 猫窝（舍）的准备

猫窝是猫睡觉和休息的地方，在买猫之前就应该预先准备好。有些猫的主人喜欢与猫同床共被而眠，这是不科学也不卫生的。现在市场上有各种各样的宠物的窝，你可以根据家里的风格来选择。你既可以选一个有四围带顶棚的便携式小窝，也可以选一个开放式的，也可以自己动手根据需要制作。猫窝可以用小木箱、篮子、藤筐、塑料盆、硬纸箱等做成（图3-16），但必须要有足够的面积，以猫能够伸直腿为准。猫窝的内外面及边缘必须光滑、无尖锐硬物，以免损伤猫。猫窝以塑料、木、藤制品为好，这样便于清洗和消毒。

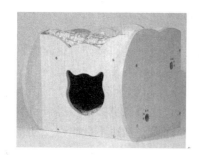

图 3-16 猫的窝（舍）

在猫窝底垫以废报纸、柔软垫草，上面再铺上旧毛巾或旧床单、毯片、椅垫等，使猫窝既温暖又舒适。因为猫很警觉，不愿待在四壁高高围起的窝里，所以猫窝的侧壁应有一侧较低，这样便于猫的进出，也使猫躺在窝里就能观察到外面的动静。

在饲养过程中猫窝应保持清洁，没有异味，并应经常更换猫窝的铺垫物，将换出的脏物处理掉。随着季节的变化，适当增减铺垫物。猫窝应安放在室内干燥、僻静、不引人注意的地方，最好能照到阳光，不宜放在阴冷潮湿之处。此外，猫窝应高出地面，这样既能保持干燥、清洁，又可使通风良好，保持凉爽。

对于养了一大群猫的家庭，就需要为它们设计和构筑猫舍或猫笼。其设计的基本要求是：冬暖夏凉，光照充足，温度适宜，干燥通风，清洁卫生，运动戏耍设备齐全，牢固耐用。群养猫分为散养和笼养两种方式。散养需要猫舍和运动场，猫舍是用来供猫吃、喝、拉、撒、睡的地方，而运动场是供猫戏耍的地方；笼养是将猫放在笼子里饲养，笼子的材料可用金属或质地硬的塑料，笼子应安放在笼架上，可以单层，也可以双层或三层，每只笼子里饲养数目的多少，视笼子的体积而定。

2. 猫的食具准备

为了猫的身心健康，应在饲喂猫时选择使用猫的食具，因为将饲料放在桌子或地面上饲喂时，容易使猫感染病菌而生病。食具是指食盆、饮水器具、人工哺乳的奶瓶、煮烧猫食的器具等，常见种类如图 3-17。其食盆和水盆最好是既要便于洗涤，又要结实、较沉、不易打碎的瓷质或不锈钢制成。食盆下最好垫上废报纸，保持地面的清洁。

现在市场上有一种能定时换格的食盆，专门为那些没办法定时给猫咪喂食的忙碌的主人们所设。主人可以预先订好时间，食盆上的盖子到时就会自动打开，露出食物。水盆里的水由蓄水箱自动加满，但是一定要记得常常给蓄水箱换水。

3. 猫玩具、磨爪器的准备

猫像儿童一样，非常喜欢玩具，尤其是橡皮球、线球和气球等圆形能滚动的东西（图3-18）。猫喜欢动，不爱静。因此，可以在室内挂一些飘动的彩带、纸条、布条等，如果准

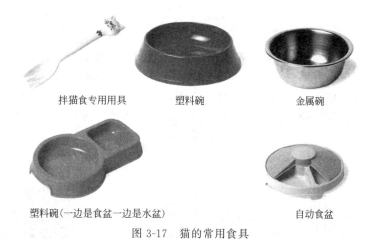

拌猫食专用用具　　　塑料碗　　　　　金属碗

塑料碗(一边是食盆一边是水盆)　　　　自动食盆

图 3-17　猫的常用食具

图 3-18　猫的玩具

备几件能动的小玩具，将引起猫的极大兴趣。而一些电动的或上弦后能叫、能动的小老鼠、小青蛙等，对猫来说更具吸引力。猫玩具可以自行制作，只要您的猫觉得有趣就行。但要注意玩具的安全和卫生，给小猫买玩具的时候一定要检查一下玩具是不是实心的。有的玩具虽然价格很便宜，但是上面可能会往下掉塑料渣，小猫稍有不慎就会吞食进去。有的塑料对小孩是安全的，但是对小猫却可能是有毒的。

　　磨爪是猫天生的本能，如果养猫之后不想使家具或沙发伤痕累累，那么主人应该为猫准备磨爪器具（图 3-19）。这样既有利于猫的健康，又有利于保护家庭装饰。专门的磨爪器可以去宠物商店买到，这些磨爪器大多是由瓦楞纸板或毯子片制成的，其形状类似于搓衣板。买回后，将其放在猫容易看到的地方，并引导它去使用。您也可以自己制作磨爪器，在坚硬的物体外面包上废旧的毯子或草席，毯子或草席被猫抓破后，可以随时更换。

图 3-19　磨爪器

4. 猫便具的准备

便具包括猫砂盆、猫砂及猫铲。一些宠物商店内，有猫专用的砂盆出售。可选的砂盆种类很多（图 3-20），有最普通的塑料盒，也有带盖的箱子（笼子），这种箱子（笼子）前面有给猫进出的小门，还有能够减轻气味的过滤器。买砂盆关键的一点在于它们必须易于清洗，而且要很结实，这样才能禁得住频繁的清洗和消毒。饲主还必须把这种箱子（笼子）放在一个易于清洗的地方。如果买不到，也可以自己动手备制。选择一些易清洗、不易吸收臭味、不易破损的材料，如薄铁板、塑料盆和搪瓷盆等。木箱和纸箱不适合做厕所，因为粪尿易被吸收，造成厕所长期滞留粪尿味，有碍卫生。

图 3-20　猫砂盆

为了便于清扫和保持卫生，便盆底部要铺垫 5cm 厚的锯末或沙土、炉灰等，这些松散物便于猫便溺后用爪子掩埋。这些垫料颗粒不宜过细，以免黏附于被毛上，影响猫的美观。垫料中可以加入少量小苏打，以消除猫尿的臊味。垫料也可以使用在宠物商店里买的猫砂，猫砂品种非常丰富，它们都有减轻气味、吸收尿液的作用，并且猫咪很容易就能拨开猫砂在里面方便，这也符合猫咪的习性。最好不要使用木屑、刨花、灰渣、灰烬和报纸来充当猫砂，另外，一些松木制品也会有刺激作用，因此这里也不推荐。

5. 猫美容器具的准备

为了使猫更加美丽动人，必须为其准备一些常用的美容器具，包括梳理用具、洗澡用具和修爪用具等。梳理用具有梳子、刷子和小镊子等。梳子以木质为宜，以避免梳理时产生静电引起被毛竖立，另外还要注意梳子的末端不应过于尖锐；刷子有专用的兽毛刷等。洗澡用具有专用毛巾、澡盆、专用洗涤香波（要用对猫的皮肤无刺激性的猫咪专用浴液）、脱脂棉棒、吹风机和取暖器、按摩器（刷）等。修爪用具有剪刀、指甲钳、指甲锉、小砂轮或砂皮纸等。另外，还应该准备一些用品，如胶带、橡胶手套、粘毛滚刷、吸尘器等。

6. 猫旅行用具的准备

养猫之后，肯定避免不了外出旅行或带猫去宠物医院看病，就需要一个盛猫的专用箱子（笼子）。宠物商店里有这类专用箱子（笼子）出售。这类箱子（笼子）大多是由塑料、藤等材料制成的（图 3-21）。买笼子的时候要考虑全面，不要因为那些装小猫的笼子小巧可爱就一时冲动地购买下来，要有长久的打算，谨慎地挑选。考虑猫的成长需要，笼子大小至少在 30cm×30cm×55cm。但是对于有些体型特别大的成年公猫，最好还是选择再大一号的笼子。如果小猫要进行一次旅行，它们通常会喜欢比较小的笼子，但是笼子也不要太小，因为猫也需要转身和伸懒腰的空间。同时还要让它们能够看到外面，这样它们就不会有那么强的压迫感。如果旅行时间比较长（超过一两个小时），那么笼子里要放置砂盆、水盆和食盆。但是如果要带小猫到非常远的地方去，比如带它去参加一个展会，那么一定要记住，笼子越大越难带。观察一下展会里的展览者，不难发现经常有

图 3-21　猫的常用旅行用具

人因为笼子太大而累得腰酸背痛。

旅行用具可以选择简易的纸盒箱，最好外面涂有一层塑料。这种纸箱买来的时候是扁的，有的还是组装的，比较适合携带生病的、甚至是患了传染病的动物，因为纸箱很便宜，用完之后就可以烧掉。但是这种箱子（笼子）不适合长期使用，因为不能有效地进行清洗和消毒，而且也不耐用。传统一点的饲主可以选择柳条编织的篮子，这种篮子形状各异，而且通常会安装皮带扣和把手。这种篮子很漂亮，而且还可以当成小猫睡觉的窝来使用，这样一来装在里面旅行的时候小猫就不会害怕了，因为这就是它自己的床。

还有一些市面上很常见的产品。有一种金属线编织的笼子，尤其是白色塑料皮包裹的金属线编织成的那种更加畅销。这种笼子非常方便进行消毒，并且猫咪装在世面也能清楚地看到外面。笼子顶端的开口处有硬线编成的盖子，由一根独立的滑竿固定住。还有一种塑料的笼子，这重笼子上面有精心设计的通风口，而且能够拆卸以彻底地清洗，拆装都很简便。但是这种塑料笼子的质量不是很好，因为塑料制品很容易断裂，时间长了也容易老化。如果在日照强烈的地方携带，笼子里的温度很容易就变得过高。顶端开口的笼子从设计上看最实用，因为这种设计能让猫和主人都省力。侧开口的笼子容易使猫咪受惊，而且也不容易把它再放进去。

如果买不到称心如意的，饲主也可以自己动手制作。找一个长为 40cm 左右、宽和高均为 30cm 左右的纸箱，在箱壁上打几个通气孔，箱底铺上垫子即可。使用时，将猫放进去，然后在箱外用绳子捆好，系成手提状。

7. 食物的准备

（1）猫粮　饼干状干性食品、营养搭配均衡。

含有必需营养的综合营养食品，口味多种，直接食用，备足清水。这种食品可锻炼牙床，且易于保存。

1～6 个月的小猫一天至少要吃 3 餐，6 个月以后可减少到一天 2 餐。在 1 岁以前要吃幼猫粮，等到 1 岁后换成猫粮，成猫已不再需要幼猫粮中大量的热能和营养素，如果继续吃幼猫粮，会导致营养过剩，引起肥胖问题。某些猫粮品牌出产"全猫"猫粮，适合各个年龄段猫咪食用。

猫粮饲喂保存都很方便，但在现实养育过程中，许多成年猫的泌尿系统疾病，与只食用猫粮有一定的关联。强烈建议以猫粮为主食饲养时，务必使猫咪养成多喝水多排尿的习惯，日常也需加以其他辅助食物以帮助猫咪补充获取水分。

（2）罐头　种类丰富，味道可口。

虾、鱼等高级原料做成的罐头，种类繁多，易于挑选，味道可口。受猫咪欢迎，但并非含有全部营养素，最好和干性食品混合食用。开启后注意保鲜。

（3）猫饭　自行加工，当一定注意营养全面和均衡。

猫饭以鱼肉、鸡肉、牛肉为主，出于营养考虑，可适当搭配蔬菜拌饭。自制食品时，不要放调料（盐可放少量），骨头最好挑出。

（4）常见的猫咪食用植物（可备选）

① 盆栽式猫草　并不是所有的杂草都含有猫咪所需的叶酸成分，在稻科或苜蓿科等细长的草中可以发现小麦草、燕麦、稞麦等，此外目前市面上有卖一种昵称为"猫的色拉"的草中也含有叶酸。

② 木天蓼　大部分猫咪无论是嗅到、舔到或尝到木天蓼的味道都会立刻呈现出兴奋状态，出现流口水以及在地上打滚的情形，有点类似发情或撒娇的状态。木天蓼这种含有些微药物疗效的植物，只能种植在寒带、纬度较高的国家，如日本、韩国等。日本人把它当作是健康食品，用来加入食物作佐料，助长元气，所以若猫咪一闻到木天蓼，会精神大振，活动力变强。其他类似的猫草如樟脑草、鱼腥草也都有相同的效力。1岁以下猫不可使用。

③ 猫咪薄荷草　现在市面上非常流行一种产自北美称为神奇猫草的猫薄荷草，许多猫咪很喜欢吃猫薄荷草，这种薄荷类的植物内含有猫薄荷内酯，会让约2/3的猫咪发生效用，与木天蓼等猫草类似，其强效的猫草还可以促进猫消化并帮助排除体内的毛。1岁以下猫慎用。

8. 其他用品的准备

准备1～2本有关科学养猫及猫病防治方面的书籍，以便使您了解、认识和正确地饲养猫，并尽早地发现猫是否有病。给猫准备一个足够的活动空间。猫喜欢钻桌子爬柜子，因此除了要保持这些地方干净之外，还要注意把那些重要的或易碰坏的物品收藏好，以免造成不必要的损失。

另外，家庭内准备一些常用的诊疗用具和常用的药品等，常用的诊疗工具主要有体温表、注射器、针头、剪刀、镊子、药棉、纱布、绷带卷等，常用的药品有吐毛球膏、洗耳液、氯霉素眼药水、灭虱、灭蚤香水等。

【练习与思考】

1. 如何辨别犬、猫的性别？
2. 如何鉴别猫、犬的年龄？
3. 怎样选择适合自己的宠物犬、猫？
4. 家庭养犬、猫需要准备的用品有哪些？

微信扫一扫

在线自测	打基础
电子彩图	辨细节
视听资料	划重点
拓展知识	多交流

第四章 犬、猫的营养与饲料

【内容提要】

讲述宠物饲料中主要营养物质，特别是饲料概略养分分析方案中六大成分的概念，宠物饲料中各种营养物质的基本概念和基本功能，以及犬、猫的饲养标准。并对犬、猫的宠物饲料种类和选配做一详细讲解。

第一节　犬、猫的营养需要与饲养标准

【学习目标】

犬的营养需要与饲养标准；猫的营养需要与饲养标准。

重点：饲料中各种营养物质的基本概念和基本功能。

一、犬的营养需要与饲养标准

1. 犬的消化系统特点

犬的祖先是以进食幼小动物为主，世代相传，形成了它的肉食特性，但经人类的长期饲养现已形成以杂食或素食为生。经历了肉食→杂食→素食的过程，但仍保持肉食特点。与其他家畜比，犬有着特别发达的犬齿，特别善于撕咬猎物和啃骨头。白齿也比较尖锐、强健，能切断食物，啃咬骨头时，上下齿之间的压力可达 165kg，但不善于咀嚼，所以犬在吃东西时，均表现为"狼吞虎咽"状。犬的食管壁上横纹肌丰富，呕吐中枢发达，当吃进毒物后能引起强烈的呕吐反射，把吞入胃内的毒物排出，这是一种比较独特的防御本领。唾液腺特别发达，能分泌犬量的唾液湿润口腔中的食物，唾液中还含有许多溶菌酶，具有杀菌作用。犬靠口腔散热，在炎热的季节，依靠唾液中水分的蒸发散热，借以调节体温。因此，在夏天常可以看到犬张开大嘴，伸出长长的舌头就是为了代替发汗散热。

犬胃呈不正梨形，胃液中盐酸的含量为 $0.4\%\sim0.6\%$，在家畜中居首位。盐酸能使蛋白质膨胀变性，便于分解消化。因此，犬对蛋白质的消化能力很强，这是其肉食习性的基础。犬在进食后 $5\sim7h$ 就可将胃中的食物全部排空，要比其他草食或杂食动物快许多。犬的肠管较短（犬约为体长的 $3\sim4$ 倍），不具有发酵能力，故对粗纤维的消化能力差。而同样是单胃的马和兔的肠管为体长的 12 倍。犬的肠壁厚，吸收能力强，这些都是典型的肉食特征。犬的肝脏比较大，相当于体重的 3% 左右，分泌的胆汁有利于脂肪的吸收。犬的排粪中枢不发达，不能像其他家畜那样在行进状态下排粪。

2. 犬的营养需要

犬的食物中需要含有足够的水分、蛋白质、脂肪、碳水化合物、维生素和矿物质六大营养要素。

（1）水　水是构成犬体的主要成分，约占成年犬体重的 70% 以上，占幼犬体重的 80% 左右。血液中含水量最多达 80% 以上，肌肉中为 $72\%\sim78\%$，骨中为 45%，随年龄

而逐渐减少。机体的各种生物化学反应、机能的调节以及整个代谢过程都需要水的参与才能正常进行。如犬体内营养成分的消化和吸收，营养的运输和代谢产物的排出（大、小便）；体温的调节；母犬的泌乳等，都需要有足量的水分参与。犬的水分耗散主要是粪便和尿液排泄，同时也通过肺、口腔等散发。犬的体温调节也靠水来进行，因此，在炎热的夏天常见犬张开口喘气，并非是犬发生了呼吸困难，而是通过急促的呼吸来增加散热。

犬无良好的贮水能力，因此，缺水的危害性比其他家畜严重。如犬的饮水不足。就会影响其体内的代谢过程，进而影响它的生长发育。犬可以两天不吃食，但不能一日无水。当犬体内失去10%的水分时，就会导致严重呕吐或腹泻等；当失水达到犬的体重的20%时，就会引起犬的死亡。处在生长发育期的青年犬，每千克的体重每天约需水150ml；成年犬每千克的体重每天约需水100ml。通常犬在采食干饲料时可自由饮水2～3次。泌乳期和炎热季节至少应饮水4次以上。但犬激烈运动之后禁忌大量饮水。

（2）蛋白质　蛋白质是犬生命活动的基础。犬体内的各种组织，参与物质代谢的各种酶类，调节生理功能的各种激素，机体所产生的各种抗体等，都由蛋白质组成；犬在修复创伤，更替衰老、破坏的细胞组织时，也需要蛋白质。蛋白质是犬维持健康、确保生长发育、维持繁衍和抵抗疾病不可缺少的营养物质。

一般情况下，成年犬每天每千克体重用5g左右的蛋白质；而生长期的犬需10g左右；哺乳期母犬及疾病恢复期犬的日粮中均需含较多蛋白质。如幼犬的食物中蛋白质含量不足，幼犬就会生长缓慢，发育不良，性成熟晚，而且易患病；怀孕母犬如食入的蛋白质含量不足，就会影响胎儿的发育，从而发生死胎或畸形胎，产后还会泌乳不足；公犬如食入蛋白质不足则会性欲降低，精液质量差。但过量地饲喂蛋白质不但造成浪费，也会引起体内的代谢紊乱，使心脏、肝脏、消化道、中枢神经系统失调，性机能下降，严重时还会发生酸中毒。

（3）脂肪　脂肪是犬机体所需能量的重要来源之一。脂肪是食物中能量集中的源泉，可以增加食物的适口性，还可帮助脂溶性维生素的吸收。每克脂肪充分氧化后，可产生39.3kJ热量。比碳水化合物和蛋白质高2.25倍。犬体内脂肪的含量约为其体重的10%～20%。脂肪也是构成细胞、组织的主要成分，磷脂质，糖脂质是神经组织和细胞膜的构成成分，脂蛋白参与在其他脂肪的血浆运输中。

脂肪进入犬体内逐渐降解为脂肪酸后被机体吸收。大部分的脂肪酸在体内可以合成，但有一部分脂肪酸却不能在机体内合成或合成量不足，必须从食物中得以补充，这就称为必需脂肪酸，如亚油酸、花生四烯酸和正亚麻酸。这三种必需脂肪酸也可以相互转化，因此三种脂肪酸中只要有一种数量充足，则必需脂肪酸就会得到满足。必需脂肪酸对犬的皮肤、肾脏功能及生殖非常重要，猪油和鸡内脏脂肪中就富含这三种脂肪酸。食物中脂肪缺乏时，可出现消化障碍和中枢神经系统的机能障碍，毛发干燥无光泽，腹侧脱屑，缺乏性欲，睾丸发育不良或母犬发情异常等现象，但脂肪贮存过多，会引起发胖，同样也会影响犬的正常生理机能，尤其对生殖活动的影响最大。

犬对脂肪有很大的忍受能力，因脂肪可口而且能量高，可减少食物的总摄入量，但可使营养平衡失调和造成营养缺乏症，因此幼犬或青年犬在喂给高脂肪食物时应调节蛋白质、矿物质和维生素的含量，以保持适当的营养平衡，确保基本营养的合理摄入。通常幼犬每日需脂肪量为每千克体重1.1g，成年犬每日需要脂肪量按饲料干物质计，以含12%～14%为宜。食物中脂肪不足时，则易使其他营养物质缺乏；过量时，也会影响犬的食欲，导致摄取蛋白质等营养物质的减少。

（4）碳水化合物　碳水化合物主要用来供给热量，维持体温，也是各器官活动和进行运动中的能量来源。碳水化合物在犬的日粮中占比例最大，食物中的碳水化合物主要包括糖、淀粉、纤维素，它存在于谷物、薯和蔬菜中。如犬食入碳水化合物过多，多余的碳水化合物在体内就可转变成脂肪贮存起来，使犬发胖，影响其体形和运动。当食物中碳水化合物不足时，就要动用机体内的脂肪或蛋白质来供应热能，此时，犬就会消瘦，不能正常生长和进行繁殖。成年犬每日需要的碳水化合物可占饲料的 75%，幼犬每日需要的碳水化合物为每千克体重约 17.6g。

淀粉是一种多糖，在消化道中分解为终产物葡萄糖而被吸收。碳水化合物中的糖和淀粉易于消化吸收，在胃肠道酶的作用下，糖和淀粉转化成葡萄糖，形成 ATP。犬的消化道缺乏分解纤维素的菌及酶类，故纤维素在胃肠中不易消化吸收，不能作为能源和可转化物，但它在胃肠中能刺激促进肠蠕动，具有清理肠胃，排除废料的重要作用，若缺少纤维素可导致肠的运动障碍。犬的饲养标准中允许使用一些利用率很高的糖，但许多犬因不能合成足量的乳糖消化酶而不能充分利用乳中的乳糖。特别是成犬不能消化乳糖，摄食过多乳糖在消化道中积累发酵会引起腹泻。犬没有最小的日粮糖需要量，只要供给足够的脂肪或蛋白质就足以保证从中得到葡萄糖的代谢需要，在没有糖的情况下也可以维持生命。

（5）维生素　维生素虽然既不是能量的来源，也不是构成机体组织的主要物质，但有些维生素是酶的组成部分，有些维生素与其他物质一起构成辅酶，这些酶与辅酶参与犬体各个代谢过程中的化学反应过程。犬体至少需要 13 种维生素。犬体内只能合成小部分的维生素，大部分维生素需从饲料中获得，因为除维生素 C 和维生素 K 外，犬不能在体内合成其他的维生素。在一般饲料中，最易缺乏的是维生素 A、维生素 D、维生素 B_2、维生素 B_{12}、维生素 E 和维生素 K。维生素的种类很多，按其溶解性可分为两大类。能溶于脂肪的叫脂溶性维生素。能溶于水的维生素称为水溶性维生素。

① 脂溶性维生素

维生素 A　对维持犬正常的视觉有重要的作用，它是构成视觉细胞内感光物质的成分。当宠物犬缺乏维生素 A 时，犬就会患夜盲症和引起干眼病。

维生素 D　是骨正常钙化所必需的。维生素 D 基本的功能是促进肠道对钙、磷的吸收，提高血液中的钙、磷水平，促进骨的钙化。维生素 D 缺乏时，出现佝偻病、骨软病，牙齿的生长也受到影响。

维生素 E　主要生理功能一是维持犬的正常生殖能力。公犬缺乏维生素 E 时，睾丸发育不全，精子活力降低，继而睾丸上皮萎缩，完全失去生成精子的能力。母犬缺乏维生素 E 时，胚胎发育受到障碍，胎儿死亡并被吸收，有时发生流产。二是维持肌肉的正常发育和生理功能。缺乏维生素 E 往往引起犬的肌肉衰弱，四肢瘫痪。

维生素 K　维生素 K 是一种抗出血维生素，主要作用是催化促进肝脏合成凝血酶原，参与凝血。维生素 K 不足时，造成皮下和肌肉出血。

② 水溶性维生素

维生素 B_1（硫胺素）　能够促进碳水化合物的代谢，因此，食物中含碳水化合物多，维生素 B_1 需要量就大；脂肪高碳水化合物低，维生素 B_1 需要量就小。动物体内如缺少硫胺素则影响丙酮酸氧化分解，而致丙酮酸在组织中蓄积而引起中枢神经系统和肌肉活动失调。

维生素 B_2（核黄素）　参与氧化还原酶系统的活动及代谢。维生素 B_2 缺乏时，引起皮炎、掉毛、下痢、痉挛等症状。

维生素 B_6（吡哆醇）　主要参与氮及氨基酸的代谢，与氨基酸的厌氧分解有关，含有高蛋白质的食物对维生素 B_6 的需要量大。缺乏时表现厌食、生长缓慢、体重下降、小红细胞低色素性贫血、皮肤发炎和脱毛。

维生素 PP（烟酸）　参与组成氧化还原酶，与糖、脂肪、蛋白质的代谢有关，不足时犬易患糙皮病。鱼粉、动物肝、肾中含量高。

维生素 B_{11}（叶酸）　是抗贫血因子，犬对叶酸的需要靠饲料和肠道微生物的合成来提供。如长期饲喂治疗剂量抗生素和磺胺类药物以及长期的肠道疾病后，有可能出现叶酸缺乏，时常发生亚急性贫血。

维生素 B_{12}（钴胺素）　是唯一含钴、唯一含微量元素的维生素。维生素 B_{12} 的功能与叶酸关系密切，参与体内脂肪和碳水化合物的代谢及髓磷脂的合成，也是神经组织的成分。不足时出现巨红细胞性贫血和神经系统病变。

维生素 C　参与体内一系列代谢过程，具有抗氧化作用，在体内的生理作用十分广泛。重度不足时，血管通透性增加，导致皮肤、黏膜等内部器官出血。

（6）矿物质　矿物质不产生能量，但它们是动物机体组织细胞特别是骨骼的主要成分，是维持酸碱平衡和渗透压的基础物质，并且还是许多酶、激素和维生素的主要成分，在促进新陈代谢、血液凝固、神经调节和维持心脏的正常活动中，都具有重要作用。

矿物质成分包括常量和微量元素两大类。

① 常量元素　常量元素是指在体内的含量超过 0.01% 的矿物质。常量矿物质元素主要有钠、氯、钙、磷、镁、钾、硫等。

钠　增强肌肉的兴奋性，调节心脏活动。犬缺钠则生长迟缓，对能量和蛋白质的利用率降低，但过量则引起中毒，常以食盐为钠的补充物。

钙　犬缺钙时，幼犬表现为佝偻病，骨端因骨化不全而变粗，脊柱和胸骨弯曲变形，成年犬则发生软骨症，骨质疏松，骨壁变薄而易发生骨折，常以石粉、骨粉、贝壳粉、鱼粉等作为钙的补充物。

磷　磷主要以磷酸根的形式参与机体的许多代谢过程。犬缺磷时，食欲不振、废食、异嗜；母犬发情异常、屡配不孕；幼犬缺磷为可引起佝偻病；成犬患软骨症。

镁　镁在犬体内约 70% 贮存于骨骼中，为骨骼正常发育所必需，同时在糖、蛋白质代谢中起重要作用。镁缺乏时，易致犬神经过敏、震颤、面部肌肉痉挛、步态蹒跚。镁食用过多，则食欲降低并引起腹泻。

钾　钾主要存在于细胞中，维持细胞内渗透压及体内酸碱平衡，影响神经、肌肉的兴奋性。缺钾，犬表现生长停滞、全身无力、异嗜等。

硫　是胱氨酸、蛋氨酸、生物素及硫胺素的组成部分，参与机体许多重要代谢过程，一般饲养管理条件下，犬的硫缺乏症十分罕见。

② 微量元素　微量元素是指机体内含量不足 0.01% 的矿物质元素，如铁、铜、钴、碘、锰、锌、硒、钼、氟等。

铁　犬体内 90% 以上的铁与蛋白质结合，形成红细胞。铁也是细胞色素酶类和多种氧化酶的成分，与细胞内生物氧化过程有密切关系。铁缺乏，幼犬易发生缺铁性贫血，严重时影响幼犬生长，甚至导致死亡。

铜　主要用于血红蛋白的合成，及细胞色素氧化酶的组成成分。

钴　钴是维生素 B_{12} 的组成成分，参与造血过程，钴能活化磷酸酶，精氨酸酶和许多激素。钴缺乏可发生贫血、体重下降、发情障碍、不孕、流产及泌乳量下降等病理变化。

碘　参与形成甲状腺素，与犬的基础代谢率密切相关，参与调节中枢神经系统的机能状态，影响心血管系统和肾的活动。碘缺乏，甲状腺肿大，幼犬生长迟缓，成犬缺碘发生黏液性水肿，病犬皮肤、被毛及性腺发育不良。高碘日粮对犬的健康也不利。

锰　是许多酶的激活剂，锰缺乏时，酶的活性降低，影响犬生长和繁殖。

锌　分布于所有组织中，肝脏、肌肉、骨骼、皮肤、毛和血液中浓度较高。锌是体内许多蛋白质和碳水化合物代谢过程中酶的成分。犬缺锌，因食欲降低而生长受阻，皮肤角化不全，皱缩粗糙。严重影响犬的正常繁殖，如睾丸发育不良，精子生长障碍。

硒　是谷胱甘肽过氧化酶的基本组成成分，在细胞膜里有抗氧化作用。肝、肾、肌肉中含硒较多，硒影响肠道内脂类及维生素 E 的吸收。硒缺乏，犬表现营养性肝坏死、白肌病、生长停滞、繁殖机能紊乱；硒过量则引起中毒。

氟　是形成坚硬骨骼和预防龋齿所必需的元素，饮水中氟含量应为 $1\sim2mg/kg$。

二、猫的营养需要与饲养标准

1. 猫的消化系统特点

猫野生时期以食肉为主，家养驯化以后逐渐变为以肉食为主的杂食性。猫的牙齿没有磨碎功能，对付骨类食物困难较大，而犬则有强有力的磨碎性磨齿可以对付骨类食物。猫总是借助头的摇摆来咬肉食，并且总是弓着身子坐在食物前吃食，而不是像犬那样用前肢抱住食物，借助强壮的颈部肌肉和门齿将肉和骨拉出。这也与猫的牙齿有关，因为猫不像犬那样嚼碎食物，而是把食物切割成小碎块。猫舌表面有许多方向朝向口腔底部的乳头，非常坚固、粗糙，似锉刀样，可舔食附着在骨上的肌肉，也可以梳理被毛及清除身上的污垢。猫的口腔腺特别发达，吃食时分泌大量稀薄的唾液，不但能湿润食物，有利吞咽和消化，而且唾液里的溶菌酶还能杀菌、消毒、除臭，保持口腔的清洁和卫生，防止变质的、腐败的肉类危害口腔器官。味蕾不仅分布于舌上，而且还分布于软腭和口腔壁，使猫能够选择适合自己口味的食物，能辨别咸、甜、苦及水的味道，但不能感觉甜味。猫食管可做反向蠕动，能将囫囵吞下的大块骨头或有害物质呕吐出来。猫胃是单胃，呈梨形囊状。猫的胃腺很发达，整个胃壁上都有胃腺分布。小肠盘曲于腹腔中，其长度约为猫的身长的 3 倍，比草食动物短得多，仅为相似体重兔的 1/2，盲肠不发达，只有兔的 1/20。但其肠壁短、宽、厚的特点，具有明显的肉食动物特征，说明猫虽然经过较长时期的家养驯化，但其解剖生理构造仍保持着肉食动物的特性。

2. 猫的营养需要

猫所需要的营养成分与其他动物相同，主要包括水、蛋白质、碳水化合物、脂肪、维生素和矿物质六大类。

（1）水　水有助于猫体内营养物质的运输、消化、吸收、溶解和排除某些经过代谢后产生的废物，还可以减少关节摩擦，猫通过饮水和排出水分，还可以调节体温，猫是比较耐渴的动物之一。猫肾脏的远曲和近曲小管里有相当量的脂肪，这对于猫的高代谢能力和水的保留，有一种特殊作用。随着年龄的增长，猫每千克体重对水的需求量在逐渐减少，但老年猫饮水过少会引起尿结石。

（2）蛋白质　蛋白质是生命的基础，它是维持动物健康成长和肌肉活动的必需物质，故需要全面而均衡的蛋白质。猫需要高蛋白成分的饲料，但猫对植物蛋白质的消化吸收、利用能力都较差，因此动物性饲料更适宜猫的需要。如果长期给猫喂以单调的食品，会使猫食欲减退，应经常调换口味。

喂成年猫的干饲料中，蛋白质的成分不得低于 21%，幼猫的干饲料中，蛋白质成分不应低于33%。如果用牛奶喂猫，在牛奶中还需要补充蛋白质，因为牛奶的蛋白质不及猫奶的蛋白质含量高，猫奶中蛋白质含量为9.5%，占猫奶干物质的50%左右，牛奶中需要将蛋白质补充到猫奶的含量，还需加入适量的维生素A、维生素D或鱼肝油。猫视网膜里含有大量的牛磺酸，牛磺酸促进猫的视网膜的正常生长，保证猫的敏锐视力。当猫饲料中牛磺酸缺乏时，视网膜会出现退行性的病损。因此，在喂猫时要保证饲料中含有0.1%的牛磺酸，以防止猫的视网膜病损。

（3）脂肪　体内脂肪是构成组织细胞的重要成分，是脂溶性维生素的溶剂，也是储存能量和供给能量的重要物质。猫长期喂低脂肪饲料，会导致猫的精神倦怠，被毛粗乱无光，生殖器官发育不良和缺乏性欲而不能繁殖。猫喜食脂肪，而且能吃大量脂肪，脂肪含量高达占饲料中干物质的64%，也不会引起任何异常。当然，如果脂肪含量过高，会引起猫的肥胖，同时，由于脂肪在胃里停留时间较长，容易使猫产生厌食而导致营养不良，造成营养代谢紊乱。

（4）碳水化合物　碳水化合物主要包括淀粉和纤维素。淀粉是猫身体能量的主要来源，有助于脂肪的氧化，这主要在肠道被分解成葡萄糖而被吸收利用。纤维素不宜消化，却有助于肠蠕动而维持猫正常的消化活动。在喂含碳水化合物丰富的食物（如米饭、馒头等）时，最好配上些鱼、猪肝、鸡汤等。用牛奶喂猫，由于猫对蔗糖、乳糖不能充分消化，因此，猫吃了牛奶后往往会肚子发胀或引起腹泻，此时应立即停止。即使有些猫无不良反应，喂过牛奶后也应立即给清水让它自饮。

（5）维生素　维生素是猫体内必需的营养成分，有些维生素在猫体内可以合成，如维生素K、维生素D、维生素C、维生素B等，还有部分维生素，猫体内不能合成或合成不足，需要饲料供给。

猫对各维生素的需求量与其他肉食动物和杂食动物都不同（表4-1）。

表4-1　猫对各种维生素的需求量及缺乏症状

名称	日需量	主要生理功能	主要来源	缺乏症临床表现	说明
维生素A	1500～2100IU	维持上皮组织的健全和完整，维持正常视觉，促进生长和发育	动物肝脏、蛋黄等	厌食，消瘦，结膜炎，角膜炎，夜盲症，生殖力下降，上皮角质化	β-胡萝卜素不能在体内转化
维生素D	100IU	促进钙磷的吸收与骨骼的钙化	可在体内生成；鱼肝油	易患佝偻病、骨质疏松症	能在皮肤内合成
维生素K	很少	促进肝脏合成凝血酶原等	肠内合成，绿色植物	凝血时间延长	肠道内可以合成
维生素E	0.4～4.0mg	维持正常生殖机能，防止肌肉萎缩等	动植物组织中，蚕蛹等	厌食，不爱活动，长蹲坐，生殖机能紊乱等	—
维生素B₁	0.2～1.0mg	促进食欲，促进生长	谷物外皮、青绿饲料、酵母	食欲不振，呕吐，体重减轻，脱水，代谢障碍	泌乳、高热时需求增加
维生素B₂	0.2mg	促进生长	瘦肉、奶类	白内障，脱毛，消瘦，缺氧，脂肪肝	泌乳、高热时加量
维生素B₆	0.2mg	参与红细胞的形成，在内分泌系统中起作用	酵母、肉、豆类	食欲下降，生长缓慢，惊厥，肾脏疾患，排尿困难	泌乳、高热时加量
维生素B₁₂	0.003mg	参与核酸与蛋白质合成及其他中间代谢	鱼粉、肉粉、肝、发酵制品	红细胞性贫血，生长缓慢，神经系统受损	在钴不缺乏时，肠道可以合成
烟酸	2.6～4mg	起传递氧的作用	生肉、生肝脏等	腹泻，消瘦，糙皮病，口腔溃疡等	泌乳、高热时需加量

续表

名称	日需量	主要生理功能	主要来源	缺乏症临床表现	说明
泛酸	0.25～1mg	为中间代谢的必要因子	奶粉、发酵制品	消瘦,肝脏有脂肪变性	—
叶酸	0.1mg	与红细胞、白细胞成熟有关	肝脏、绿色植物	巨幼红细胞性贫血,白细胞减少	必须在食物中
生物素	0.1mg	促进不饱和脂肪酸的合成	谷物、干酵母、奶制品	脱毛症,唾液分泌增多,血痢等	可通过肠道合成
胆碱	100mg	有防治脂肪肝的作用	天然饲料脂肪中均有	生长缓慢,脂肪肝	—
维生素C	少量	参与代谢,促进伤口愈合,增加抵抗力	自行合成	一般不会引起缺乏	能在代谢中合成

（6）矿物质　猫所需要的矿物质主要是钠、氯、钙、钾、镁、磷、铁、锰、铜、碘、锌、钴等。它们在动物机体内不产生能量，但它们是动物机体组织细胞，特别是形成骨骼的主要成分，是维持酸碱平衡和渗透压的基础物质，并且还是许多酶、激素和维生素的主要成分。矿物质在猫的营养成分中占的比例很小，并且相互不能代替和转让。

①常量元素　钙、磷两种元素占猫体内矿物质总量的70%，是形成骨骼的主要元素。大约有99%的钙和80%的磷构成骨骼和牙齿，还有约1%的钙存在于血清和软组织中，20%左右的磷多以核蛋白的形式存在于细胞核中，也有微量的存在于血液中。猫每100毫升血液中含钙为9.5mg左右，含无机磷5～7mg。

幼猫的生长发育、成年猫机体和生命的维持都需要矿物质。猫一般不发生缺磷现象，但容易缺钙，猫缺钙常见的原因是常用剔除骨头的鱼和肉喂猫造成的，主要表现为不爱动、懒散、喜躺卧，随后出现四肢跛形，严重时后肢瘫痪。

钠、钾是猫机体主要的阳离子，另外还有钙离子和镁离子。钠、钾、氯三种元素主要分布在体液和软组织中，其作用是维持渗透压、酸碱平衡等。健康猫饲喂日常食物，电解质不会缺乏，只要在猫生病发生呕吐、腹泻和肠道阻塞时，电解质的平衡才会招致破坏。

②微量元素　微量元素虽然含量很少，但生理功能却很大。

铁、铜、钴与造血有密切关系。铁是合成血红蛋白的重要原料，缺铁易使猫贫血。铜虽不是血红素成分，但却是铁正常代谢所必需的，对血红素和红细胞形成催化作用，因此缺铜也会发生贫血。钴是蛋白质代谢中起重要作用的维生素 B_{12} 的重要成分，猫可以吸收利用肉中的铁、铜和钴，一般不会缺乏。但由于牛奶中这种元素含量很低，因此以牛奶为食物的猫需要另外补充铁和铜元素，否则容易贫血。

碘是组成甲状腺素的必需成分。猫缺碘，30周后甲状腺功能降低、甲状腺体萎缩。表现为生长缓慢、被毛稀疏、头部水肿、表情呆板、不易怀孕，有的难产，胎儿有腭裂等。如果幼猫食物含碘量波动较大，如含碘低的肉类改喂含碘丰富的鱼类，时间长了，会引起甲状腺功能亢进，患猫好动又以疲劳。

第二节　犬、猫的饲料

【学习目标】

　　了解宠物饲料分类的方法、宠物饲料的种类以及宠物饲料的营养特点；掌握犬、猫宠物饲料的特性、特点及如何合理利用。

重点：掌握宠物饲料的基本特点和专用犬粮、猫粮的品质及饲喂原则。

难点：根据犬、猫的营养需求合理配制宠物的日粮。

一、宠物饲料的特点

根据宠物的营养需要和食性特点，可以概括出宠物饲料的特点：宠物饲料依据宠物不同的生长发育期对不同营养物质的需求，配制不同的日粮，以满足宠物各生长阶段不同的营养需要；我国宠物以植物性食物为主，外国宠物要以动物食物为主；发育期、妊娠期、哺乳期多增加蛋白质、维生素、矿物质等；各类饲料花样多变，不长期饲喂单一的饲料，以免引起厌食，要经常地改变日粮的配方；饲料保持卫生、新鲜、清洁，不能用发霉变质的饲料、应无毒、适口性好。

犬和猫都是以肉食为主的杂食性动物，其主食为肉类、鱼类及其副产品，屠宰下脚料（如血块、内脏、骨粉）也是很好的主食原料。奶类、蛋类、谷物及薯类、蔬菜等是犬、猫饲料很好的辅助原料。犬、猫宠物饲料品种有主饲料（犬粮、猫粮）、辅助饲料、保健饲料等类型的饲料，各类型饲料的花色、品种多变。主饲料要求营养全面、丰富、适口性好、容易消化利用、易保存、易携带。在犬猫日粮原料选择中有几种不能使用，如洋葱和葱不能添加，因为它们能溶解犬猫血液中红细胞的组成成分，会造成犬猫贫血而死亡；鲍鱼和海螺的内脏中含有有毒物质；墨鱼和鱼不易消化，吃得过多会拉肚子。猫的确爱吃鱼，但是，若过量吃鱼后，会使猫患黄色脂肪症，肚子上长疙瘩。另外，犬猫日粮中无需加绿叶蔬菜类，因为犬猫可以自身合成满足需要的维生素C。

目前就宠物食品的含水量而言，犬粮可分为三类：干型、半湿型和罐装型。①干型含水少，为10%左右，有颗粒状、饼状、粗粉状或膨化类。由于含水少，不易滋生细菌，可长时间保存，但要注意饲喂时及时补充水，并且适口性不太好。干型食品的原料主要成分是淀粉、肉粉、鱼粉、胚芽等。②半湿型犬粮含水25%～30%，小馅饼状、香肠状等一般用口袋密封并加防腐剂。半湿型犬粮多为肉类、乳制品、大豆、油脂类、矿物质等，很适合刚断奶的幼犬，可做成糕点、馅饼、香肠等形状的饲料。缺点是开包后要尽快把它用完。③罐装型犬粮含水量为70%左右，营养全面，适口性好，肉联厂的下脚料多加工成犬食罐头。

猫粮也有三类：干型、生型、半熟型。①干型营养全面，有磨牙的功效，可锻炼并清洁猫咪牙齿，某种程度上具有口腔保健功效，味道单调。②生型有各种口味，易消化吸收，要注意保质期。③半熟型营养平衡，较干型软，适于幼猫和牙齿不好的老猫摄食，注意防止变质。猫粮多做成颗粒状、面包状、饼干状干粮。猫粮一般便于保存、方便使用，大大节省了喂宠时间，迎合了快节奏的生活方式。优质猫粮一般注意营养均衡，能够保证猫日常对高等蛋白质及微量元素的需求。

二、犬的饲料

1. 常用犬饲料

犬饲料是由动物性饲料、植物性饲料和饲料添加剂合理搭配而成，另有专用犬粮。

（1）动物性饲料　动物性饲料指的是来自于动物及其产品的一类饲料。这类饲料的特点是蛋白质含量高，供犬的身体发育必需的氨基酸比较完全、富含B族维生素。钙、磷的含量比例适宜，是犬的最佳主饲料之一。以牛、羊和猪的肉及其内脏和骨头为最好。因其含有比较丰富而且质量高的蛋白质，所以又叫蛋白质饲料。

对犬来说，肉是最可口的饲料，它所含的蛋白质不但量多，而且氨基酸比较全面，易于消化。例如，猪肉、牛肉、羊肉、鸡肉、兔肉的蛋白质含量均在 $16\%\sim22\%$ 之间，鱼肉中的蛋白质含量为 $13\%\sim20\%$，鸡蛋中的蛋白质含量约 12.6%。犬的饲料中必须要有一定数量的动物性饲料，才能满足犬对蛋白质的需要。动物性饲料还含有丰富的 B 族维生素。但是用肉类喂犬成本费用较高，利用动物的内脏或屠宰场的下脚料，如肝、肺、脾、碎肉等，也完全可以满足犬对蛋白质的需要。鱼肉、鱼骨几乎全部能被犬利用，也是比较理想的动物性饲料。但鱼肉容易变质，有些鱼肉内还含有破坏 B 族维生素的酶。因此，鱼肉一定要新鲜，并且要煮熟，将酶破坏后再喂。

（2）植物性饲料　植物性饲料也是重要的一类饲料，包括蔬菜、瓜果、米面、杂粮、豆类等。禾谷类种子饲料能量高，适口性好，消化率高；豆类蛋白质含量高，蔬菜类水分含量高、质地柔软，干物质营养价值高。这些植物性饲料在犬的饲料中占主导地位，种类繁多，来源方便，价格低廉，是犬的主要饲料，如大米、大豆、玉米、麦子、土豆、红薯等，农作物加工后的副产品，如豆饼、花生饼、芝麻饼、向日葵饼、麦鼓、米糠以及蔬菜等。但这些植物性蛋白质中必需氨基酸含量少，因而其营养价值远不如动物性蛋白质。植物性饲料中含纤维素较多。纤维素虽不易消化，但却有重要的意义。纤维素在体内可刺激肠壁，有助于肠管的蠕动，对粪便的形成有良好的作用，并可减少腹泻和便秘的发生。

（3）饲料添加剂　饲料添加剂又称"辅加料"，是为了某种目的在配合饲料中加入对犬具有一定功能的某些微量成分。一般来说，饲料添加剂主要用于促进犬生长发育，完善日粮的全价性，提高饲料的转化率，防治疾病，减少饲料贮存期间营养物质损失和改进产品质量等。

饲料添加剂一般分为营养物质添加剂：包括微量元素、维生素及氨基酸添加剂、生长促进剂（包括抗生素、酶制剂、激素等）、驱虫保健添加剂（包括抗寄生虫药物等）。应根据日粮组成、环境和饲料卫生、犬的健康水平及生产需要，视情况选择适当的添加剂种类和使用剂量。如饲料中的无机盐和维生素不能满足犬的需要，应在犬的日粮中补充适量的骨粉、贝壳粉、食盐和铁盐等。在饲料中加入添加剂时，一定要注意与饲料混匀。

2. 专用犬粮

专用犬粮是按照犬的营养要求，专为犬研制的全营养食品，是犬的理想食品。这类食物经过科学配方，以适应不同生长发育阶段犬的营养需要，具有营养价值全面、适口性好、易于消化吸收、饲喂时无需加工、饲喂方便、保存期长等优点。每天喂专用犬粮并无害处，如果除专用犬粮外再给犬添加其他食物，可能会造成营养成分不平衡，对此应该注意。

（1）专用犬粮的分类　专用犬粮有许多种类，购买专用犬粮时应根据犬种和犬的不同生长期来选择。专用犬粮特点各不相同，可分为多种，如有的偏硬，有的软硬适中，有的偏软等，当然各种口味也十分齐全。

专用犬粮种类很多，一般可分为干燥型、半湿型和湿型（罐装型）和处方饲料等几类。

① 干燥型　干燥型商品饲料，水分含量很少，约 $10\%\sim15\%$，大多呈固体块状。该类型饲料营养较均衡，不需冷藏就可长期保存。其蛋白质含量为 20%，碳水化合物为 65%，粗脂肪为 5%，可消化率为 $65\%\sim75\%$。所含营养成分较丰富，经济性也较好属于最为普通的一种类型。干燥型商品饲料一般由玉米、小麦、大豆、高粱、肉粉、骨粉、动物内脏、奶制品、鱼粉、胚芽、矿物质、维生素等加工而成。通常制成颗粒状、饼状、粗粉状、膨化状等种类。在犬生长的一段时间，干燥型商品饲料可作为比较适宜的饲料。但长期饲喂含碳水化合物丰富的饲料，就可能诱发犬发生皮肤湿疹和耳疹病。

② 半湿型　半湿型商品饲料营养十分平衡，能量低，含有 $20\%\sim30\%$ 的水分，因为较

软，适合幼犬和老犬食用。这类饲料内加有防腐剂，加工成小饼状、颗粒状。干物质蛋白质含量为80%～85%，其主要成分为肉类、乳制品、大豆及油脂类等。该饲料可即开即食，但开封后不宜久存。为使饲料营养完全，最好再加入适量碎肉、肝脏、干酪、鱼粉。值得注意的是，使用这类饲料时，要保证犬有充足的饮水。

③ 湿型（罐装型）　湿型饲料或罐头饲料，俗称美食型专用犬粮，这类饲料含水量高，为72%～87%，营养成分齐全，适口性好，是较受欢迎的犬饲料。这类饲料是用肉、鱼加工成肉糜状，做成罐头，可以长期保存，蛋白质含量较高，可分为全肉型和完全饲料型。全肉型的成分全部为肉类和内脏；完全饲料的成分除肉类和内脏外，还有多种谷物类、青菜、维生素、矿物质等。这类饲料虽然也具有即开即食、营养全面的优点，但价格较贵。此外，开罐后食物不易保存，易腐败变质，故每罐的量最好是一餐或一天的量为宜。而且罐装的肉制品中经常含有高比例的水分（有些可高达87%）。因此为了确保犬食入足够的蛋白质，至少喂双倍量。假如不能这样做，犬将处于持续饥饿状态。

④ 处方饲料　处方饲料是一类特殊配方饲料，主要是针对患不同疾病的犬（如心脏病、肾脏病、尿结石等）和不同年龄犬的生理需要和不同病因配制成的罐头饲料。这类饲料都由宠物医师根据犬的具体情况，在进行药物治疗的同时配合应用，临床效果十分明显。

根据专用犬粮的使用范围，也可将专用犬粮分为三种：有作为日常主食使用的营养较全面的全营养犬粮，有特殊口味的间隔型犬粮，以及生病或孕期专用营养辅助型犬粮等。

（2）专用犬粮喂养原则　犬对幼时吃惯的味道印象最深，也觉得最好吃。犬的许多习惯在幼犬时就已经形成了。如果采用专用犬粮喂养，最好是从幼犬开始。

① 专用犬粮饲喂方法　刚开始可以买同种专用犬粮试着喂，然后从中选定它比较喜欢的1～2种，作为它的固定食谱，如没有特殊情况一般不要轻易改变。有人可能会误认为每天只喂一两种犬粮，就算是再理想的配方，犬也会吃腻的，于是自作主张，更换犬粮种类。要知道犬并没有想吃这想吃那的欲望，只要犬爱吃、身体上也没有什么毛病，就应该坚持喂它吃惯的东西。

② 专用犬粮更换方法　随便改变喂食的品牌极易引起犬的食欲下降和消化不良。如必须换另一种品牌喂养时，也要先将新犬粮中混入一定量的原品牌喂养时，也要先将新犬粮中混入一定量的原品牌犬粮喂它，最好在犬的身体状况较好时更换。

（3）专用犬粮的选择　在选择专用犬粮时，应根据犬的具体情况分别选购。

① 认真阅读产品说明内容，看清产品的使用目的。并确认原材料、成分、内含量、喂食次数及喂食量以及喂食方法、保质期等。

② 根据犬的年龄、阶段、营养状况针对性选择专用犬粮。

3. 犬的饲料配制

家庭配制犬的日粮应注意以下几方面。

① 营养要全面　根据犬的生长情况，对营养的击破要和消化生理特点，以及各种饲料的营养成分合理搭配，分别取舍。先考虑满足蛋白质、脂肪、碳水化合物需要，然后适当补充维生素和矿物质。

② 定期更换饲料配方　不能长期饲喂单一饲料配方，应经常改变日粮的配方，调剂饲喂，以免造成偏食和厌食。尽量做到每周更换一次。也不要因为犬是肉食动物而只给其肉或鱼等，否则会容易容易造成犬的营养不良，并易患出血性肠炎。

③ 考虑饲料的消化率　犬吃进体内的食物不等于全被消化吸收利用。如植物性蛋白质的消化率为50%，有近20%的是不能利用的。因此，日粮中的各种营养物质的含量应高于

犬所需要的量。

④ 注意卫生与掌握火候 犬日粮的制作要注意卫生和火候，这样可以减少犬患消化道疾病的可能，也能增加犬的食欲。

三、猫的饲料

1. 饲料种类

（1）动物性饲料 动物性饲料是猫机体蛋白质的主要来源，也是脂肪的主要来源。因为猫是食肉动物，所以动物性饲料是猫的主要食物，约占猫日粮80%～85%。动物性饲料来源十分广泛，几乎所有畜禽的肉、心脏，以及鱼粉、骨粉等均可做猫的饲料。鱼类、鸡蛋、动物脂肪等是非常可口的佳肴，鸡、鼠、蛇、蚕蛹和昆虫等动物，也是高蛋白饲料。

（2）植物性饲料 植物性饲料通常指农作物和农副产品饲料，主要包括大米、大豆、玉米、大麦、小麦、土豆等含淀粉较多的谷物以及含蛋白质较多的饼类饲料，如豆饼、花生饼、芝麻饼等，人们所吃的米饭、面包、饼干等猫更爱吃。但植物性蛋白比动物性蛋白的利用率要低得多。

（3）矿物质饲料 矿物质饲料主要指骨粉、石粉、碳酸钙、磷酸氢钙、蛎粉和食盐。食盐主要供给氯和钠的需要，骨粉和磷酸氢钙既补充磷又补充钙，而且钙磷比例恰当。

（4）商品性饲料 现在市场上也有不少猫的商品性饲料出售，商品性饲料按含水量可分为三种：干燥型、半湿型和罐头型。

因为猫是完全肉食者，故此它们的主要能量及营养来源来自于动物性蛋白质及动物性脂肪，而不是碳水化合物。严格来说，若猫日常饮食中有足够的动物性蛋白质及脂肪，它们根本不需要碳水化合物也可健康的生存。但市面上一般给猫食用的干粮往往含有大量谷物，以致碳水化合物含量高达35%～40%。猫的身体结构并不善于处理大量碳水化合物，如猫日复一日地吃着干燥型饲料，含过多的碳水化合物，患上糖尿病及肥胖症的机会会大大提高。以干燥型饲料作主食的猫虽已比吃湿粮的猫多喝水，但相比之下，它们真正吸取到的水分仍比吃湿粮的猫少一半。这使得长期只吃干猫粮的猫长期陷入慢性缺水的状态，令排尿量减少，尿液过度浓缩，以致日后容易出现泌尿系统的毛病。并且由于猫科动物源自水源缺乏的沙漠地带，它们的身体构造是从食物中吸取大部分所需的水分。它们所捕获的小动物（如老鼠、小鸟等）含水量通常也不少于60%。另外，也因源自沙漠，它们的口渴机能也不如狗及人类等敏感，这就解释了为何大部分猫都不怎么喜欢喝水。饲喂时不能以干粮作为它们唯一的主食。优质的湿粮（自制或罐头湿粮）才是最接近猫理想饮食的主要食粮。

2. 饲料的配制

目前我国养猫者绝大多数不为猫特别配制饲料，只在自己的饭中配以适量的鱼和肉，一般来说，这种猫食基本能满足猫的营养需要，米饭作为植物性饲料提供充足的碳水化合物，鱼、肉作为动物性饲料给猫提供丰富的蛋白质及其他营养成分（如钙、磷等），食盐、骨粉等作为矿物质饲料加以补充。一般情况下，未必会影响猫的生长发育。但为了使猫更加健康地发育，根据其营养需要，将各种饲料按一定比例配合，制成营养比较全面的日粮还是很有必要的。

在配制饲料前，饲料一般都要经过加工处理，目的是增加饲料的适口性，提高饲料的消化率，防止有害物质对猫的伤害；猫吃食很挑剔，故饲料必须洗净，如食物污秽不洁，甚至是自己吃剩的食物，猫也宁愿挨饿也不愿再吃；各类肉食要煮熟，切成小块或剁成肉末，与其他饲料拌喂。生肉易使猫患寄生虫病或感染传染病，而太熟了又破坏蛋白质，损坏维生素，因此肉以半熟为宜。当然在某些情况下，如猫对烟酸的需求量增加时，可喂一些经检验合格的生肉。骨头可制成骨粉，可买也可自己制作。总之，无论配制什么饲料，原料一定要经过加工处理才可配制。

【练习与思考】

1. 以犬的一种或几种营养缺乏症为例，简述其应采取的处理原则。
2. 专用犬粮在饲喂过程中应注意哪些问题？
3. 如何合理调配、加工猫的日粮？

微信扫一扫

在线自测 | 打基础

电子彩图 | 辨细节

视听资料 | 划重点

拓展知识 | 多交流

第五章 犬、猫的饲养管理

【内容提要】

主要围绕宠物犬、猫的各个生长发育阶段讲述种犬（猫）的饲养管理与及种犬（猫）的生殖过程，仔幼犬（猫）的生理特点和饲养管理措施，成年犬（猫）生长发育过程和饲养管理要点以及老龄犬（猫）的衰老表现和针对性的饲养管理措施。通过学习，能较为全面地了解宠物犬（猫）饲养要求和管理措施，为正确进行宠物犬（猫）的饲养管理打下良好的基础。

第一节 种犬与种猫的饲养管理

【学习目标】

了解种犬（猫）在各个阶段的营养需求以及其在繁殖过程的特点，掌握种犬（猫）在其各阶段进行针对性的饲养管理，以期充分发挥其繁殖能力，保证种犬（猫）的持续利用。

重点：1. 种公犬（猫）配种期的特点和饲养管理要求。

2. 种母犬（猫）发情期、妊娠期及哺乳阶段的特点及饲养管理要求。

难点：针对种犬（猫）处于不同阶段进行对应的饲养管理调整。

一、种犬的饲养管理

1. 种公犬的饲养管理

种公犬日常饲养管理的合理性与科学性，直接影响着种公犬的繁殖性能。对种公犬进行科学的饲养管理，不仅可以提高种公犬的繁殖性能，保证精液的质量和数量，而且能延长种公犬的使用寿命，创造更高的经济效益。饲养种公犬的主要目的是获得体格健壮、性欲旺盛、配种能力强、繁育性能好的种犬。由于犬的配种多发生在春秋两季，因而犬的饲养也可以划分为配种区（春、秋季）和非配种区（夏、冬季）。

（1）种公犬的非配种期饲养管理　种公犬的非配种期又称为休养期。种公犬非配种的饲养管理的主要目的是保证犬的体质健康，使种公犬保持健康的体能和强烈的性欲。

① 种公犬的营养需求

a. 营养需求　种公犬对蛋白质的质量和数量要求较其他生理阶段的犬要高些。若长期饲喂单一来源的蛋白质饲料，会导致因某些氨基酸的供给量不足而造成精液品质下降。钙、磷、硒等矿物质，维生素（A、D、E）含量营养供给不足或营养素不均衡也会影响精液的品质，若长期缺乏维生素A，会使种公犬性反射降低，精液品质下降，甚至使睾丸发生肿胀或萎缩从而丧失繁殖能力。维生素D缺乏时，使钙磷失调，间接影响精液品质。非配种期内饲料中的粗蛋白质含量应降低至 $15\% \sim 20\%$，消化能为 12.54MJ。

b. 种公犬的日粮量的掌握　依据种公犬的品种不同、个体体重、饲料的种类、营养成分以及消化吸收能力不同，而采食量也不同。每天饲喂 2 次。采用定时定量饲喂。

② 种公犬的管理

a. 单圈饲养　要给种公犬一个安静的休息环境，防止外界的干扰，因此，最好进行单独饲养。且种公犬的好斗性强，合圈饲养容易发生打架情况，公犬舍最好远离母犬舍，因为母犬的气味和声音会引起公犬的性冲动，长此以往却得不到交配，会影响公犬的配种能力。若在发情季节，将公犬与不发情母犬一起饲养，会促使母犬发情和激发公犬性欲。

b. 加强运动　运动能促进食欲，促进机体新陈代谢，有助于消化机能增强，体质健壮，提高繁殖机能。每天至少运动两次，上下午各一次，每次不少于 1h，夏季在早晨和傍晚，冬季可放在中午。运动不足会降低公犬的性欲。

c. 日常管理　高温可降低公犬的性欲，影响精液品质，夏季应做好防暑降温的工作。常见的降温措施有犬舍遮阴、通风、在运动场上设淋水设备等。冬季做好防寒保暖工作。最好每个月定期称量体重一次，保持种公犬的良好体况。定期检查精液品质，从而降低母犬的空怀率。

d. 刷拭　经常用刷子刷拭种公犬身体，不仅能促进犬机体的血液循环并使犬有舒适感，增进犬体健康，增加食欲，而且能增进饲养员与犬之间的情感交流，有利于配种和采精，并且还可以防止体外寄生虫病和皮肤病的发生。在夏季，应经常给公犬洗澡，温度较高时，每日可洗 1～2 次，洗澡过程中应做好生殖器的清洗和按摩。刷拭和洗澡后的种公犬会提高性欲、性情温顺、体质健康。

(2) 种公犬配种期的生理特点与饲养管理　种公犬在配种期会出现许多生理特点和行为反应，因此在饲养管理上也应做出一些相应的调整，采取一些更具针对性的饲养管理方法，从而能提高种公犬的繁殖性能，延长种公犬的使用年限。

① 种公犬配种期的生理特点

a. 种公犬的性行为　种公犬的性行为是一种先天本能的、无条件的、维持动物繁衍延续所必需的行为。它可以通过嗅觉、视觉、听觉、触觉等感觉器官感受性刺激而进行充分的表现。种公犬的表现是嗅闻母犬的尿迹，对发情母犬进行追逐，不断嗅闻和舔舐母犬的外阴，并用前肢挑逗和搂抱母犬等。

b. 种公犬在配种期的其他行为反应

采食量方面：种公犬在配种期间其采食速度和采食量都会显著下降，出现厌食的行为，个别甚至会出现停食的情况，每当母犬发情期的结束，种公犬配种期结束后，种公犬的采食量才会趋于正常。

服从方面：往往在配种期间，种公犬的服从性会大大降低，经常表现出不听指挥、不服从口令的现象，即便采用很强烈的命令时，犬也会出现置之不理的态度。若犬在舍内，就会表现出焦躁不安，在犬舍外表现出惊慌不定。

工作方面：即使工作型种公犬在配种期内进行工作时，常出现工作注意力下降，完成的工作质量较差等现象。

② 种公犬配种期的饲养管理

a. 适宜的饲粮营养水平　种公犬在配种时所消耗的物质和体能较大，因此在配种期内应给以犬充足的营养供给。日粮营养要完全。配种期饲料中含粗蛋白质 20%～22%，消化能 12.54～12.96MJ，钙 1.4%～1.5%，磷 1.1%～1.2%，锰为每天每千克体重需要 0.11mg，维生素 A 为每天每千克重 110IU，维生素 E 为 50IU。若维生素 A 和维生素 E

不足，精液数量减少。配种期间适当增加饲喂次数，改为每天早、中、晚饲喂 3 次，在配种前 2h 禁止饲喂，以防止在交配过程中胃肠不适，发生意外情况，配种后 1h 内不要饲喂。

b. 配种前后不得剧烈运动　为了保证犬有足够的体力和兴奋性进行交配，因此在配种前不应做剧烈的运动，交配之后也不能进行剧烈运动，应立即让犬休息，迅速恢复体力。

c. 定期检查精液品质　对种公犬应进行精液品质的检查，通常是每月一次，当种公犬由非配种区转入配种区时应连续一周检查精液的品质，从而了解种公犬的实际情况。若发现问题应根据调节饲料中的营养物质和管理方法而提高配种效果

（3）合理利用　一般来说，公犬的初配年龄为 1.5~2 岁，利用强度以每 2~3 天交配 1 次为宜。配种时间以犬的性欲旺盛时进行，即早晨或晚上。公犬在 8 个月左右达到性成熟，但还没有达到体成熟，虽然可以配种，影响种公犬身体发育，降低公犬使用年限。种公犬利用年限一般在 6 年左右。

2. 妊娠母犬的生理特点与饲养管理

犬的妊娠期从卵子受精开始计算，一般为 58~63 天，平均为 60 天。妊娠期的长短可因品种、年龄、胎儿数量、饲养管理条件等因素而变化。母犬妊娠可分为三个主要时期：分为受精卵时期、胚胎期、胎儿期 3 个阶段。①受精卵时期：母犬妊娠前 19 天，受精卵开始发育，但仍未附在子宫壁上，主要从子宫液中得到营养。②胚胎期：母犬妊娠 19~33 天，胚胎已经形成，形成一条环状脐带，依靠母体的血液中输送氧和营养。③胎儿期：母犬妊娠第 33 天至仔犬出生，胎盘和胎犬生长完全。饲养妊娠母犬的任务是保证胎儿的正常生长发育，母犬顺利分娩且产后泌乳力较强。

（1）妊娠母犬的生理特点　妊娠母犬体内因胎儿生长发育的刺激会发生独特的生理变化，分别是行为学变化，生殖器官变化和激素的变化。

① 行为学变化　因胎儿生长发育的需要，母犬在妊娠后，母体的新陈代谢会日益旺盛，食欲明显增加，消化能力也不断提高，行动本能地缓慢而谨慎，温顺、嗜睡，喜欢温暖安静的环境。在妊娠初期，母犬的排便次数没有明显的变化，但随着妊娠的延续，子宫的不断增大，妊娠后期由于腹内压增高，母体由复式呼吸变为胸式呼吸，呼吸次数也随之增加。粪、尿的排出次数增加。随着消化吸收能力的提高，母犬体况逐渐转好，被毛光且亮。在妊娠期间母犬的食欲和采食量明显增加，偶尔出现孕吐现象，食欲有所下降，短期内恢复正常。在妊娠的后期，胎儿体重显著增大，母犬体尺和体重也在不断增加，如果此时营养供给不足或胎儿数量过多，母犬的体况会减退。

② 生殖器官的变化　在怀孕期间，子宫颈会分泌一种称为"子宫栓"的黏滞性黏液，同时子宫颈的括约肌收缩很紧，子宫颈管完全封闭，防止病菌的侵入。妊娠后随着胎儿的体积不断增长，卵巢、胎儿沉入腹腔，母犬腹部不断地增大。到临产前，胎儿准备进入产道，因此母体腹部明显下垂。

③ 激素的变化　在妊娠期间，母犬内分泌系统发生明显的变化，为了维持妊娠，适应内外环境的影响，为胎儿创造有利的生长发育环境，其内分泌系统所分泌的各种激素会保持协调平衡，否则会终止妊娠。内分泌系统的主要变化表现为黄体不退化，产生大量的孕酮以维持妊娠，直到临近分娩数日内，孕酮才急剧减少，或完全消失。而雌激素维持在较低的水平状态。

（2）妊娠母犬的饲养管理

① 适宜的饲粮营养水平　饲喂妊娠犬的日粮必须全价优质，严禁使用不新鲜饲料、不

明原因死亡的动物产品和含有腺体的动物副产品。妊娠早期的饲喂量不应过高，因为母犬对营养的需要主要用于维持自身需要，胚胎发育所需极少，否则会导致肥胖而发生难产等现象，影响分娩，母犬的饲喂量应在妊娠后第5周开始逐渐增加。妊娠后期胎儿生长发育迅速，不仅要维持胎儿的生长发育需要，还要为泌乳过程做好营养储备。在分娩前，采食量达到妊娠初期的1倍左右。

② 妊娠母犬的管理

a. 饲喂次数　在妊娠早期每日的饲喂次数为2次即可，中期可增加为3次，到后期则中午要加喂一次，以每日4次为宜，原则是少喂多餐，以减少对子宫的压力。原因是在妊娠的后期，犬的营养需求显著增加，如果每日饲喂次数过少，使母犬一次的摄食量过大，将会使胃部扩张过大而压迫胎儿，从而影响胎儿正常生长发育。但要根据妊娠母犬的胎儿数量而决定母犬的饲料喂量，适度饲喂，防止胎儿过大引起母犬发生难产情况。

b. 合理的运动　适当的运动可促进母体与胎儿的血液循环，增强机体的新陈代谢，保证母体和胎儿的健康，从而有利于分娩。运动主要以自由运动为主，禁止剧烈运动，并且有一定的规律性和持续性。在妊娠的前3周内，最容易引起流产，因此应作适量的运动，妊娠中后期，母犬腹部开始明显增大，行动迟缓，应避免剧烈的跳跃运动及穿越狭窄的走廊，并应减少运动量。孕犬每天室外活动最少4次，每次不少于30min，以防流产和难产。

c. 日常管理　妊娠犬舍要干净、宽敞、通风换气、光线充足、安静；妊娠40天后应单圈饲喂，以免互相咬架打斗，造成流产，50天后需移入产房。妊娠后期特别要保护妊娠犬的乳房，防止创伤和引起炎症。分娩前几天，用肥皂水擦洗乳房，洗后用毛巾擦干。每天及时观察和记录妊娠母犬的活动表现、饮食、排便等情况，及时发现病因、及时处理，防止病情加重。高温高湿季节必须做好防暑降温工作，以保证胎儿的正常生长发育。

d. 加强妊娠犬的保健　母犬在妊娠第3～4周之间，可进行驱虫，分娩前一周应停止洗澡，禁止用梳刷刷洗母犬腹部，临产前几天，可用温水等清洗母犬乳头，动作要温柔。若发现母犬出现腹泻等疾病，应及时找医生治疗，防止乱吃药而导致流产等情况发生。

3. 哺乳母犬的饲养管理

母犬的哺乳期大概是45日龄左右。饲养哺乳母犬任务是确保母犬健康和仔犬的正常生长发育。

分娩会消耗掉母犬的体力和养分，母犬体内的激素水平也会发生变化。哺乳期的母犬一方面要恢复自身的体力和营养，另一方面还要供给仔犬的各种营养，故此期的营养需求会大幅提高。要保证哺乳母犬自身的需要和乳汁正常分泌，首先要保证母犬的热量和营养需求。在分娩后最初几天，母犬食欲不佳，应喂给母犬营养丰富、易消化的食物，且应少吃多餐。几天后应逐渐增加饲喂量，要经常检查母犬授乳的情况，对于泌乳不足的母犬，应喂给红糖水、牛奶等，或将亚麻仁煮熟，同食物一起混喂，以增加乳汁。哺乳期间母犬要饲喂蛋白质高的饲料，增加乳汁的营养，使仔犬吃到营养丰富的乳汁。

（1）哺乳母犬的生理特点

① 产后恢复阶段的生理特点

a. 子宫的恢复　子宫的恢复分为两个阶段：在第一阶段其妊娠期的子宫黏膜表层会发生变性脱落，接着发生再生现象。这种子宫黏膜的再生变化，表现为由子宫经阴道不断排出一些称为恶露的分泌物。其颜色的变化是红褐色或暗褐色—淡红色—无色透明。从开始到结束所需时间3～14天。随后，是子宫复原阶段即子宫的恢复第二阶段。分娩后的子宫因收缩的原因使子宫壁变厚，导致肌纤维变细，结缔组织退化变性、血管也变细都部分被吸收，最后子宫壁又变厚而复原。

b. 卵巢机能的恢复　黄体在分娩后完全退化，新的卵泡开始发育并趋向成熟。

c. 其他生殖器官的恢复　经过 2 周的时间，外生殖器官逐渐收缩，后肢行走逐渐有力。

② 母性行为表现特点

a. 哺乳　少数犬在临产前 3～5 天，能从乳房中挤出乳汁，而大部分犬则在产后 1～2h 才开始排乳。犬的初乳指母犬在分娩后最初 3～5 天所产的乳。初乳的作用是有高浓度的抗体，有一定的轻泻作用，因此要求在仔犬出生后尽快地吃到初乳。

b. 母性行为　犬的母性好坏直接影响犬的生长发育，因此应及时观察。母性较好的犬在仔犬出生后能撕破并吞食胎衣、咬断脐带、舔舐仔犬的身体，尤其是头部和肛门，从而使仔犬尽快地呼吸畅通和排出胎粪，且将仔犬的胎便吃掉。母性好的犬能够照顾仔犬，会将爬出窝的仔犬衔回。为了保证仔犬的正常生长，对母性差的犬必须加强人工看护。

(2) 哺乳母犬的饲养管理　根据哺乳母犬的生理特点，将哺乳母犬的饲养管理分为三个阶段，分别是产后阶段、哺乳和断奶三个不同的阶段。

① 产后阶段的饲养管理　这一时期主要是指母犬分娩后 1～7 天。

a. 适宜的饲喂方法　母犬分娩后 6h 以内，不要提供饲料，准备好饮用温水。母犬在产仔后，往往会出现食欲不振，因此产后最初几天，应给予营养丰富、适口性好的催乳作用的饲料，如鲫鱼、猪蹄等。若乳汁不足，可先喂些红糖和牛奶等，严重时用中药催乳。每次饲喂量要少，以利于内脏恢复，以后逐渐增加；分娩后前 3 天饲料的饲喂量是常量的 1/3，前 3～5 天饲料量是常量的 1/2，至 5～7 天时饲料量与常量相同即可。

b. 饲喂次数　每天饲喂 3～4 次，饲喂最好定时、定量、定质，每天提供犬清洁饮水。

c. 日常管理　母犬产后的 12h 内排出血样分泌物，称之为恶露。因此产后要经常清洗母犬的外阴部等，做好通风换气、防寒降温工作。冬季通风时，防止贼风的侵袭。保持犬舍卫生，严格消毒。

② 哺乳阶段的饲养管理　这一阶段主要指母犬分娩后的 7～45 天。

a. 适宜的饲粮营养水平　哺乳期饲粮中应添加维生素 A、C、E 和 B 族维生素。因为母犬要给逐渐增长的仔犬哺乳，在此期间母犬的采食量逐渐增加，在哺乳第 3 周采食量增加 2 倍，但以后逐渐减少。

母犬的乳腺没有乳池，因此是间断性哺乳。为了提高母犬的排乳次数，生产上采取少喂勤添的原则，日喂次数为 3～5 次。

b. 日常管理　每天用消毒棉球擦拭乳房一次，发现乳房炎等及时治疗。产床每周晒一次，保持分娩舍内安静。随着仔犬的年龄增长，它的粪便量越来越多，因此应采取人工清理仔犬粪便，保持犬舍卫生。

c. 适当运动　母犬产后 10 天左右可户外运动，每日运动 10～20min，好处有三点：一是母犬户外排便可保持犬舍卫生；二是促进母犬恢复健康体况；三是仔犬可跟随母犬学习。但须注意，不要让陌生人接近、抚摸产后母犬和仔犬，以防母犬护仔心切，咬伤人。

③ 断奶阶段的饲养管理　通常情况下 45 日龄断奶，常用的断奶方法有强制性断奶、逐渐断奶、分批断奶法等。在断奶之前应减少母犬的采食量，以防发生乳房炎。由于在此日龄期间，仔犬牙齿和牙床发育，易咬伤母犬的乳头，母犬常常躲离仔犬，生产中若发现此种情况，应采取强制性断奶法进行断奶，以防母犬咬伤或咬死仔犬。

4. 空怀期母犬的生理特点与饲养管理

母犬空怀期是指从仔犬断奶至发情、配种的时期，包括断奶恢复期、发情期和配种期。持续时间一般在 2～4 个月左右。空怀期的母犬的生殖系统方面发生着很大变化。此阶段内在表现是卵巢从静止状态逐渐发展到成熟卵泡，并且排卵；外在表现是出现发情行为。

（1）空怀期母犬的生理特点　将母犬空怀期分为两个阶段：分别是恢复阶段和发情配种阶段。恢复阶段是指从仔犬断奶至发情；发情配种阶段是指从母犬发情开始至交配结束。

① 恢复阶段的特点　经历妊娠期和哺乳期后，母犬的生殖系统逐渐恢复正常，开始为下一个繁殖周期的到来做好各种准备。哺乳期是对母犬影响最大的应激，消耗了母犬大量能量，致使母犬的体质普遍较差。哺乳期结束后，母犬体力消耗减少，因此采食量发生了明显变化，先降低后增长的过程。被毛逐渐恢复到柔软且富有光泽的状态。母犬断奶日龄的不断延长，在哺乳期表现出的母性行为也已经消失。

② 发情配种阶段的特点　母犬的发情阶段一般分为发情前期、发情期和发情后期三个阶段。母犬的发情表现是兴奋性增强，烦躁不安，阴门肿胀，潮红，并有红色黏液溢出，采食量减少。

（2）空怀期母犬的饲养管理　根据母犬空怀期的两个阶段，即恢复阶段和发情配种阶段的生理特点的不同，在饲养管理过程中也采取不同的方法，以促进空怀母犬的健康，同时提高情期受胎率。

① 恢复期母犬的饲养管理

a. 恢复期母犬的饲养　大部分犬的断奶时间是 45 日龄，刚断奶的母犬体况较差、偏瘦，还应逐渐减少对母犬的喂饲量，适当减少饮水，待乳房萎缩后再增加喂饲量，以促使母犬恢复体况，为下次发情配种做好准备。因此要增加饲料中的营养物质，采食量由少到多直到正常水平。每日的饲喂次数大概 2～3 次。

b. 恢复期母犬的管理　调整采食量：在母犬妊娠和哺乳期间，为了提高仔犬的出生体重和保证母犬的健康体况，增加日粮的饲喂量，一日多餐。但是在恢复阶段适时调整母犬的采食量，多数犬能自动完成调整过程，只是个别犬需要人为调整。调整此期母犬的采食量和生活习性的具体方法是：若犬采食量较差，应将食物拿走，只供给清洁饮用水；至多经过 1 周左右的时间调整，可以提高母犬的采食量；在调整时应建立稳定的生活环境；定时、定量、定点饲喂；饮食器具专用，并及时做好消毒，供给充足饮用水。

加强卫生管理：主要指犬体卫生和环境卫生两部分。犬体卫生管理主要指经常给母犬梳理被毛，特别重视犬本身不易舔舐的部位，如臀部、尾部、腹部等。若饲养管理条件好，可以每周给犬洗一次澡，为了防止伤害犬的眼睛或内耳，洗澡时应注意保护犬的头部，若水进入到犬耳中，会导致中耳炎的发生；防止洗浴用品的泡沫进入母犬的眼睛，造成母犬结膜炎。搞好环境卫生主要抓好犬舍的清扫消毒：犬舍应经常保持卫生清洁，犬的粪尿污物应随时清理，一般每月消毒一次，常选用的消毒药物可以是季铵盐类。配制消毒药液的浓度应准确，在消毒时，最好使用喷雾器喷洒，要保证消毒药液接触病原体，且保持一定的接触时间。对犬床、地面、墙壁等活动场所喷洒消毒药物。若传染病流行期应随时消毒。注意犬舍通风，保持犬舍内空气流通。防止犬舍潮湿，保持犬床干燥。

加强锻炼：修养期母犬的护理工作重点是恢复体力，为下一次母犬的发情配种做准备。因此必须加强母犬的体质锻炼。常采用的运动方式是散步、自由玩耍、跑步等。

疾病防治：防止母犬因在哺乳期间采食量大，并经常舔食仔犬的粪便，导致母犬产生消化道疾病和寄生虫病。此期也应加强犬病的防治工作，因此当进入恢复期1周后就应对母犬进行驱虫，因为用于驱虫和免疫的药物会影响犬的排卵和妊娠过程，若母犬出现排便异常情况，也应及时进行药物治疗。对在哺乳期间乳头、乳房外表受到损伤的而发生炎症反应的母犬，应采用相应的护理方法和药物治疗。护理的方法主要用干净的毛巾，每日对乳房、乳头进行3~5次的擦洗热敷。某些母犬的乳房、乳头被抓伤，要根据抓伤的程度采用不同的方法，若是轻微用碘酒涂抹即可，若严重抓伤等则要用抗生素治疗。

异常情况及时处理：在生产中应做到随时发现病体，及时诊治。主要从母犬的采食量、精神状态以及粪便等排泄物等进行观察，有病应早发现、早处理。

② 发情配种期母犬的饲养管理　母犬在发情期，通常会出现食欲减退的现象，在生产中应适当增加饲喂次数，从而保证机体的维持需要。

二、种猫的饲养管理

1. 种公猫的饲养管理

种公猫饲养的好坏，对其配种能力和精液品质有着重要的影响，因此在种公猫的非配种期，也应保证饲料的质量。在配种期，要消耗大量的体力，食欲也因此减退，为了保证种公猫的精液品质，应提供些体积较小、质量高、适口性好、易消化、富含蛋白质和微量元素的饲粮，如鲜瘦肉，肝和奶等。种公猫的日喂量通常为3次，配种时间是清晨6点，配后1h后饲喂。中午要让猫充分的休息。下午6点第二次交配。种公猫的配种每天不能超过两次，每次间隔一般在10~12h左右。频繁的交配会导致公猫的配种能力下降，也会缩短种公猫的使用年限。种公猫要进行适当的运动，从而增加食欲，增强精液的品质。

2. 妊娠猫的饲养管理

猫的妊娠期为58~71天，平均为63天。这一时期的任务是保证胎儿的正常生长发育和正常分娩。

（1）妊娠母猫的饲养

① 妊娠初期　妊娠开始至30日龄妊娠初期，胎儿较小，无须提供特殊的日粮，但是要注意饲料的质量，即微量元素的补充。

② 妊娠中期　指妊娠30~48日龄。胎儿发育迅速，妊娠猫的代谢增强，对营养物质的需求量增加，蛋白质需求量增加15%~20%；能量的需求量也有所增加。因此，饲粮中应多添加些猪肉、牛肉、鸡肉等动物性脂肪。

③ 妊娠后期　指妊娠最后15天。胎儿的生长发育速度非常快，应增加采食量20%~30%。但是采用的饲喂方法是少量多餐的，每日饲喂4~5次，夜间应给妊娠母猫补饲一次。饲喂过多会导致腹压过大而伤害胎儿。减少富含碳水化合物的食物（如米饭、馒头）的供给量，防止猫过胖而难产。但是饲粮中增加蛋白质和矿物质的喂给量。

（2）妊娠母猫的管理

① 适当运动　母猫在妊娠期间，采食量不断增加，因此应做适当运动，防止母猫过胖而导致肌肉的张力减退，子宫肌的张力和收缩力也减弱，导致分娩时分娩力量不够而难产。每天晒1h左右太阳，还可利于钙的吸收。

② 日常护理　妊娠母猫喜好安静，不愿意受到任何打扰，因此为猫选择一安静、干燥、

温暖的住所。勿驱赶和打骂猫，为猫洗澡和梳毛时动作要轻柔，保护猫的腹部不受到任何不适当的挤压。

③ 选择产房　为了让猫顺利分娩，因此在猫分娩前 7～10 天左右，选择合适的产房和产箱，放在固定的地方，让猫熟悉环境、饲养人员和食物，增强猫的安全感。

④ 防止猫流产　普通母猫流产现象一般较少发生，但是比较名贵的品种易发生流产。流产主要包括营养性流产、机械性流产和疾病性流产。只有了解流产发生的原因，生产中才能采取有效措施减少流产现象的发生。

a. 营养性流产　是指母猫在妊娠期间，饲料品种单一，食物中缺少蛋白质、维生素及某些矿物质，摄入脂肪过多，引起母猫肥胖，均可引起流产。因此猫的营养要全面。

b. 机械性流产　妊娠母猫被追赶、踢打、惊吓、猫与猫打斗以及在猫笼里碰撞、挤压所导致的流产。因此在母猫妊娠期间，不应拽猫的耳朵或尾巴，尽量减少碰触猫的腹部。

c. 疾病性流产　是指妊娠期间母猫患腹泻、肠炎及子宫疾患等也可能引起流产。因此在妊娠期间不能给猫驱虫和喂药，保证食物的干净，一旦出现疾病应立即就医。

3. 哺乳母猫的饲养管理

（1）哺乳母猫的饲养　母猫分娩后体力消耗很大，体质较弱，为了更好的哺乳，增强机体的抗病力，要增加饲喂量。虽然母猫在分娩后的 2 天内，食欲下降，但是应供给充足的饲料和清洁的水。产后 3 天，将猫的日喂量提高 3～4 倍。多喂些富含蛋白质的催乳料，如鱼、肉、猪蹄汤、骨粉等，每天的饲喂次数为 4～5 次。

（2）哺乳母猫的管理

① 环境条件　注意产房的温度，温度过高或过低，不利于母猫恢复体况，也会影响猫的哺乳。应保持环境的安静、干燥，防止他人打扰。产后猫的母性较强，通过气味来辨别是否是自己所产的仔猫，若仔猫身上有异味，猫会将其咬伤。因此尽量不要将仔猫从产箱中取出观看。注意乳房部位的卫生，每 2～3 天用无刺激性和特殊气味的消毒剂消毒，防止乳房炎的发生。

② 防止母猫的异食癖　个别猫产后咬死自己亲生的仔猫的现象，称之为猫的异食癖。青年母猫和老龄母猫皆有发生，主要因素一是新生仔猫身上有异味，或是母猫产后受到惊吓；二是母猫患有神经质，经常舔舐仔猫，导致仔猫出血，被吞食；三是饲料中缺乏蛋白质、维生素和矿物质等；四是母猫吃了死胎。防治措施：一是增加饲粮中的蛋白质含量，在哺乳母猫的饲料中添加些肉等；二是注意环境条件，防潮，防吵闹；三是对刚出生的死胎应及时处理，避免母猫采食。

第二节　仔、幼犬和猫的饲养管理

【学习目标】

掌握仔、幼犬（猫）生理特点，并根据仔、幼犬（猫）的特点采取针对的性饲养管理措施。掌握仔犬（猫）的开奶方法和断奶方法，了解仔、幼犬（猫）的日常饲养管理和训练方法。

重点：1. 仔、幼犬（猫）补奶及断奶的方法。

2. 仔、幼犬（猫）的饲养管理方案。

难点：仔犬（猫）的补料方法。

一、仔、幼犬的饲养管理

1. 仔犬的饲养管理

仔犬是指从出生到 45 天的犬。仔犬阶段是犬一生中生长发育最快，发病和死亡数最多的阶段同时也是饲养管理要求最高的阶段。此阶段的饲养管理任务是确保仔犬的正常生长发育，提高仔犬的断奶体重。

这一时期仔犬的生理特点是：初生仔犬身体弱小，紧闭双眼，耳朵闭锁，听力和视力皆差，消化功能，免疫系统等功能不完善。10～14 天睁开眼睛，但是 17～21 天才能看见物体，出生后 13～17 天，听力才趋于正常水平。初期只能依靠嗅觉和触觉来行动，因此行动不灵活。体温调节能力比较差，仔犬的生长速度较快，10 天的仔犬体重刚出生仔犬体重的 2 倍。

仔犬的饲养管理细节如下。

（1）初生仔犬的护理　为了提高仔犬成活率，及时掌握仔犬的健康状况，应及时细心对初生仔犬护理。一般情况下，新生仔犬的胎衣会被母犬撕开，且根据母犬的母性特点，会咬断仔犬的脐带，并舔干新生仔犬。但在生产中应对不能及时被剥离胎衣的仔犬，为了防止新生仔犬窒息甚至死亡，应尽快清除仔犬口腔及呼吸道内的黏液、羊水等。新生仔犬体重小，易被母犬挤压，严重发生死亡现象，为防止脐带感染，仔犬的脐带在出生后 24h 内干燥，争取 1 周左右脱落。

（2）假死仔犬的抢救　有的仔犬出生后因黏液堵塞鼻塞或羊水进入呼吸道，造成仔犬奄奄一息，但是其心脏和脉搏仍在跳动，称之为假死。应紧急采用各种方法进行救治。多数采用的方法是：先断脐带，用毛巾擦拭口、鼻黏液、然后一是拍打法，将仔犬倒提起，拍打后背，促进仔犬的呼吸；二是伸曲法，一手握着仔犬的头，另一手握着仔犬的尾部，两手分别将仔犬身体卷起再放平，促进仔犬的呼吸。若经 5min 急救，仔犬仍不能自主呼吸，则说明仔犬已经死亡。

（3）及早吃初乳　母犬分娩后 3～5 天内所产的乳汁为初乳，初乳颜色偏黄，有气味，较黏稠，初乳的营养作用是：一是含有抗体，即免疫球蛋白，增强仔犬的抗病力。二是初乳中含有镁盐、溶菌酶和 κ-抗原凝集素，具有轻泻作用，有利于胎粪的排出。三是初乳酸度高，有利于消化道运动。如果仔犬病弱，可将初乳挤出来，随后用注射筒给仔犬饲喂。新生仔犬皮下脂肪少，若等不到足够的营养，就会脱水、严重衰竭而死亡。时间证明，新生仔犬应尽早地吃到初乳，可提高仔犬的存活率和断奶仔犬数。

（4）固定乳头　仔犬出生后本能的寻找母犬的乳头，并吮吸乳头。在仔犬吃乳前应清洗、消毒乳头。母犬一般一胎产仔 5～20 头左右，因此在每窝中有个别仔犬体质较弱，往往抢不上吃乳而导致体质越来越差，为了让每窝仔犬皆能均匀成长，生产中给仔犬固定乳头。让出生重较小的仔犬吸吮奶水较多的乳头，让出生重较大的仔犬吮吸前面的奶水较少的乳头。从而提高仔犬的成活率。刚开始固定乳头时应及时看管，经过 3 天的看护就会形成良好的习惯了。

（5）适宜的环境条件　仔犬体温调节功能不完善，因此寒冷会导致仔犬死亡。在生产中要注意防寒保暖，出生后 1～14 日龄适宜温度为 25～29℃，14～21 日龄适宜温度为 23～26℃，以后接近常温。为了提高新生仔犬的环境温度，可采用多种方法：一在犬床内使用电暖器；二在产床上使用电热毯；三在犬箱里放热水袋；四在犬床上方悬挂红外线灯泡。为防止新生仔犬被烫伤等，应保证新生仔犬和红外线灯泡的距离。

（6）适时补料　随着日龄的增长，仔犬需要的营养越来越多，应及时进行补饲，因为母犬的乳汁已不能满足仔犬的需要。补喂的饲料原则上要味美、新鲜、易消化、适口性好，最好要加一些牛乳拌料。牛奶、羊奶不能直接饲喂仔犬，因为羊奶与牛奶中蛋白质、脂肪和该等含量都低于犬奶，因此必须经过调整后可进行饲喂。10 日龄就应开始给仔犬补乳，将30℃左右的牛乳放在盘中，诱导仔犬舔食，每天补饲 3～4 次。10～20 日龄时的补饲料中可用肉汤或粥与牛奶搅拌；20～25 日龄时仔犬开始长牙，每日可添加碎肉末、面包或馒头与牛奶搅拌的补饲料 200g 左右。以后补饲量不断增加。

为了预防仔犬缺铁引发贫血，不仅饲喂母犬含铁丰富的饲料，最有效的办法是在仔犬出生后 3～7 天内进行补铁，每只仔犬肌肉注射 1ml 补铁王或富铁力等铁制剂。

（7）异常情况下仔犬的护理　若新生仔犬的数量过多，或受到母犬挤压，或无力吃乳，或母犬患有乳房炎等疾病或死亡等原因，要进行寄养或人工哺乳。

寄养就是给仔犬找个奶妈。寄养不仅能减轻护理人员工作量，还可促进仔犬的正常生长发育，寄养成功的条件是最好选择产仔时间相近（最多差 3～5 天）、品种相同、母性好、泌乳力强的母犬哺乳，这样可保证仔犬得到充分的乳汁。在生产条件允许的情况下，当优秀种母犬发情配种时，选择另一条非种用的发情母犬（保姆犬）配种，当种母犬产仔后，即可将仔犬寄养给保姆犬哺乳，主要是混淆气味，将保姆犬的尿或乳汁涂在要寄养的仔犬身上，使寄养的仔犬的气味与保姆犬气味相同，一般情况下，保姆犬会把寄养的仔犬当做自己的仔犬进行哺乳；为防止寄养仔犬被咬伤，最好在寄养的 2 天内给保姆犬套上口笼。

人工哺乳时，对于自己不能排便的仔犬，用手指模仿母犬用舌舔仔犬肛门——生殖区的动作，按摩，从而刺激仔犬反射性的排便排尿，或用温热湿润的棉球或毛巾在肛门周围轻轻擦拭，刺激及时排出大小便，直至仔犬睁眼后能自己排出大小便为止。人工哺乳通常选用牛乳或牛奶加入一定量的蛋黄进行搅拌，防止仔犬便秘，初期配制的浓度可稀些，以后浓度逐渐加大。从出生到 10 日龄，白天每 2h 人工饲喂一次，夜间 3～6h 哺乳一次，每只每昼夜可饲喂 100g 左右。10～20 日龄，日喂量由 100g 逐渐增加到 300g，日喂次数为 6 次左右；以后日喂量不断增加，还应补充些饲料。可选用宠物奶瓶或婴儿奶瓶，应先将奶瓶消毒，将加热至 38℃左右的奶料倒入瓶中，一手托住仔犬的胸部，另一手经奶嘴送入仔犬口中。人工哺喂的奶料可用牛乳或乳粉代替。

（8）仔犬的日常管理　仔犬出生后应逐只称体重，按出生顺序、性别编号，做好标记和各项记录。有个别品种的犬有残留趾，若不剪掉，将来会影响犬的运动。有些品种要求剪尾，因此剪残留趾和剪尾的最适宜时间是出生的 3～5 天内。出生 5～8 天以后，在温暖的好天气时，把仔犬抱到室外，与母犬一起晒太阳，一般每天 2 次，每次 0.5h 左右。不仅能使仔犬呼吸到新鲜空气，而且防止软骨症的发生。刚出生的仔犬，双眼紧闭，大概 10～14 日龄开始睁眼，这时要避免强光刺激，以免损伤视力。为了有利于仔犬爬行，可将毛巾、麻袋垫在仔犬身下。

14～21 日龄时给仔犬修趾甲，防止仔犬吃奶时抓伤母犬的乳房。30 日龄时驱虫，以后每月一次，连续 3 次后，可定期驱虫或依据粪便检查结果，确定是否驱虫。1 月龄的仔犬即可进行免疫，经过免疫注射后，可产生抗体，增强机体对传染病的抵抗能力。

（9）断奶的日龄与方法　生产实践证明，仔犬在 45 日龄前后断奶是较为科学的。断奶的方法有三种。

① 强制性断奶法　到断奶日期时，将仔犬与母犬一次性分开，让仔犬见不到母犬的面，闻不到母犬的味道，吃不到母犬的奶。这种方法的优点是简单。缺点是若母犬的泌乳量高，容易发生乳房炎，应激过大，会导致仔犬消化不良等现象。

② 分批断奶法　将体重大、发育好、食欲强的仔犬及时断奶，而让体弱、个体小、食

欲差的仔犬继续留在母犬身边，适当延长其哺乳期，以利弱小仔犬的生长发育。优点是采用该方法可使整窝仔犬都能正常生长发育。缺点是管理比较麻烦。

③ 逐渐断奶法　到断奶日龄前几天，逐渐减少母犬哺乳仔犬的次数，直至仔犬完全独立吃料。此方法的优点是可避免引起仔犬消化不良，缺点是费时、费工。生产中多用此种方法。

2. 幼犬的饲养管理

出生45天～8月龄的犬为幼犬，幼犬期是可塑性最强的时期，幼犬在发育的不同时期，其身体各部分的生长发育是不平衡的。从出生到3月，主要增长体长及增加体重；第4个月至6个月，主要增加体长；7月龄后主要增加提高。根据犬的生长特点，在不同时期采用不同的饲喂方法。

（1）幼犬饲喂方式

① 第一阶段（断奶～2月龄）　刚断奶的幼犬，常表现不安，容易叫闹。在断奶后的一周内，幼犬的饲料成分及配比应与断奶前的相同，避免断奶的应激引起幼犬消化不良。为了适应断奶幼犬胃肠消化功能，饲料最好是流质的，随着幼犬年龄的增长，流质饲料的浓度逐渐增加，直至接近正常水平。此期所添加的肉类，应为肉汤等熟食，或用牛奶拌料即可。另外，要注意调整好饲料的适口性。此期幼犬一般饲喂4～5次，其中夜间1次。对于食欲差的幼犬可采用先喂次的，后喂好的，少添勤喂的方法。此方法即可使仔犬食欲旺盛，又防止仔犬厌倦、挑食。

② 第二阶段（3～4月龄）　这一时期幼犬的生长速度很快，因此所需要的营养物质也较多，饲粮中需要添加比成年犬更多的蛋白质、氨基酸和矿物质，这一时期幼犬的采食量有所增加，每天的饲喂次数是4次。

③ 第三阶段（5～6月龄）　此期的幼犬食欲强、食量增加，饲喂时应采用定时定量的方法。定时饲喂可增加犬消化液的反射性分泌，提高饲料的利用率；定量是固定幼犬的采食量，从而保持幼犬旺盛的食欲。每次喂量以幼犬能够在15～30min内吃完为宜，喂量过多，犬消化不了，易引起消化疾病，喂量少，犬吃不饱，影响生长发育，一般喂八分饱即可。每天至少喂3次。

④ 第四阶段（7～8月龄）　这一阶段的饲料标准可接近成年犬的日粮，日喂次数3次。

（2）幼犬饲喂注意事项

① 供给充足水　水是犬体组成含量最多的一种成分，约占犬体重的2/3，饮水不足，或疾病失水达20％就会危及生命。因此在幼犬饲养中，注重水的补充，以便它在吃食及运动前后任意饮用。尤其在夏秋季节，天气炎热，体内水分蒸发快，对于热爱活动的幼犬，若不及时补充水分，常易引起组织内缺水。犬每天每千克体重需水100～150ml。

② 某些食物禁止饲喂　凡是调料不许饲喂，包括酱油、味精、糖、大料等。还有一些不易消化的食物，如玉米、大豆等也不要饲喂。

（3）幼犬的管理

① 合理运动　适当的户外运动可以增强犬体骨骼，促进新陈代谢，防止缺钙引起佝偻病的发生，同时对幼犬神经系统的发育也有直接影响，在运动过程中以适应所遇到的各种情况。幼犬的运动形式有散步、奔跑等。运动时间以每次30～60min为宜。2月龄幼犬以自由玩耍为主，防止运动过多会使骨骼弯曲变形。

② 保健

a. 驱虫　45日龄进行第一次疫苗预防接种。应做好常见传染病的接种预防，主要是犬瘟热、狂犬病、犬细小病毒性肠炎、犬传染性肝炎、犬副流感。接种疫苗时应注意，幼犬身体要健康，无疾病特征，形态表现正常。第一次接种20~30天后再进行接种第二次，这时幼犬的免疫系统产生相应抗体。在生产中可对6~7月龄的健康幼犬，进行第三次疫苗接种。

各种寄生虫可通过食物，皮肤甚至母乳、胎盘（蛔虫、钩口线虫）等多种途径侵入幼犬体内，轻则影响幼犬的生长发育，重则会导致幼犬死亡。寄生虫病的防治主要从三个方面：一是定期驱虫，一年两次，春秋季节进行。二是净化环境，每日清扫犬舍，运动场，定期消毒活动场所，不喂生食；三是严格遵守操作规程，准确配制药液浓度，掌握好消毒药用量。

英国、荷兰及香港等地经常采用的驱虫规程：第一次驱虫在仔犬出生后2周，2~8周龄内每隔2周驱虫一次；2~6月龄间幼犬，每月驱虫一次；6月龄后的幼犬，驱虫间隔时间较长，每三个月驱虫一次。我国一般在犬20日龄时进行首次粪检和驱虫，以后每个月定期抽检和驱虫一次，直至成年。防止污染环境，驱虫后排出的粪便和虫卵等应集中堆积发酵处理，转化成有机生态肥来利用。

常用的驱虫药物有丙硫苯咪唑、左旋咪唑、甲苯咪唑、灭滴灵等，前两种药物对恢弘、蛲虫和钩虫有效；甲苯咪唑对鞭虫、蛔虫、蛲虫、钩虫和线虫有效，磺胺类药物对球虫有效。

b. 洗澡　幼犬毛少、短、抵抗力差因此洗澡次数不宜过多。洗澡水应控制在35~38℃为宜，清洗后犬将身上的水分抖落，用毛巾擦干，再用电吹风吹干。选用犬专门的香波，清洗干净，否则留在皮肤上的香波残留液会引起幼犬的皮肤病。防止水进入耳、眼部等。洗澡前不宜喂食，洗澡后应适当休息，尽量减少户外运动。

c. 梳理被毛　经常梳理幼犬被毛，不仅能清除掉脱落的被毛，促进血液循环，使幼犬被毛保持健康，并能了解幼犬的总体健康情况。而且可以促进人与犬之间的感情交流。梳理时动作要轻柔，因为幼犬的皮肤柔嫩，容易损坏。梳子可选择毛刷、弹性钢丝刷和金属梳。梳毛的顺序：由颈部开始，自前向后，由上至下依次进行，即先从颈部到肩部，然后依次背、胸、腰、腹、后躯，再梳理头部，最后是四肢和尾部，梳完一侧再梳另一侧。梳毛应顺毛方向快速梳拉。给长毛犬梳理时，应把长毛翻起，然后对其底毛进行梳理，幼犬的底毛细密，若长期不梳理易形成缠结，严重的会导致湿疹、皮癣等皮肤病。

d. 修剪趾甲　幼犬的趾甲过长，弯曲会刺伤皮肉，严重导致步态异常，过长趾甲会劈裂，易造成局部感染。因此应定期修剪。应保证修剪长短适度性，若剪过短会伤害血管。常用的修剪工具是趾甲锉或趾甲刀、磨甲工具。

③ 素质培养

a. 体力培养　幼犬断奶前随母犬活动，断奶后应养成独立活动的能力。3月龄开始逐渐增加幼犬的运动量，从3月龄开始，每日2次运动，每次大概500m，4~5月龄可增加到800~1000m；6月龄以上，每次活动可超过1500m。由于6个月前的幼犬骨骼尚未完全发育，不宜进行剧烈的活动。尤其是大型犬的幼仔生长速度要比中、小型犬慢，因此在进行活动时要多注意。可以在运动场内放置些小木球、玩具等，可供幼犬玩耍。运动的速度由慢到快，运动的方式为散步、跑步、嬉戏、休息相结合。

b. 适应力的培养　在幼犬时就要培养它对不同环境的适应能力。如强光、噪声、黑暗等较为复杂的环境。锻炼的方法是从安静处转移到嘈杂处，从白天到夜晚，从熟悉环境，到生疏环境。中间可掺杂着机动车车辆声和其他动物的声音等；锻炼遵循的原则是"由浅入深，循序渐进"，可用食物诱导和语言赞扬，千万不要搞突然袭击，以免对幼犬造成恐惧心理，尤其对有些胆小、反应较弱的幼犬，要用更多的耐心进行培养锻炼。

c. 勇敢性的培养　在犬5~7个月龄时应培养犬的胆量。勇敢性的培养主要是通过鼓励幼犬向他人进攻来进行。具体的方法如下：在白天将整群幼犬带领到适当的场地，主人身穿奇装异服，向幼犬做出挑衅的动作，佯装进攻，并做出惧怕的姿态。当幼犬狂叫或追赶他人时，犬主应及时抚摸幼犬助威鼓励，每次练习应使幼犬获得胜利。

d. 服从性的培养　幼犬从出生后 70 天开始进行服从性培养。主要从诱导和鼓励相结合的方法进行锻炼，使幼犬听从主人的指令，佩戴脖圈和牵引，户外活动时不允许其他人抚摸、奖励和饲喂幼犬。

④ 训练　幼犬性格开朗，接受能力强，对新鲜事物兴奋性高，这一阶段是最适宜进行基础训练的时期，应根据犬的未来用途开展针对性的训练。

⑤ 分群饲养　犬的品种众多，因此达到性成熟的年龄也有很大不同，个别母犬在 6 月龄左右达到了性成熟，因此，在生产中应将性别、性情、体况等相似的犬同舍饲养，以免公母犬混养发生偷配等事情。对性情暴躁、体况较差的犬应单独饲养。

二、仔、幼猫的饲养管理

1. 仔猫的饲养管理

仔猫是指刚出生到断奶前的猫。该阶段猫的死亡率是生产中最高的。因此在生产中应提高饲养管理措施，促进仔猫的正常生长发育。

（1）仔猫的生理特点　刚出生的仔猫全身披毛，仔猫出生时身体各器官发育还不完善，但是具有良好的嗅觉和味觉，听力和视力较差，直到出生后第 8 天才能听到声音。刚出生时双目紧闭，一般要在 9 天左右才睁开眼睛，能看清楚物体，仔猫在出生后的 9 天中，除吃奶外，都在睡觉。刚出生的仔猫体温调节能力比较差，体温较低，而这时仔猫皮薄毛稀，生产中注意保温工作。但随着日龄的增长，体温逐渐上升，到第 5 日龄时，趋于猫的正常体温。根据仔猫的生理特点，其饲料管理细节列举如下。

（2）仔猫的饲养

① 尽早让仔猫吃上初乳　刚出生的仔猫体内不能产生抗体，因此易受到细菌、病毒的侵害而患病。但是仔猫可获得被动免疫力，即通过吃初乳可获得母猫的抗体，而且新生仔猫的肠道容易吸收初乳中的抗体，可提高仔猫的抗病能力，这对于保护仔猫的健康十分重要。因此，仔猫出生后应及时吃上初乳，否则会因血糖过低，体温过低而死亡。要想让仔猫尽快地吃到初乳，最好在仔猫出生后 24h 内及时哺乳，如果时间过长，会影响仔猫肠道对抗体的吸收率，吸收能力随着时间的增长而减弱。仔猫出生 2h 左右，寻找乳头，开始哺乳。母猫每胎产仔 2～6 只，若有体弱的仔猫，一定要让它吃上母乳，尤其是分娩后 3 天的初乳。仔猫每天应达到饱食，才能安然入睡，提高仔犬的生长速度。

② 固定乳头　一般来说，每窝仔猫中有体重相对来说较大的，就有相对较小的。往往较小体重的仔猫在吃奶时找不到或抢不上乳头，这时应该进行人工固定乳头，并将其放在泌乳量多的乳头上，生产中称之为"雪中送炭"。大概要进行 3 天左右的训练，就可达到了固定乳头的目的，一旦吸乳位置固定后，仔猫间不会发生争抢乳头的现象。生产中往往在仔猫出生后 2～3 天内确定乳头。这样整窝仔猫能均匀生长。此时生长较好的仔猫腹部圆润，皮肤富有弹性、被毛光亮、安静入睡。而长期未饱食的仔猫通常表现为体型瘦弱，皮肤呈暗淡颜色，被毛蓬乱缺乏光泽。

③ 寄养和人工哺乳　仔猫出生后，有些母猫死亡，无乳或发生疾病时，应该给仔猫寄养。寄养成功的条件是产仔时间接近，不应超过 3 天；寄养的母猫母性要好，泌乳量高。可将寄养母猫的奶液或尿液等涂抹在被寄养的仔猫身上，混淆气味，这样寄养母猫可接受仔猫来进行哺乳。

也可采用人工哺乳方法。常选用的液体食物是鲜牛奶或鲜羊奶，在饲喂时，可在奶中加入适量的鱼肝油、葡萄糖等。混合牛奶饲料的具体制作方法是：先将鲜牛奶 9ml（也可用奶粉代替）放入一杯中，加入 3ml 清水，再加入 2 匙葡萄糖和 6 滴鱼肝油，混摇，将其搅拌均匀，饲喂时应保证奶温在 37～38℃。可用塑料注射器或猫用奶瓶，也可用早产儿使用的奶瓶，作为人工哺乳工具。人工哺乳时，为防止食物进入仔猫的气管和肺中，应让仔猫的头平伸而不抬高，抓住仔猫的颈部，将奶瓶的奶嘴慢慢放入仔猫嘴里，边观察仔猫的吃奶情况，边缓慢挤压奶瓶。仔猫喂奶的次数：出生～7 日龄，每 3 小时喂一次，每次 2～3ml；7～14 日龄，每 3～4 小时饲喂一次，每次 3～5ml；14～21 日龄，白天每 3 小时一次，晚上喂一次，每次 8～10ml。此时，仔猫已开始学会从食盘中舔食食物，因此应给仔猫补饲些易消化的食物。如煮熟的动物肝脏等。要对补乳的器具及时进行清洗、消毒，防止仔猫病从口入。人工哺乳后，应模仿母猫哺乳时舔舐仔猫，用棉签或手指轻轻抚摸仔猫的外生殖器，以刺激仔猫排便排尿。当仔猫开始排泄时，要及时用手纸将排泄物擦拭干净。排泄后，若肛门出现红肿的现象，可涂抹红药水或青霉素眼药膏，效果较好。

④ 保温　刚出生的仔犬体温调节能力比较差，因此应给仔猫提供温暖的环境生长。常用的是保温箱、红外线灯。出生 24 小时以内的仔猫，最适宜的温度是 32℃，14 日龄内适宜的温度是 27℃左右，14 日龄以后最适宜的环境温度为 21℃。在炎热的夏天，猫的箱内温度不能过高，否则会导致仔猫中暑而死亡。

⑤ 日常管理　经常保持猫舍卫生，及时更换箱内垫料，清扫污物，及时消毒，提高仔猫的成活率。

2. 幼猫的饲养管理

猫的哺乳期大概为 35～40 天。幼猫指从断奶到 7 月龄的猫。幼猫断奶后，断奶后的幼猫无论在生理上还是在心理上，以及饲养管理等方面发生了明显的变化，因幼猫生长发育十分迅速，所需要的营养物质也较多，所以对这一时期的饲养管理必须十分重视。这一时期的主要任务是促进幼猫的正常生长发育。

（1）幼猫的饲养　要按照幼猫食品标签的要求进行饲喂。幼猫的采食量也随着年龄、体重、性情、品种的不同而不同。一般情况下，猫对食物有自我调节能力，不会饮食过量的。不应让猫养成偏食的习惯，尤其是鱼类和肝类食品，因此，食谱应定期更换，在更换时，应注意要逐渐改变，否则会造成幼猫肠胃不适而腹泻。幼猫喂食场所应干净、安静的地方，对食物盆等每天应及时清洗。在夏天温度较高时，容易导致饲料腐败变质，应注意食具、水盆和猫舍、猫笼的卫生及周围环境的卫生，做到定期消毒，一周至少消毒一次，防止幼猫食物中毒。为了防止幼猫发生胃肠炎，可每周饲喂一次土霉素。

（2）幼猫的管理

① 人与猫交流　有些幼猫排斥人，不乐于人接近，因此主人不能对其大声呵斥，强制拥抱幼猫，应与猫多玩游戏，增进感情，经常抚摸幼猫的耳朵和下颌，并且用语言鼓励幼猫，当猫玩耍累了，就让它睡觉，否则会使猫受到惊吓而躲人，不敢接近人。当猫在吃食或排便时，不要打扰它。

② 保健　从幼猫断奶后至 6 月龄以前要每月驱虫 1 次，6 月龄以上的猫可每季度驱虫 1 次即可，常用的驱虫药物有丙硫苯咪唑、吡喹酮等。体外寄生虫的消除主要是经常给幼猫洗澡。在 8～12 周龄时进行第一次免疫接种，注射狂犬病疫苗，此疫苗是一种灭活的细胞疫苗，3 月龄以上的幼猫，首次接种应肌肉注射 2 次，每次间隔 4 周。此外还应预防其他传染病：猫瘟、传染性肠炎、猫病毒性鼻气管炎。注射疫苗时应注意，猫体是健康状态，接种疫苗后 1 周内，避免洗澡，出去玩耍等。

③ 疾病防治　10～12 周龄的幼猫，对外来病原侵袭的抵抗力很弱，主要是因为从母猫

中获得的母源抗体基本上已消失，而自身的免疫系统还未完全建立起来，易患各种疾病。因此，应加强幼猫饲养管理，冬季的幼猫应防止天气寒冷而导致的感冒严重会导致肺炎。一旦发现幼猫有异常行为，如呕吐、多泪、瘙痒等应立即就医。

④ 日常管理　猫舍应保持清洁，及时通风，冬季要防寒保暖，夏季要防暑降温，提供给猫充足的饮水。每周可用 0.1％新洁尔灭或 2％～3％来苏水儿喷洒消毒。

⑤ 调教　断奶之后就应调教猫固定排便。猫是喜欢清洁的动物，正常情况下不会随地大小便。若是没有为幼猫提供固定排便的器具，幼猫常会躲藏在隐蔽、安静的角落里排便，不仅不利于清扫，而且会导致屋内臭味浓厚。应将便盆放在安静、光线较暗和易发现的地方，在盆内可放些砂土或猫砂等垫料。通常可选用吸水性、除臭的猫砂。猫砂通常有两种，一种是膨润土猫砂，吸湿性较强的猫砂会很快吸干粪便里的水分，结成一个小块。在清理时，不用整盆倒掉，用带漏孔的猫砂铲铲出这些小块即可。一天清理两次即可。可随时添加猫砂。另一种是水晶猫砂。主要成分是二氧化硅，无毒无污染，颗粒呈白色圆珠状。吸收尿液后会成黄色，每天只需清理变色的颗粒即可。通常使用时，猫砂便盆应放置在通风、干燥处。调教时，在猫窝旁边放便盆，当猫排便焦急时，将其引入到便盆边，诱导幼猫在盆里排便，最好盆内有幼猫的尿味，经过 3 天调教，就成功养成定点排便的习惯了。

第三节　成年犬、猫的饲养管理

【学习目标】

了解成年犬、猫的特征，掌握成年犬、猫的饲养管理。

重点：成年犬（猫）的基本特征及成年犬（猫）的日常饲养管理。

难点：根据成年犬（猫）的生长发育状况合理调整饲喂次数的饲喂量。

一、成年犬的饲养管理

成年犬的饲养就是根据不同生理阶段、不同使用目的，按照成年犬的饲料日粮标准保证均匀充足而丰富的蛋白质、碳水化合物、脂肪、矿物质、维生素和水，尽可能满足犬的生理需要，使其发挥出最大的潜能。成年犬的饲养在条件允许的情况下最好使用全价成品饲料进行喂养，这样既保证营养物质的平衡，又可减轻犬主人的工作量。但犬在配种、妊娠、哺乳、病后康复或训练使用等时期应适当给犬补充营养，还应根据不同季节适量增减饲喂量。所以，对于成年犬的饲养管理必须根据其特征、品种和目的采取有效的饲养管理措施。

1. 成年犬的特征

所谓的成年犬是指小型犬和超小型犬生长至 18 个月，中小型犬和大型犬生长至 24 个月就称为成年犬。犬成年后，身体各组织器官的生长速度从幼犬期的高速生长转变成逐渐减慢直至停止。与幼犬和老龄犬相比，成年犬处于一生中身强体壮的时期，身体发育成熟，身高、体长逐渐停止发育、各项生理机能均达到正常水平，同时，又出现了发情、配种、妊娠、哺乳等一系列问题。因此，成年犬的一般营养需要是为了满足产热、运动并维持组织新陈代谢的需要。大部分犬都比较贪食，如果只顾满足犬的食欲，不加限制地供给食物，犬摄入的营养成分超过了其维持需要，则会使犬患上肥胖症，进而并发许多其他疾病。因此，养犬者应予以重视。我们人类不喜欢自己的体态肿胖，也就不要使您的犬因饮食过量或能量摄入过多而引起肥胖，影响犬的健康与寿命。

2. 成年犬的饲养

成年犬的饲养要根据成年犬的生物学特征与不同阶段的生理学特点制定具体的措施。

（1）选择适当的饲养方案，保证合适的能量的供应　为了保证各类犬获得其所需的营养物质，应根据成年犬的品种、生理阶段和具体表现，按饲养标准的规定，拟定一个合理科学的饲养方案，保证成年犬的各种营养保持平衡。成年犬像其他动物一样，也是靠食物来摄取能量，对每只成年犬而言，含有适宜能量的食物还应能提供所有必需的养分，且这些养分应均衡。糖和脂肪是最基本的能量来源，但成年犬也可从蛋白质中获取能量。虽然糖可以为犬提供能量，但它并不是犬必需的。能量的平衡对保持成年犬的健康至关重要。摄入的能量太少会使其偏瘦，摄入的能量太多会导致肥胖及并发症。例如，体况较好的妊娠母犬，供给能力较高水平的日粮容易导致胚胎的早期死亡，大型犬会导致骨骼变形。另外，成年犬的能量需求取决于它的活动量，如果犬很好动，则需摄入更多一些能量，如果它很安静则需摄入更少一些。而且，不要忘记将它所摄入的其他一些食物考虑在内，即饼干及其他零食的热量也要计算在内，例如成年犬活动量减少可以适当减少它的饲喂量以避免其肥胖。

（2）保证日粮的多样性，调整其饮食的科学配制　成年犬应选用多样性的、适口性好、营养全面、容易消化和吸收和使用方便的全价平衡的日粮，如长期饲料品种单一化，饲料原料不新鲜或变质，饲料味道有异常等都会影响犬的食欲。另外，食物中含食盐或食糖过多造成甜咸味太重等犬都不喜欢吃。

（3）给犬喂食要定时定量，给予适宜的进食量及进食次数　成年犬已经养成了定时和定量的饮食习惯。一到进食时间，犬的胃液分泌及胃肠蠕动都会有规律地加强，表现出饥饿、坐卧不安、食欲强烈，此时给予食物，对成年犬的采食量和消化吸收都有好处。如果饮食时间不稳定，会使形成的条件反射很快丧失掉，不仅影响犬的采食量，而且还会影响消化和吸收，引发消化道疾病。因此，定时饲喂食物十分重要，饲喂的时间可由饲喂次数而定。一般成年犬每日早晚各喂1次。由于犬在晚上还要活动，因此，晚饲量要大一些。每日饲喂食物要定量，不能让犬饥一顿、饱一顿。

（4）保证其原有的喂食环境，且食具要固定　成年犬采食时，要求有安静熟悉的环境，这样有利于犬的采食和消化吸收。如果一旦遇有陌生人、噪声、强光刺眼、其他动物干扰等，均会影响成年犬的采食情绪。

3. 成年犬的管理

（1）细心观察和掌握犬的基本情况，调整营养需求，防止过肥　保证成年犬良好的饮食习惯及健康的最方便的方法就是对它进行观察。成年犬对食物的需求量减少，但要求营养均衡。如果犬很机警并且眼睛明亮，既不胖也不瘦，那么它就可能健康状况良好且营养摄入均衡，如果犬正在变胖，这有可能是您的喂食过量，应减少食物供给量或者在饲喂肉和饼干时减少其数量，以使其饮食均衡，防止过肥。

（2）充分运动，增强体质　运动可使成年犬新陈代谢旺盛、增进食欲、增强抵抗力，但喂食前后均不宜进行剧烈运动，成年犬每天要通过晒太阳来调节体内钙磷的代谢。

（3）饮食、饮水和器具要清洁卫生　饮水要清洁卫生，食物要新鲜。食具、饮水用具要定期进行消毒，热天1周1次，冷天半月1次。工具、用具、容器要天天冲刷。热天每顿喂后要冲刷，冷天1日冲刷1次。食物要现吃现配，冷天可以1天配1次饲料，但不能过夜。什么时候也不能喂剩食和霉烂变质的饲料。

（4）保证正常的饲喂，纠正偏食　犬进入成年期后，就不像小时候那么容易饲养了，它们会变得挑食、偏食、经常不吃东西，或只吃好吃的东西。这虽然很正常，但为了犬的健康就应该将其纠正。主人不要把食物整天放在那里，任由犬进食，这样会影响犬的身体健康，使犬的食欲变差，体质变弱。应当非常有规律地喂食，给它喂食3h后，不管它吃不吃都要收起食物，而且不让它吃零食，这样犬自然就会吃饭了。重点就是不要惯它，这样才能纠正它的挑食。

二、成年猫的饲养管理

  成年猫是指生长发育基本成熟，并可以进行繁殖的猫。成年猫体长一般为 40～50cm，公猫体重为 3～4kg，母猫为 2～3kg。前肢五趾，而后肢是四趾；爪发达而尖锐，呈三角钩形，并能缩回，是猎取食物的重要工具。

1. 成年猫的饲养

  养好成年猫的关键是要合理地饲养管理，饲养与其他阶段猫大致相同，饲养主要是要配制好成年猫的日粮，才能满足成年猫的营养需求，30 周龄时每千克体重每天只需要 0.42MJ 维持基本的生命活动的需要，但不同阶段的成年猫，应适当地调整饲料量及代谢能。妊娠的猫需要经常供给蛋白质、钙及优质脂肪等，但脂肪不宜过多，哺乳期母猫则需要更多的能量，尤其是哺乳高峰时，每天每千克体重所需的代谢能可超过 1.05MJ，此时即使不加限制，母猫的体重也会有所下降。

  成年猫的营养需求：成年猫营养需求的满足与否，直接影响猫的生长发育和抗病力，营养需求满足的成年猫身体健壮，对一些病毒性疾病、细菌性疾病、寄生虫性疾病的抵抗力强，容易产生抗体获得免疫力。反之，营养缺乏的成年猫对任何生长阶段都将产生不利的影响。如母猫在妊娠期间或妊娠前的营养状况会直接影响胎儿的发育、体质及产后的成活率，哺乳期的母猫的营养供应水平对仔猫的生长发育影响更大。所以，成年猫的营养需求是非常重要的。

2. 成年猫的饲养要求

  ① 成年猫喜欢温热煮熟的食物 凉的和冷的食物不但影响成年猫的食欲，还容易引起成年猫消化功能紊乱，所以喂猫的食物要温热。另外，成年猫的食物应煮熟喂给，煮熟的食物可增进适口性，有利于消化吸收，并能预防原虫性寄生虫、致病细菌和有害的毒物危害，比如猫吃生鱼、生肉等易感染绦虫病。

  ② 成年猫对粮食中的能量含量要求不高 尤其是节育后的猫，能量含量过高很容易发胖。但要求有较高的蛋白质成分，尤其是动物性蛋白质，它对成年猫身体健壮，被毛光亮很重要。

  ③ 猫不宜长期喂给全肉类食饵 食肉过多易发生钙缺乏症，造成佝偻病、骨质疏松、牙齿脱落等病症。动物的肝脏中维生素 A 和维生素 D 含量丰富，其中维生素 A 对猫的健康十分重要，但要适量，摄取量过多会引起关节变硬或麻痹，一般每周饲喂 1～2 次动物肝脏即可。

  ④ 喂猫的地方和食具要固定，环境要安静且保持食具的清洁卫生 成年猫不喜欢在嘈杂和强光的地方吃食，对食具和环境的变换非常敏感，有时因换了地方和食具而引起拒食。另外要保持食具的清洁卫生，对于猫的食具、砂盆、玩具、猫舍及其他生活用具，要定时清洗、消毒，保持干净。

  ⑤ 必须科学供水 首先，保证饮水清洁卫生。以免感染肠道病菌；其次，要有充足的清水，让猫自由饮水，保证饮水量，不能用菜汤和淘米水等所代替，而且每天都要换水和洗刷饮水器。如果饮水不足易发生呕吐和下痢性脱水。

  ⑥ 注意观察猫的食欲 这是了解猫身体状况的重要途径。影响猫食欲的原因很多，但主要的有 3 个，即饲料原因、环境原因和疾病原因。所谓饲料原因，就是喂猫的饲料单一，或饲料不新鲜，或者饲料的气味、浓度、味道不对胃口等。猫的嗅、味觉很灵敏，饲料稍有霉变或异味，猫就会拒绝进食。另外，饲料的味道不要太淡、太咸。猫喜欢吃甜食或有鱼腥味的饲料。环境原因，如强光、喧闹，有陌生人在场或有其他动物干扰等都会影响猫的食

欲。若这两个因素都改善了，猫的食欲仍不好转，那就可能是疾病原因。这时要更加仔细地观察、照料，发现疾病要及时请兽医诊治。

3. 成年猫的管理

对于成年猫的管理，无论是家庭养猫或专业户养猫，都必须有一套全面而严格的管理制度和方法，才能健康地饲养成年猫，尤其是家庭养猫。因此，对于成年猫管理应注意以下几点。

（1）与猫交朋友，逐渐建立感情 成年猫的自尊心很强、重感情，不仅不能忍受粗暴的对待，有时就是稍有疏忽也会表示不满意。即使和主人的感情很深厚，只要主人开始疏远或粗暴地对待它，猫也会断然地躲避，甚至远离出走。因此，对于成年猫的饲养一定要有耐心，建立人猫亲和，增进猫对主人的感情。

（2）禁止用大量生的动物性饲料和残羹剩菜喂成年猫 用少量生的动物内脏喂成年猫，具有轻泻作用，但大量饲喂时，会引起腹泻，导致脱水和电解质平衡紊乱。此外，生的动物性饲料中易携带具有感染力的寄生虫卵、弓形虫的卵囊或肌内中的滋养体等，猫食后就可以受感染。生的动物肉或内脏煮熟后，寄生虫卵、成虫、幼虫都可被杀死，能有效地防止猫感染寄生虫病。生肉或内脏中可能在动物生前就感染了各种细菌或病毒性传染病，用这些动物的肉或脏器喂猫，猫就有感染传染病的可能，某些人畜共患病还可能经猫传染给人。动物性饲料腐败变质后，可产生某些毒素（如葡萄球菌毒素、肉毒梭菌毒素等），引起猫的急性中毒，甚至死亡。

残羹剩菜中虽含有多种营养物质，但其中盐分含量很高，由于猫对食盐的耐受量比人低得多，猫常易发生食盐中毒，会引起脑组织水肿、脑室积液，使猫处于兴奋状态，最终昏迷而死亡。

（3）经常给猫梳理被毛和洗澡 对于成年猫，尤其是长毛猫，应经常梳理其被毛和给它洗澡。梳理被毛和洗澡不仅是为了清洁和美观，而且有防治体外寄生虫、皮肤病、促进血液循环和新陈代谢等健生防病的作用。

（4）保持猫舍和食具用具的清洁卫生 无论是家庭养猫或专业户养猫，都必须有一套全面而严格的管理制度和方法，才能获得健康的猫，尤其是家庭养猫。一般家庭养的猫活动范围有限，都与主人共同生活在一个环境中，因此必须注意保持室内猫舍和食具用具的清洁卫生，这样才有利于猫和主人的健康。首先要训练猫在固定的地点便溺，便盆要经常清洗和更换垫物，保持清洁、无臭味，防止猫因感到便盆脏而更换便溺地点。猫舍及食具和便盆要经常清洗，定期消毒或在太阳下暴晒，这样既可保持清洁卫生，又能预防疾病。猫舍的设计应考虑到防暑、防寒、通风、透光、干燥和卫生。猫舍垫料要经常更换，猫舍要经常用药物消毒，但不能用气味太大或刺激性强的消毒药，可选用 0.1% 过氧乙酸、百毒杀、消毒王、次氯酸钠等消毒药，这些消毒药的刺激性小、杀菌力强，喷洒在猫舍及其周围环境中，能杀死大多数病菌。用 0.1% 新洁尔灭浸泡食具、便盆 5～10min，或用 3%～4% 热碱水浸泡，洗刷后再用清水冲洗干净。

（5）猫舍要保持良好的温度和湿度 成年猫一般都有怕热喜暖的习惯，对寒冷有一定的抵抗力。因为猫体表缺乏汗腺，体热不易排出，特别是波斯猫等品种，被毛长而厚实，体热更不易散失，因此要注意饲养环境的温度和湿度。一般来说，成年猫可在气温 18～29℃ 和相对湿度 40%～70% 的条件下正常生活，最适合的气温为 20～26℃，最适的相对湿度为 50%。气温超过 36℃ 可影响成年猫猫的食欲，体质下降，容易诱发疾病。因此，当气温过高时，应采取降温措施，例如将成年猫饲养在通风凉爽的地方，室内多洒水或用电扇吹风，注意防暑。

（6）擒猫的方法要正确　不要让猫有恐惧感和疼痛感，不要在喂食后立即擒拿，更不要拦腰抓按，动作要轻缓，以免对其造成伤害，同时也避免伤人。因猫的性情暴躁，发怒时容易抓人、咬人，提醒您一定小心谨慎。

（7）猫爪的修剪　成年猫的爪子十分锋利，是捕鼠、攀登和自卫的武器。猫爪生长很快，为了保持爪的锋利或防止爪过长而影响行走，避免抓伤人或抓破衣服、家具等室内陈设，因此，要定期修剪猫爪，一般以 1 个月左右修理一次为宜。

（8）家庭养猫如不需要繁殖，则可施行绝育手术　即公猫摘除睾丸，母猫摘除卵巢。绝育手术对猫的生长发育和健康基本上没有影响，亦不影响猫对主人的亲善友好态度。相反，却可以加速猫的生长，使猫变得更加温顺，易于管理。

第四节　老龄犬、猫的饲养管理

【学习目标】

掌握老龄犬猫的衰老特征，了解老龄犬、猫的特点。重点掌握老龄犬、猫饲养要求和日常管理。

重点：老龄犬（猫）的衰老表现以及老龄犬（猫）的日常饲养管理措施。

难点：老龄犬（猫）的特别护理和营养调配。

一、老龄犬的饲养管理

1. 老龄犬的衰老表现

一般来说，犬从 7～8 岁开始出现老化现象，但家庭饲养的犬一般到了 10 岁以后开始逐渐衰老。8 岁的犬，相当于人的 50 岁，10 岁相当于人的 60 岁，13 岁相当于人的 70 岁，15 岁相当于人的 80 岁。但由于品种、环境、生活环境和平时照顾的不同，程度也有所不同，主要表现对发情期表现淡化、生殖能力完全停止、皮肤变得干皱、松弛、肌肉老化僵硬失去弹性、被毛缺乏光泽、开始变稀和杂乱，易患皮肤病，脱毛严重，关节间的液体开始干竭，导致发炎及不适。口腔、耳朵、皮肤等部位散发出与以前不一样的难闻气味。被毛变得又干又薄，还时常发生脱落，如果是毛色较深色的犬，可发现毛中夹杂着白毛。眼球晶体变得混浊，微显灰蓝。口、鼻、耳周围的皮毛变白或变黄。嘴边上的胡须开始稀疏、牙齿脱落，吃东西时咀嚼困难，食欲减退。视力和听力衰退，反应较迟钝，有时在行走中会失控撞到其他物体上。开始衰老的犬，身体很容易疲劳，对运动和玩耍失去兴趣，整天喜欢睡懒觉，尤其怕冷，冬季喜欢卧在有暖气或温暖的地方。另外有一些犬还会出现排泄失禁或乱排泄的现象，对此饲主切不可以进行呵斥和责怪，而是应该给予其更多的关怀和帮助，根据老龄犬的生理特征，给予正确的科学的饲养管理，使爱犬能幸福地安度晚年。

2. 老龄犬的特点

犬在衰老的过程中，逐渐发生形态、功能和代谢等一系列的变化。这些变化的总趋势是不利于自身的健康的，具有以下的特点。

（1）生理性特点

① 形态变化　随着年龄的增长，老龄犬的外貌形态发生一定的变化，比如被毛粗糙无光泽，皮肤起褶粗糙，由于脂肪的弹力纤维的减少，皮肤松弛，眼睑下垂，眼窝脂肪消失引起眼球凹陷，身高体重下降等。

② 机体组成成分变化

a. 水分的减少 老龄犬体内由于细胞内液的减少而使其体内水分减少，这在衰老过程中是普遍存在的现象。

b. 细胞数量的减少 犬体的老化可使脏器组织中的细胞数量减少，因而导致某些脏器的重量减轻，体内钾、氮和脱氧核糖核酸等含量降低，可使除脂肪组织以外的其他组织与器官表现不同程度的萎缩，尤其是骨骼肌、脾脏、肝脏和肾脏为著。

c. 脂肪组织增加，机体的机能减退 随着年龄的增加，犬体脂肪组织增加，其增加量与犬的品种、性别、年龄和采食量相关。但老龄犬的机能变化总表现为储备能力降低，各种功能减退，适应能力减弱，免疫能力降低。

③ 代谢的变化

a. 基础代谢 随着年龄的增长，基础代谢呈下降趋势，每年大约降低 2%，但基础代谢的下降要受到季节的影响，其变化呈不规则和不稳定状态。

b. 蛋白质的变化 老龄犬血液中必需氨基酸水平比青年犬低，组织中蛋白质的总浓度一般无明显的变化，但蛋白质的解毒和代谢酶的诱导时间延长，并且具有特殊功能的蛋白质减少而聚合胶原增多。另外，老龄犬一般蛋白质存储量减少，受侵袭时蛋白合成机能减退。

c. 脂肪代谢 脂肪的代谢与年龄密切相关，一般来说，极低浓度的脂蛋白随年龄的增长而上升，5～6 岁达到高峰，以后逐渐下降。

d. 糖代谢 随着犬的衰老，体内糖代谢也随之升高，因而年龄老的犬的糖尿病的患病率就明显增高，并且老龄犬的糖耐量明显低于成年犬，不同组织的耗氧量也随着变老而降低。老龄犬的肝糖原分解能力提高，细胞内储备的无氧产能途径增强，随着细胞膜通透性的改变，线粒体和氧化作用底物的减少和一些呼吸酶活动的减弱，组织的耗氧量也随之减少。

e. 水盐代谢 对于老龄犬来说，机体的水分明显减少以及血清钠的逐渐增加，钙代谢出现异常，钙从骨组织向其他组织转移，矿物质代谢发生紊乱。所以，老龄犬的骨质疏松是不可避免的。

（2）病理性特点

① 机能储备减少 在正常的情况下，犬体各个器官均有一定的机能储备以应付各种紧急情况。例如，成年犬在进行体力活动时最大心输出量可高达静息时的 5 倍，而老龄犬最大心输出量仅为静息时的 3 倍，心输出量的减少直接影响到冠状动脉的血流量。因此，老龄犬如遇到如发烧和感染等负荷增加时，常可产生严重的后果。

② 内环境稳定下降 老龄犬体由于各系统器官，特别是神经内分泌系统机能的衰退，导致内环境稳定下降，不能有效地处理各种不稳定因素的，因而成为许多疾病的诱因。

③ 免疫抵抗力下降 老龄犬机体的免疫抵抗力较成年犬的明显下降，因而对疾病的易感性就增加。

④ 活动能力下降 老龄犬由于体力减弱，反应迟钝，运动的灵敏性和准确性下降，活动能力减弱。

3. 老龄犬的饲养要求

老龄犬的消化能力随着年龄的增大而变化着，所以每天的食物配给量较那些年轻犬应更严格和恒定，从而满足它们的营养需求。许多的因素，如遗传、日常活动、生活环境等在体内起综合作用决定着犬的衰老速度，而营养是另外一个重要的影响因素。

（1）老龄犬的营养要求

① 蛋白质的要求 在老龄犬食物中含有 18%～20% 的优质、容易消化的蛋白质即可以提供充足的蛋白来源。随着年龄增长，如饲喂过多的蛋白质，老龄犬身体内的低脂组织不断减少，肌肉组织不断被脂肪所代替，老龄犬可以早早地出现肾功能损害。通过限制蛋白质的

摄入可以限制磷的摄入，特别对有肾脏疾病的犬来说，减少磷的摄入可以延缓其肾脏的损害速度。但老龄犬蛋白质含量不足，会造成机体负氮平稳，加速肌肉等组织的衰老退化，使酶活性降低，引起贫血，对疾病抵抗力减弱，因此选择老龄犬食物时，其食物中应含有优质、容易消化的蛋白质提供充足的蛋白来源，并保持蛋白质中各种氨基酸比例适当。

② 脂肪的需求　老龄犬饮食中热能供给应逐渐减少，食物中较低的脂肪含量利于防止老龄犬的肥胖，但就老龄犬而言，在生命的后半程往往有体重降低的趋势。所以，要掌握好防止肥胖和提供充足热量的二者之间平衡。一般来讲，老龄犬的食物应包含 10%～20% 的脂肪。

③ 纤维的需求　老龄犬消化功能减弱，肠蠕动变慢，肠道排空时间较长，所以，便秘是老龄犬最常见的消化道疾病。增加食物里的纤维含量可以增强肠蠕动，缩短肠道内容物的排空时间。纤维素与其他的纤维来源相比，有对矿物质和微量元素利用率影响较少的优点。这一点对于那些年老而且对微量元素的需求已经开始增加的犬是很重要的。

④ 维生素的需求　犬体组织、器官功能的减退、老化，与维生素缺乏和利用率低息息相关。在老龄犬的营养供应中，要有充足的维生素，凡是由市场上的营养平衡食物喂养的犬一般不会出现维生素缺乏，而家庭自制的饲料如果不特别添加维生素则会出现此病。由于肾脏疾病、糖尿病、肾上腺功能亢进等疾病可引起饮水过多，所以，在老龄犬的食物中添加水溶性维生素是个好办法。

⑤ 钙磷的需求　骨质疏松症在犬中并不常见，但是退行性关节病变却较为常见，特别是在老龄犬中。其发病率可能仅次于过度肥胖症和重复的轻微外伤。由于老龄犬的肾功能往往受损伤，它们的血磷水平容易升高，导致钙、磷比例失调。对老龄犬来讲，建议给予磷含量较低（0.5%）和钙磷比例恰当的食物。

⑥ 锌的需求　随着年龄的增长，老龄犬的免疫防御、自身的稳定和监视等免疫机能，以及对高温、冷冻、创伤、射线和疲劳等非特异性刺激的承受能力降低。而锌是多种蛋白质代谢酶中的重要辅酶，补充锌与提高免疫反应具有一定关系。在任何时候，考虑老龄犬的食物添加剂时，都应当考虑到锌。但是应注意的是，盲目地添加过多矿物质是危险的，所以在添加之前应当先征求兽医或专业营养师的意见。

⑦ 钠的需求　现在犬的营养学在食物里一般没有关于盐摄入量需求的营养要求，但钠盐的摄入量对于年老衰弱的犬非常重要。盐能使水分在体内储存增多、排出减少，加重心脏负担，增加心脏病的发病率，也可使高血压较其他年龄段的犬更为多见。老龄犬每天每千克体重最低需要 4mg 钠，但不应超过每天每千克体重 50mg 的量，或者多到 6～12 倍。老龄犬的钠摄入不应超过每天每千克体重 25～50mg，干性食物中应包含 0.2%～0.35% 的钠。

⑧ 其他食性　老龄犬有一些不良生活习惯或训练习惯会影响犬的生活习性，直接影响犬的健康。例如，吃垃圾、乞食、食粪等。如果犬长期吃垃圾、粪便或乞食，都将对犬的健康和长寿造成影响，甚至危害到犬的生命。掌握老龄犬的营养需要，适当调节饮食，可以延长老龄犬的寿命。

（2）老龄犬的饲料配合要求

① 要求饲料原料多样化，做到多种饲料原料科学合理的搭配，以发挥各种物质的互补作用，提高饲料的利用率和营养需求。

② 营养水平要适宜，结合老龄犬的生理和行为特点，使各营养之间达平衡，其中特别注意氨基酸的平衡，才能收到良好的效果。

③ 要考虑饲料的适口性。适口性一定要好，以提高老龄犬的食欲。

④ 要注意老龄犬的采食量和饲料体积的大小关系，若配料体积太大，犬往往吃不完，

若体积太小则吃不饱。

⑤ 控制饲料中粗纤维的含量，否则影响犬对饲料的利用率。

⑥ 一定不要用发霉变质和有毒的饲料原料，否则会影响饲料的利用率，引起中毒性疾病和犬其他疾病的发生。

4. 老龄犬的管理

老龄犬最明显的表现是性情、皮肤和被毛的变化。性情改变主要表现是兴奋性降低，不活泼，反应变得迟钝，运动减少，不愿走动，睡眠增加，体力明显减损，轻度的训练或者工作就会发生疲劳。因此，必须加强对老龄犬的管理。

（1）体贴关爱老龄犬，逐渐建立感情　老龄犬的腰力、脚力已不如从前，无法活泼地在游戏中与主人增进感情，这时，取而代之的，经常的抚摸是让它最感舒适的爱的表示。主人应多花时间陪伴老龄犬，细心观察它的每一点变化。尤其是在家里有了新成员时，万万不要冷落了这位忠心耿耿的老朋友。当它犯了错误，千万不要粗暴地责怪它，给它造成心理负担。另一方面，老龄犬也有顽固的倾向，如果情况不严重，主人应以体贴的心情包容。正因为它们需要一个安静而祥和的休息环境，请尽量避免大声斥责。

（2）休息　老龄犬的各项身体机能开始衰退，需要稳定、有规律、慢节奏的生活，不要轻易改变它的作息时间。老龄犬睡觉的时候，不要打搅和惊吓它，让它充分地休息。由于老龄犬的感觉比较迟钝，您抚摸它之前，应该先轻声呼唤它的名字，让它对您的到来有个思想准备，免得受到惊吓。那些自己有院子的家庭，开车停车时一定要事先检查一下老龄犬是否在车的附近，因为它的反应比较慢，很可能无法像成年犬那样及时躲避危险。

（3）运动　随着年龄增长，老年犬很容易疲劳，变得好静喜卧，运动减少。此时不要强迫它持续地运动，对老龄犬应减轻训练和工作强度，散放或散步时时间不宜过长。可选择凉爽的天气，以悠闲散步的方式最佳，应给它机会，自己决定是继续活动还是停下休息。另外，肥胖、有心脏病的犬要注意呼吸与心跳速度，运动的程度更要控制。

（4）温度　老龄犬由于皮肤变得干燥，被毛发生脱落而变得稀疏，这使得老龄犬对温度的适应力变低，过冷过热都容易引起不适。所以在炎热的夏季要做好防暑工作，应让犬待在阴凉而通风的环境中；在寒冷的季节，要做好保温工作，即使风和日暖的天气也不要让犬在外面待得太久。

（5）洗澡和梳理　对于老龄犬每月最好给洗一次澡，水温要适宜，时间要短，洗后一定要吹干，以免感冒而引起其他疾病。另外，无论长毛犬还是短毛犬，都应经常梳理被毛。梳理过程中，可以促进血液循环和皮毛健康，检查它的身体有无包块、淋巴是否肿大，尤其是腋下、大腿根这样的疾病多发部位，同时也是增进感情的好机会。

（6）定期体检　老龄犬的定期体检非常重要。因为，老龄犬的器官机能处于不断衰退的时期，尤其对心脏、肾脏、肝脏、膀胱等重要器官定期体检，这在老年阶段极其重要。听诊心脏、肺脏、肠管蠕动、血液化验、肾脏和肝脏的功能，拍片子观察膀胱内是否有结石等都是必要的。

（7）老龄犬安乐死　当犬因年龄或患有不治之症或达到无法舒适生活的地步，为了不使其饱受痛苦，对老龄犬应采取安乐，只需注射一针过量的麻醉药（盐酸氯胺酮或戊巴比妥钠等）便可让它安然睡去，在无任何痛苦的情况下安静地死去。

5. 老龄犬在饲养管理中应特别注意的事项

（1）老龄犬的胃肠机能与身体的其他器官的机能变化一样，是一个功能逐渐下降的过程，再加上运动量的改变会使肠道的消化吸收能力，以及肝、肾的过滤和解毒等功能都会变化，应注意降低食物硬度，适量补充钙、铁、维生素及其他微量元素，更换不同口味的食物，禁食不宜消化的食品，保证清水供给。

（2）老龄犬的骨质疏松是不可避免的，这与老龄犬的矿物质代谢有关。骨质疏松使得老龄犬易损伤腰椎，易出现骨折，所以，对老龄犬应注意食品的科学性搭配和运动。

（3）如有条件，应给老龄犬刷牙，可减少牙龈发炎引起的细菌侵入。如果老龄犬的口腔有异味，出现流涎，吃食逐渐减少，怕冷怕热，则应考虑是否有牙结石的发生。对于患牙结石的老龄犬，应请兽医消除牙结石，并治疗牙周炎。

（4）心功能下降应引起重视，犬也有一定比例心脏病的发生率，尤其是观赏犬，所以，犬的主人应保持犬每日合理的运动量，并且定期请兽医做保健性体检。

（5）慢性肾衰竭是每一个老龄犬都要面对的问题，迟早会不同程度地发生尿毒症。肾脏的主要功能包括排泄（如蛋白质代谢的废物）、调节（如酸碱平衡）和生物合成（如红细胞生成素的合成），而当肾脏组织 60% 以上的结构被广泛地破坏之后，氮血症或尿毒症才出现。氮血症发生时，可能无明显的临床症状，但是血液检查会发现尿素浓度上升，可见肌（酸）酐或其他非蛋白含氮化合物。尿毒症则是多系统中毒综合病，与肾衰竭的进一步发展有关，出现与氮血症有关的临床症状，包括多尿症和烦渴、厌食和体重减轻、黏膜苍白和（或）溃疡、呕吐等。

（6）膀胱结石和尿道结石是老龄犬的又一高发病、与食物和感染有关；发病时，患病犬排尿困难，尿淋漓，甚至无尿，膀胱中常充盈尿液，X 线检查可确诊结石的位置、大小和数量，需要麻醉后实施导尿、冲洗尿道，甚至手术取出结石。为了避免或延缓结石的发生，正确为犬选择食品并进行定期尿检是必不可少的。

（7）对于老龄犬的眼睛和耳朵要经常护理，用湿棉花清除过多的黏液，并清洁眼睛周围的皮肤，定期检查内耳道，清除耳螨。

（8）便秘也不容轻视。便秘的原因多种多样，有的是由于肠内容物的物理状态不同而引起的，也有的与肠蠕动机能差有关。由于便秘常伴发有肠排泄物中有害成分被吸收，对身体危害大，因此，密切关注老龄犬的排便情况，发现问题应尽早解决。

（9）治疗时以食疗加临床对症治疗为主，但必须清楚，所有的治疗不可能达到有效治疗的作用，适当的药物治疗能够改善患慢性肾衰竭的老龄犬的生活质量达数月甚至数年。因此，应该通过对老龄犬定期的血、尿检查，发现早期症状，做出早期诊断，并根据病情调整老龄犬的饮食，以减缓肾衰竭的过程。

总之，老龄犬带给宠物主人的不再是调皮捣蛋的乐趣，欢叫奔跑的愉悦，而可能是难闻的气味、莫名的吼叫、冷漠的态度以及接二连三的生病，而宠物主人也应在它们身上获得快乐、得到寄托的同时，尽自己的义务让它们尽量较少痛苦地度过它们的最后时间。

二、老龄猫的饲养管理

1. 老龄猫的衰老表现

猫的寿命一般都比较长，大多数猫都活到 12~14 岁。猫在 8~9 岁时，开始进入老年期。与老龄犬相似，猫进入老龄阶段，生理和身体上会发生很大的变化。大部分老龄猫的运动量减少，眼神逐渐失去灵敏的目光，眼球晶体变得混浊，微显灰蓝。听力衰退，有些猫会逐渐失去听觉。被毛比以前干涩，显得又薄又干，脱毛严重，身体变弱，肌肉萎缩，关节间的液体开始干竭，引致发炎及不适。口、鼻、耳周围的皮毛变白或变黄。伴随着老龄猫会出现异常行为或患病症状，如流涎、便秘、消瘦、肥胖等。但猫衰老过程缓慢，衰老迹象不明显，一般情况下，出现下面的一些现象就表明猫已经衰老了。

（1）活动能力　不像过去那样活泼好动，而是变得懒惰少动。

（2）睡眠　每天睡眠时间长，特别喜欢在阳光下睡觉。

（3）听力与视力　不如以前敏锐，对事物的好奇心降低。

（4）皮毛　被毛变粗硬且色泽变为灰色，胡须变白，皮肤弹性较差。

（5）好生病　病情重，恢复慢，如肾脏病变、肝脏病变等。

2. 老龄猫的饲养

老龄猫的各种生理机能都有不同程度的变化，良好的营养对老龄猫非常重要，精心的饲养管理会延长猫的寿命。

（1）猫进入老龄后，由于牙齿及嗅觉的衰退，其食欲不如以前，胃肠消化吸收能力下降，所以老龄猫不太容易保持其正常体重，大部分猫变得消瘦，这对其健康非常不利。为了保持它们的健康体重，老龄猫对食物的质量要求高，即包括高质量的蛋白质，如鸡肉、鱼、蛋等，又能供给必需脂肪酸。必需脂肪酸有助于老龄猫渐渐焦枯的被毛仍然保持柔软光滑。同时食物中必须加入专门对猫有吸引力的配料和香味，供给的食物既能提供高能量又易消化吸收，食物还不应太硬，以免咀嚼困难。老龄猫容易出现脱水现象，应给予足够的饮水。

（2）老龄猫摄入蛋白及脂肪的量较以前应有所下降，各种矿物质及维生素的量应有所强化。例如，为了预防尿路结石，应选用含镁较低（低 1%），pH 值偏酸性。

（3）老龄猫活动减少，胃肠功能减弱，肠道蠕动缓慢。有些老龄猫随着消化系统功能衰退会引起便秘。因此，食物中需要增加纤维素的含量，用以刺激肠道增强蠕动，防止便秘发生。也可以给猫灌一勺药用液体石蜡。应注意区分猫是排便困难还是排尿困难，因为后者可能是由严重的潜在疾病引起的，需要立即医治。

（4）由于老龄猫的运动量减少，应减少饲喂量以防止肥胖。肥胖的猫会出现不适、急躁，并易得一些严重的疾病，例如糖尿病。肥胖也使它难以为自己梳理毛发进而导致皮肤疾病。

（5）由于老龄猫牙齿脱落，咀嚼困难。所以要吃松脆可口易消化的食品。并且少食多餐，这样才能保证摄入的食物被充分吸收。

（6）由于老龄猫嗅觉及味觉会有所衰退，它们的胃口也会大减。可将食物加热至 35℃ 或为猫提供味道浓重的食品，例如，在食物中加入一些沙丁鱼。

（7）老龄猫的发病率随着年龄的增大而增加，主人要做到能诊断这些疾病并做恰当的治疗和预防。所以，常与兽医取得联系，定期进行检查，一般 $1\sim2$ 个月一次为宜，保证生命质量。

3. 老龄猫的管理

猫的寿命一般在 $12\sim14$ 年，特殊的管理可以延长猫的寿命。所以对老龄猫应给予更多的关心和照顾，让它们增加生活的自信心。

（1）猫具有天生的独立性，不愿随意依附别人，但它的嫉妒心很强，老龄猫更是如此，它会嫉妒自己的伙伴和别的动物，甚至嫉妒家里的人。因此，在对老龄猫的管理上要多关心老龄猫，要经常给予抚摸或用其他爱抚方式，让猫觉得主人仍然很需要它，使猫增强自信心和安全感。

（2）老龄猫比其他的猫更容易遭受各种疾病的困扰，其中包括慢性肾病、口腔疾病、肿瘤、肌肉的变性退化、心血管病和糖尿病等，平时要注意观察猫的各种行为，发现有异常情况，要及时找兽医治疗或借助于喂养，大部分可以预防。

（3）衰老是一个动物体内自由基数量增加的复杂过程，机体靠抗氧化物来抵抗这些自由基。当猫老了，其免疫系统的能力减小，所以在饲料里添加维生素 C 和维生素 E 可对延长老龄猫的寿命。

（4）老龄猫活动不灵活，动作不灵敏，应避免高难度动作。因为老龄猫肌肉、关节的配合及神经的控制协调能力已明显下降，骨骼也变得脆弱，因此为防止肌肉拉伤或骨折等，应避免高难度动作运动。

（5）有条件应给老龄猫刷牙，以减少牙龈发炎引起的细菌侵入；经常用湿棉花清除过多的黏液，并清洁眼睛周围的皮肤；定期检查内耳道。

（6）猫衰老后，食欲会减退、吸收能力会下降，所以应喂些高热量的细软饲料。实验证明，减少老猫饲料中的蛋白质营养并不能推迟肾的老化，反而促进了肌肉衰退和免疫能力的下降。饲料中应减少磷的含量，避免增加尿酸含量、可防止草酸盐结石，这是老龄猫容易自发的疾病。

【练习与思考】

1. 种公犬（猫）配种期的饲养管理要求有哪些？
2. 对种母犬（猫）哺乳阶段应采取哪些饲养管理措施？
3. 新生仔犬（猫）的生理特征和护理应注意哪些方面的问题？
4. 如何进行犬（猫）补奶和断奶？
5. 幼犬阶段应如何进行饲养管理？
6. 成年犬（猫）的消化特点是什么？
7. 犬（猫）衰老的表现有哪些？如何针对性的饲养管理？

微信扫一扫

在线自测 ｜ 打基础

电子彩图 ｜ 辨细节

视听资料 ｜ 划重点

拓展知识 ｜ 多交流

第六章 犬、猫繁育技术

【内容提要】

了解犬、猫品种的概念，了解犬、猫选种、选配的基本原理；掌握犬、猫繁殖各个环节的特点；熟悉犬、猫的助产技术和产后处理技术。通过学习，能够指导犬、猫的选种、选配实践；掌握犬、猫的发情鉴定和犬的人工授精技术；掌握犬、猫助产要点和犬、猫产后处理的基本技能。

第一节 犬、猫的选种与选配

【学习目标】

了解品种的概念，根据品种应具备的基本条件，理解选种与选配的关系，掌握犬、猫选配基本原理和选配技术，学会制订出合理的选配制度。

重点：品种应具备的条件，犬、猫的选种、选配原理和常用的犬、猫选配方法。

难点：犬、猫的选配计划的制订。

在犬、猫繁育过程中，种犬、种猫选择的准确性是保证种群质量的关键，交配对象的正确性是决定未来种群质量的关键。因此选种与选配工作在犬、猫育种工作中的地位极其关键。准确地选择种犬、种猫，选用科学、正确的选配方法，可保持和提高种群的质量。

选种和选配工作关系密切，互相联系、互为补充、互相促进，通过选种工作可以确保种群的质量，确保种群的各种基因比例，通过选配工作可以有意识地重新组合遗传物质，获得理想的性状表现。选种与选配互为基础，有了优良的品种，才能谈到选配，而通过选配可以创造更优质的品种。种犬、种猫选出后要通过选配工作验证其种用价值，通过选出种犬、种猫的质量优劣可以验证选配工作的成功与否。

一、犬、猫的选种

1. 品种的评定

（1）品种的概念 动物分类学将自然界中的动物按界、门、纲、目、科、属、种进行分类，种是动物分类学的基本单位，是自然选择的产物。野生动物只有种与变种。

而品种则是对与人类相关动物上的分类单位，是人类为了满足自己的需要，从野生动物中长期驯化而来的，是人工选择和自然选择共同作用的产物。在动物饲养业中，品种作为基本单位，已成为人们重要的生产资料与生活资料。

（2）品种应具备的条件

① 具有相同的来源 同一品种宠物应具有相同的血统来源，在遗传特性方面非常相似。如波斯猫有九个颜色系列，但它们均来自于同一种类型的猫。

② 具有相似的性状 由于血统来源、培育条件和选育目标相同，就使得同一品种的宠

物在体型外貌、生理机能和经济性状上都很相似，构成了该品种的特征，据此很容易与其他品种相区别。

③ 具有稳定的遗传性和较高的种用价值　品种必须具备稳定的遗传性，这样才能将其优良的性状、典型的品种特征遗传给后代，使得品种得以保存和延续，也只有这样，才能有效地杂交改良其他品种。

④ 具有良好的适应性和一定的经济价值　一个品种是在一定的自然条件和社会条件下经过若干世代的选择培育而成的，因此宠物品种对当地自然条件具有良好的适应能力，并有较高的经济价值和观赏价值。

⑤ 具有一定的结构　一个品种应由若干各具特点的类群构成，而不是一些宠物简单地汇集而成。品种内的遗传变异有相当的比例被系统化，表现为类群间的差异，这样才能使一个品种在纯繁情况下得到持续的改良提高。品种内的类群，由于形成原因的不同，可区分为地方类型、育种场类型、品系和品族。

⑥ 具有足够的数量　足够数量的个体才能保证品种具有稳定的遗传基础和较强的适应性，以利于品种的发展提高，才能进行合理的选种选配而不致造成近交。如果其他条件都符合，仅在数量上不符合要求，则只能称为品群。

2. 种犬的选择

种犬必须具备以下条件。

（1）符合品种标准的要求　品种标准是对品种内最理想个体成员的描述，包括了品种的性格和外貌特征及各部位的详尽描述，代表着品种的发展方向。而种犬应该是犬群中最出色的个体，代表着犬群的质量。因此种犬必须最大限度地符合品种标准的规定，包含了品种标准的全部内容。

（2）繁殖性能高　种犬的主要职能就是繁殖出更多、更好的幼犬，因此繁殖性不能低于品种的平均繁殖能力。对繁殖性能的要求包括了以下内容：母犬的窝产仔数、仔犬整齐度、断奶成活率、母性等。公犬包括性反射能力、精子品质及后裔仔犬整齐度等。以上各指标视具体品种的差异而稍有不同。

（3）体质外形好　好的体质和外形是种犬产出健康、优秀仔犬的前提。

（4）种用价值高，遗传稳定　种犬的作用是品种遗传物质的传递，把品种的遗传物质更稳定地传递给后代，使品种的特性能更好地在后代中表现。因此稳定的遗传性是种犬必备的条件，是种用价值的标志。

（5）发育正常　这里的发育正常指的不仅是成年时的各种指标符合品种标准的规定，而是在各个生长发育阶段，各项指标也要符合要求。

3. 种猫的选择

纯种猫交配前种猫的选择很重要。在选择种猫时应尽量注意如下几个方面。

① 选择品种相同的猫进行交配，并尽量由血统相同的公母猫交配，以免品种退化。

② 选择体质健康的公母猫进行交配，其中公猫要求体型大，外观各部匀称，腹部紧缩，姿态端正、毛色纯正、密而光亮，反应灵敏，精神饱满，两侧睾丸发育正常，繁殖力强。

③ 应避免有相同缺点的公母猫进行交配，否则猫的缺点就会巩固遗传下去。此外，应尽量避免体型大小差异过大的猫进行交配，以免引起猫之间的伤害以及导致难产。

④ 选择公母猫交配时，年龄上最好是壮龄配壮龄，或壮、老结合，不能以老龄配老龄，严禁近亲（三代以内）交配繁殖。

⑤ 应进行系谱记载审查，看其祖先的生长发育、体质外貌情况。如公猫有后代，看其后代的发育情况和体态状况，这是公猫的遗传性状和繁殖能力的最好佐证。

二、犬、猫的选配

1. 选配的概念

在雌雄个体交配时，存在着基因互补的问题，如果双方的基因不能互补，那么即使很优秀的雌雄个体相交配，其后代也不一定优秀。因此在选择雌雄个体交配时就存在合理配对的问题。实践中，有明确目的地选择基因型互补的雌雄个体交配，有意识地促进优良基因在其后代身上更好地重新组合，巩固和发展种群的优良性状，以达到培育、改良和提高种群质量的目的，这种选择交配对象的行为，称选配。其实质是对个体的交配进行人为控制，使优秀个体加大交配机会，使有利基因加大组合概率，使优势性状在种群中得到更好的表达，提高种群的整体质量。

2. 选配的意义

（1）创造必要的变异，使表现型更优秀　遗传和变异是生物种存在和发展的基础，犬、猫也不例外。变异的实质是基因的重新组合创造出新的表型、适应性或其他性能。选择合理的种犬、种猫交配，促进基因的重组，可以创造变异、塑造更理想表现型的个体。这种选配可以包含很多种类型，如不同种、不同属、不同品种、不同品系间的选配。

（2）使种群的遗传更稳定，优良性状得到固定　当雌雄个体的遗传基础相似时，所产生的后代就越接近父母，其基因纯合的概率就增大，连续几代选择交配后，该基因型就会在种群中得到巩固，遗传会更稳定。新品种或新品系的培育都是这种作用的体现。

（3）把握变异的方向，并加强有利变异　当群体中出现某种有利变异时，通过选择具有该性状变异的雌雄个体交配，强化该变异，这样经过长期选种选配工作，该变异在群体中就会得到加强，逐渐变成遗传稳定的性状存在于种群中。例如，发现嗅觉极其灵敏的个体犬，就要把握这种变异，选择适宜的犬来巩固这种变异，使这种变异表型在群体中扩大和巩固，以提高犬群的质量。

3. 选配的方法

选配通常分为个体选配和群体选配。犬、猫育种实践中以个体选配为主。在这里只介绍个体选配，可以分为以下两种。

（1）选型交配　选型交配是根据雌雄双方的表型特点来确定交配组合的一种交配方式。表型特点是指个体的体形外貌、神经类型、生长发育指标等方面。选型交配又可分为选同交配和选异交配两种。

① 选同交配　选同交配又叫同质交配，即选择表型性状相同或相似的雌雄个体交配，以期获得相似后代的交配方式。雌雄个体越相似，获得相似后代的概率就越大。选同交配的主要作用是使亲本的优良性状稳定地遗传给后代，并使其得以保持和巩固，在群体中增加这种优良性状的个体，使这种优良性状纯合基因的频率在种群中增大。在杂交育种后期，出现理想性状后，一般都用选同交配加以固定。例如，在北京犬的育种过程中，为巩固白色被毛的性状，要选择被毛均为白色的个体进行交配，以期获得白色被毛的后代。在白色被毛性状上就是选同交配。

② 选异交配　选异交配又叫异质交配，是指选择表型特征不同的个体进行交配。选异交配的使用有以下两种情况：一是选择具有不同优良性状的雌雄个体交配，把两个优良性状结合在后代身上，培育更优秀的后代。例如，甲犬（雄性）使用性能优异，乙犬（雌性）繁殖性能优异，用甲犬和乙犬交配，充分利用甲犬使用性能优异的性状和乙犬繁殖性能优异的性状，使其后代的使用性状和繁殖性状全部优异，育成使用价值更高的个体。二是选择同一性状，但优劣程度不一的雌雄个体交配，在后代中克服此性状的不良表现，慢慢

在群体中消灭此性状的不良表现。例如，甲犬（雄性）的后代中毛色性状非常优异，符合人们的审美需要，乙犬（雌性）的后代中毛色性状不够理想，那么用甲犬和乙犬交配，使其后代的毛色性状优异，改良乙犬的毛色性状的弱点，从而达到改良整个犬群毛色性状的目的。

选同交配和选异交配是相对的，在实践中可能同时应用。有些个体可能在某些方面是同质的，而在其他方面是异质的。例如，两只犬体形相似而神经类型差异较大，交配时则体形是选同交配而神经类型是选异交配。选同交配和选异交配是互相补充的。长期的选同交配可以增加群体中的遗传稳定的个体，为选异交配提供良好的基础，而选异交配所获得的优异个体应及时应用选同交配，对获得的优良性状加以巩固。

（2）亲缘关系选配 亲缘关系选配是指具有共同祖先的雌雄个体相交配。如果亲缘关系较近，就叫近亲交配，简称近交。如果双方亲缘关系较远或交配双方无亲缘关系则称为远亲交配，简称远交。

在犬、猫的育种实践中，一般采用远交而不采用近交，因为近交有害。但为达到某种育种目的时，如保留特定个体的血统，可以采用近交方式。育种学上的近亲交配是指交配双方到共同祖先的总代数不超过六代，即其所生子女的近交系数不超过 0.78%。实践中近交一般是指四代内有公共祖先的雌雄个体间相交配。

近交的用途有以下几点。

① 固定优良性状 近交的遗传效应是使基因纯合程度加大，可以巩固优良性状的遗传基础，使其在群体中更加稳定，在育种实践中，当出现理想性状时，通常采用同质选配和近交的方法，使理想性状的控制基因纯合程度加大，达到巩固理想性状的目的。例如，当群体中出现一个工作性能稳定的家系，为稳定家系的遗传基础，通常在家系内部采用近交的方法，利用近交个体巩固性状的遗传基础。

② 揭露有害基因 有害基因大多是隐性的，是动物遗传病及遗传缺陷的决定因素。在非近交个体中隐性基因很少表现。通过近交使基因纯合，隐性基因的表现概率就增加，可以及早发现带有有害基因的个体，及早淘汰出群。降低群体中有害基因的含量，提高种群的整体质量。但这种方法的作用过于单一，仅有育种意义，没有使用意义，通常在实践中是不使用的。

③ 保持优良个体的血统 当群体中出现特别优良的个体时，要保持这些优秀个体的血统，扩大其在群体中的影响。就要采用近交的方法，使其基因型组合更加稳定，能够在群体中更长久地保持。

④ 提高群体的同质性 一个新品种的育成，需要群体性状的同质性，因为遗传基础的关系，近交可以得到大量的同质个体，是新品种培育的主要手段。

但是近交容易产生近交衰退现象，即近交后代在繁殖性能、生命力、适应性等方面均比祖先弱，因此近交的应用要有限度。

4. 选配计划的制订

依据种群特征，根据个体间的类型差异和亲缘关系，根据种群的发展方向，制定种群下一个发情年度的规划，就叫选配计划。选配计划往往决定了下一年度的繁育状况，因此，在犬猫育种实践中是非常重要的。

（1）选配工作的基本原则

① 根据育种目标综合考虑 选配计划的基础是育种目标，特别是在群体育种中，育种目标非常重要，它统领整个繁殖工作。因此，选配计划的制订必须遵守而不能违背总体的育种目标。在犬、猫育种工作中，一般既要考虑后代个体的特定性能，又要考虑群体的整体育

种目标，特定情况下还要考虑保种目标。因此在制订选配计划时，既要考虑交配个体的亲缘关系，使种群不要因为血统窄而产生退化，又要考虑个体品质，使后代个体在实践中得以应用。因此在选配计划制订之前，一定要有明确的整个种群的育种目标。结合育种目标，制订相宜的选配计划。

② 选择亲和力好的个体交配 根据以往的交配结果，选择后代优秀个体多的雌雄个体交配，以出现更多的优秀个体，使优秀性状的控制基因纯合度更高，遗传更稳定，提高种群的整体质量。

③ 要考虑种犬、种猫的整体发展方向 种犬、种猫的选配计划在很大程度上决定了整个群体下一年度的发展方向。因此每一个选配计划的制订过程中，都要考虑整体的发展方向，要符合整个群体的发展方向，要统一目标。

④ 种公的等级最好高于种母，至少不能低于种母 在遗传行为中，虽然很多性状具有明显的母性效应。但从育种的角度讲，要求种公的等级高于种母，最差也不能低于种母的等级。这是因为，从繁殖的整体角度讲，种公在种群中的影响力远远大于种母，"公好，好一坡，母好，好一窝"。

⑤ 不要随意使用近交 除了血统保纯外，不允许使用近交，因为很容易产生近交衰退。

⑥ 做好品质选配工作 一般情况下，优秀个体使用选同交配，以便在后代中保持优良性状，为了特殊的育种目的可以用选异交配。但无论是哪种方法其使用的最终目的都是提高个体品质，并使其遗传稳定，进一步扩大其在群体中的影响，进而提高整个种群的质量。

⑦ 相同或相反缺点的犬不交配 个体出现缺点，要在选配计划中注意加以克服，一般选择能克服相应缺点的个体与之交配，在后代中克服该缺点，避免加重缺点的发展。

（2）较大群体选配计划的制订

① 确定群体交配组合 是指一个品种（品系）与另一个品种（品系）间的交配组合。这项工作主要是安排好群体的发展方向。大群体间的交配在宏观上影响着整个群体的走向，在选配计划制订之前要做好认证工作。

② 各种群进行分类 就是按照不同的优点或缺点把基础种母犬（猫）群进行分类，再配以优点（缺点）相同或相反的种公。其目的是巩固优良性状，使遗传基础更稳定，扩大其在种群中的影响。同时克服缺点，缩小其在种群中的影响，以提高整个群体的质量。

③ 个体交配组合的确定 主要考虑后裔的质量，还要考虑亲缘关系和公母的具体情况。个体交配组合的确定，在一定程度上决定了下一年度犬（猫）群的质量。在确定交配组合之前，要对个体进行充分认证，就其各种性状的表现、遗传情况、繁殖能力、以前交配情况等进行分析，对其交配后的产仔情况要有预期。

（3）较小群体选配计划的制订 以种公为中心，按照血缘关系、表型特征、后裔质量等因素综合考虑，把种母合理地分配给种公。每只种公的配种负担要平衡。

第二节 犬、猫的繁殖

【学习目标】

能够进行犬、猫的发情鉴定，能够开展犬的人工授精技术。

重点：犬、猫的发情鉴定；犬、猫的精液品质检查。

难点：母犬人工采精与输精。

一、犬、猫的发情鉴定

1. 犬、猫的性成熟与性行为

（1）犬的性成熟　公母犬生长发育到一定时期，开始表现出完整的性行为模式，具有第二性征，生殖器官基本发育成熟，分别产生具有生殖能力的精子和卵子，称性成熟期。犬性成熟期受品种、环境、气候、地区、管理水平等方面的影响，即使同一品种乃至于同一窝的犬只，性成熟期也存在个体差异。一般来说，小型犬、管理水平高、营养状况好的犬性成熟较早，小型犬出生后8～12月龄、大型犬12～18月龄达到性成熟。犬性成熟后，虽然已经具备了配种繁殖后代的能力，但由于身体尚处于高速生长期，并不适宜立即配种。若过早配种容易引起母犬难产、影响母犬的生长发育；也会严重影响幼犬的发育，导致产仔数少、弱仔多、死胎增加。通常情况下，公犬的性成熟期一般稍晚于母犬，公犬适宜配种时间为18～24月龄，母犬为18月龄后。

（2）犬的性行为　公犬无明显的发情期，性成熟的公犬任何时期都可因性刺激而引起性欲，通过气味联系寻找母犬，对母犬表现出一些求爱行为。爬跨是公犬的基本性行为方式，5周龄的小公犬就能表现出爬跨动作。公犬的性行为不受季节和时间的限制，性活动无规则性，当闻到母犬发情时的特殊气味，便可引起性兴奋，而在母犬集中发情的繁殖季节，睾丸进入功能活跃状态。

母犬属季节性单次发情动物，其性行为明显有季节性，只有在繁殖季节，母犬在发情时才产生性兴奋。母犬发情时表现兴奋不安，不服从命令，对公犬有求爱行为，主动接近公犬，注视并挑逗公犬，发情到一定阶段后接受公犬爬跨和交配，进入发情后期，各种发情征候逐渐减弱至消失。

（3）猫的性成熟与性行为　家养公猫一般在7月龄后进入生殖发育高峰，平均9月龄达到性成熟，繁殖寿命可达14年，但实践中作为种用一般4～6年后淘汰。母猫的性成熟因品种不同而异，一般来说，短毛猫及混血猫种在6月龄时就可能会有性成熟表现，而长毛猫种性成熟较晚，多在10月龄时才会出现。母猫发情时，性行为表现强烈，有时会发出粗大的"嗷嗷"叫声，借以招引公猫，见到公猫表现出特殊的亲昵感。

2. 犬、猫发情周期特点

当犬、猫生长发育到一定阶段后，在生殖系统、全身表现出一系列特殊的性活动现象称发情。犬猫的发情现象呈周期性变化，称发情周期。

（1）犬的发情周期特点　犬是季节性单次发情动物，一般在春季3～5月份和秋季9～11月份各发情一次。母犬的发情周期大约持续半年，表现以下几个阶段。

① 发情前期　发情前期为发情的准备期，时间约7～10天，卵巢上卵泡迅速发育接近成熟，生殖道上皮开始增生，腺体活动开始加强，分泌物增多，外阴红肿、潮红、阴道充血，从阴门排出红色带血的物质持续2～4天，不爱吃食，饮水量增大，行为不安，当遇到公犬时闻公犬外阴部，频频排尿吸引公犬，但不接受交配。

② 发情期　发情期为发情特征集中表现期，一般为4～12天。高峰期为发情开始后的第13天到第17天。表现为外阴部充血肿胀显著，并分泌出带有黄红色的黏液，出血停止或减少，稍触其臀部，母犬就会将尾巴左右偏转，允许交配。高峰期是母犬的排卵期，是母犬交配的最佳时期，这一时期交配，母犬最易受孕。

③ 发情后期　发情后期为发情后恢复期，表现为外阴部充血肿胀消失，一般维持大约2

个月，然后进入发情休止期，如已怀孕，则进入妊娠期。

④ 发情休止期　也称乏情期，是在发情后期至下一个发情期之间，一般约为 3 个月。

（2）猫的发情周期特点　猫也属于季节性发情，春秋季节为主要的交配季节，但母猫发情表现不同于母犬，在繁殖季节，没有怀孕的母猫会经常发情，每隔 2～3 周发情一次，持续时间 3～6 天，最适交配时间在 2～3 天。母猫发情时的主要特点如下。

① 外阴部变化　母猫发情周期中外阴部变化可分四期：第一期阴毛刚刚分开，外生殖器肿胀，阴唇稍稍裂开；第二期阴毛完全分开，外阴部肿胀明显，阴唇呈明显的两大瓣，有少量的白色黏液；第三期外阴强烈肿胀和外翻，呈明显的四瓣，有多量的黏液；第四期外阴部肿胀逐渐消退，萎缩发干，阴毛又逐渐呈毛笔状。通常在第二期、第三期最容易交配成功。

② 全身性变化　母猫在发情时，眼睛明亮，食欲减退，活动增加，喜欢外出游荡，特别是夜间，显得焦躁不安。发情的母猫，行为与声音都会改变，最明显的便是"猫叫春"，像婴儿般的哭闹声音，有时是嚎叫不已。母猫经常在地上翻滚扭动；对人变得很友善；经常以身体磨蹭人或桌椅柜子等物；少数母猫会四处乱尿或胃口变差。当抚摸母猫背部或靠近生殖器的部位（例如尾巴根部），母猫会抬高屁股、尾巴朝向一旁、趴在地上后脚交互踏步，这就是母猫准备接受交配的姿势。家养母猫，发情表现会特别明显，如果一直没有交配机会，那状况会一次比一次更加严重，发情期可能会持续 20 天左右，发情期的间隔会明显缩短，看起来就像一直在不间断地发情。

③ 生殖系统变化　母猫属诱发性排卵动物，成熟的卵子不会自动排出，必须经由交配的刺激才会排卵，因此不会有发情期出血的现象。也因为这种排卵特性，加上交配次数与公猫对象不一定，所以一窝小猫的父亲可能不止一个，因此名贵品种的母猫更应严加管束，防止与品种不佳的公猫交配，引起品种退化。

3. 犬、猫的发情鉴定

（1）犬的发情鉴定

① 外部观察法　母犬自发情之日起，阴门开始充血肿胀，逐渐肿胀到最大限度，随后阴户水肿程度开始减轻并变软，边缘刚开始收缩时即可配种。也可用手打开母犬阴户观察，当阴道内黏膜由深红或红色变成浅红色或桃红色时，以手触摸感觉阴道内壁及子宫颈口变柔软时配种较为合适。

② 血样液体监测法　在母犬发情期间，阴户会分泌出红色血样液体。日常管理过程中，从发现红色血样物质那天算起，待其颜色由深红色逐渐转淡，变为无色或粉红色时即可首次配种，最佳时间为颜色变为稻草黄色时。初产母犬一般在第 11～13 天；经产母犬在第 9～11 天，随着母犬年龄的增长，其首次配种的时间逐渐缩短。

③ 阴道分泌物涂片镜检法　见图 6-1，母犬的阴道分泌物多是阴道上皮细胞，进行阴道涂片镜检，观察涂片中角化细胞数量，统计角化细胞占整个上皮细胞的百分率。当角化细胞数量占整个涂片细胞的 80% 以上时算起，第 2 天即可确定为最佳配种时间。

④ 公犬试情法　有少数母犬在发情期发情体征不明显，仅凭肉眼无法有效确定母犬合适的配种时间。此时宜采用公犬试情法来确定，以防止漏配。一般在母犬愿意接受公犬爬跨时的 2～3 天后为最佳配种时间。

（2）猫的发情鉴定

① 外部观察法　母猫发情后，其外部变化明显，阴门红肿、湿润，甚至流出黏液，阴毛向阴户两侧分开；按压母猫背部，母猫会做出踏足、举尾的动作。

② 行为的变化　母猫发情时，性情变得特别温顺，喜欢在主人身上摩擦，发出鸣叫声；

  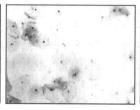 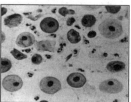

| 发情前期 | 发情期 | 发情后期 | 间情期 |

图 6-1 阴道分泌物涂片镜检

喜外出游荡，寻找公猫，与公猫玩耍、追逐，主动举尾，接受交配。

二、犬、猫的人工授精

1. 犬的人工授精技术

1780 年，意大利生物学家斯巴拉扎尼（Abbe Spallanzani）用 19g 精液给母犬输精，经过 62 天产出 3 只仔犬，这是用犬进行人工授精的开端，同时也正是由于这一成功的实验揭开了动物人工授精的历史序幕。1782 年，罗西（Rossi）重复这种实验也得到 4 只仔犬。但是在以后的近 200 年间，虽然其他家畜的人工授精技术得到迅速的发展，而犬的人工授精却很少有人问津，究其原因，其一是犬每次射精量较少，每次精液最多只能配 2～3 头母犬，其二是各犬品种协会对人工繁殖的犬血统不予承认。直到 20 世纪后期，随着实验用比格犬大规模繁殖的需要，才使犬的人工授精技术得到了实际的应用。

犬人工授精技术主要包括犬的人工采精、精液处理与人工输精三个技术环节。

（1）公犬的人工采精

① 采精前准备　公犬采精架一般宽 65cm，长 145cm，高 120cm，架内固定铁管长 80cm。前端上方固定横板，分为左右两扇，右侧扇固定，左侧扇可张开又可闭合，中间有 12～18cm 的圆孔，用以卡住犬的颈部。保定者先将犬脖子套住，放在保定架上，犬颈部可用活页板孔卡住。犬精液的收集采用玻璃或塑料集精杯，长 15cm，直径上为 5cm，下为 0.5cm。采精前认真清洗集精杯，消毒 15～20min，放在装有 40℃温水的保温杯中备用。

② 采精操作　公犬的采精一般采用手握按摩采精法。用母犬或母犬阴道分泌物诱导成功后，采精员左手把住公犬后躯尾部，右手（戴胶皮手套）握住公犬阴茎，将阴茎拉向侧面，同时给阴茎球体适当的压力并做前后按摩，当阴茎充分勃起后经 30s 左右即开始射精，射精过程持续 3～5s。采精时注意不使公犬的阴茎接触器械，否则会抑制射精。公犬射出的精液一般分为三段，第一部分为尿道小腺体分泌的稀薄水样液体，无精子；第二部分是来自睾丸的富含精子的部分，呈乳白色；最后部分是前列腺分泌物，量最多，不含精子。采精时，三段精液很难截然分开，只有第一段较明显，呈水样，可弃掉不用，后两段可一起收集。收集时，集精杯上覆盖 2～3 层灭菌纱布进行过滤。采的精液要立即用等温稀释液 1∶1 稀释，并马上镜检，随后再根据鲜精的活力和密度决定稀释倍数。

公犬一般每周采精不超过 2 次，连续采精会使精子数减少和活力降低。

（2）精液品质检查

① 感观检查

a. 射精量　大型犬 1 次射精量（射精的第二部分）约 1.5～2ml，小型犬 1 次射精量不足 1ml。

b. 颜色、气味　正常犬新鲜精液的颜色为乳白色，略带腥味，静置一会儿后，腥味将消散。

② **精子活率检查**　在 37℃左右，置于显微镜下放大 400 倍左右目测视野中，直线前行运动的精子占全部精子的百分率即为精子活率。用玻璃棒蘸取 1 滴原精液或经稀释的精液（0.9％氯化钠溶液稀释，其温度须与精液温度相近），滴在载玻片上，加上盖玻片，其间应充满精液，不使气泡存在，也可滴在盖玻片上翻放于凹玻片的凹窝上，置于显微镜下检查。注意显微镜的载物台须放平，最好是在暗视野中进行观察，在评定精子活率的同时也可以估测精子的密度。精子活率用以下公式表示。

$$精子活率 = \frac{呈直线前进运动精子数}{查测精子数} \times 100\%$$

目前评价精子活率大多采用十级评分，犬新鲜精液活率不应低于 0.7，否则不宜作输精用。在评定精子活力时，应多观察几个视野进行综合评定。

③ **精子密度估测**　取 1 小滴精液滴在清洁的载玻片上，加上盖玻片，使精液分散成均匀一薄层，不得存留气泡，也不能使精液外流或溢于盖玻片上，置于显微镜下放大 400～600 倍观察，按下列等级评定其密度，见图 6-2。

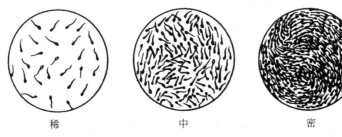

图 6-2　精液密度分布

密：精子彼此之间的空隙小于一个精子的长度，非常拥挤，很难看清楚单个精子的活动情况。

中：可以看到精子分散在整个视野中，彼此间的空隙大约为 1～2 个精子的长度，能看到单个精子的活动情况。

稀：精子在视野中彼此的距离大于两个以上精子的长度。

"0"：代表在整个视野中未发现精子。

这种方法不能准确测出每毫升精液中的精子数，但方便易行，是生产中最常用的测定方法。通常犬每毫升精液中精子数为 1.25（0.4～5.4）亿个。

④ **精子畸形率测定**　形态和结构不正常的精子称为畸形精子。精子的畸形率是指精液中畸形精子数占精子总数的百分率。正常精液中不可能没有畸形精子，适量的畸形精子对受精能力影响不大。犬的畸形精子一般不会超过 20％。若超过 20％，则会影响受精能力，表示精液品质不良，不宜用作输精。一般情况下，犬精子的畸形率为 17.2％左右。

以滴管吸取一小滴精液，平滴在载玻片的右端，以另一边缘光滑平直的载玻片的顶端呈 35°角，抵于精液滴上，精液呈条状分布在两个载玻片接触边缘之间，自右向左移动，将精液均匀涂抹于载玻片上；于空气中自然干燥；置于无水酒精固定液中固定 5～6min，取出用水轻微冲洗后，阴干或烘干，用蓝墨水染色 3～5min，再用水冲洗，使之干燥后于显微镜下检查；查测不同视野中的约 500 个精子，计算出其中所含的畸形精子数，用以下公式求出精子畸形率。

$$精子畸形率 = \frac{畸形精子数}{查测精子数} \times 100\%$$

（3）**精液稀释**　犬精液采出后若不立即输精，必须进行稀释。精液稀释可增加精液量，为精液提供营养物质，使精子在体外能存活更长的时间。犬精液稀释有卵黄-Tris 稀释液：Tris（三羟甲基氨基甲烷）2.422g、果糖 1.0g、柠檬酸 1.36g，蒸馏水加至 80ml，高压灭菌后降至 40℃以下加入新鲜蛋黄（将新鲜鸡蛋蛋壳洗净，用 75%酒精棉球擦拭消毒后，将蛋清去掉，用注射器刺破卵黄膜，吸取卵黄）20ml 和青霉素钾盐 10×10^4 IU，搅拌均匀。将精液稀释液装入烧杯中，置于 30℃水浴锅中。稀释精液时，用玻璃棒引流，把稀释液沿着器壁徐徐加入到精液中，边加入边搅拌，稀释结束后，镜检精子活力。

（4）母犬人工输精　母犬输精采用的是注射式输精器，长度约 26cm，直径 0.2cm。扩阴管长度为 16cm，直径 0.8cm。在确定母犬发情后，选择适宜时间输精。

将母犬放在适当高度的台上站立保定或做后肢举起保定，输精人员将输精枪与母犬背腰水平线大约 45°向上插入 5cm 左右，随后以平行的方向向前插入；输精枪到达子宫颈口时，输精人员会感到明显的阻力，此时，可将输精枪适当退后再行插入，输精枪通过子宫颈口后，输精人员会有明显的感觉；这时，可将输精枪尽量向子宫内缓慢推送，有的甚至可达子宫角。当输精枪不能再深入时，输精人员将输精枪向后退少许，即可缓慢注入精液。输精后抬高母犬的后躯 3～5min，防止精液倒流。为保证受胎率和产仔数，应隔日再进行第二次输精。母犬每次输精量为 1ml，内含有效精子不少于 1 亿个。

2. 猫的人工授精技术

（1）公猫的人工采精　公猫的采精通常采用假阴道法采精和直肠电刺激法采精。假阴道采精法首先是准备猫用假阴道，目前市场上没有专用假阴道，可自行制作。取 1 个巴斯德吸管的橡皮球，将封闭端剪掉 0.5cm，然后将其套在一个剪掉帽的 1.5ml 的离心管上，在假阴道橡皮球部分内侧涂抹上凡士林即可。采精前用 0.1%的高锰酸钾溶液擦拭公猫下腹及包皮，利用发情母猫诱导公猫爬上母猫背部，待公猫作出一系列的腰荐部前后挺伸动作，迅速将勃起的阴茎导入假阴道，继续抽动按摩阴茎 1～4min，就可使公猫射精。公猫精液量极少，一般不超过 0.2ml，射精后公猫会发出响亮的尖叫声，阴茎会缩小、自然脱出假阴道，然后悄然离去。直肠电刺激法采精此处不详述。

（2）猫的精液处理　猫的鲜精采集后，可用 5%的葡萄糖水进行稀释至 1ml 左右备用，也可以冷藏备用。

（3）母猫的人工输精　选择达到发情高潮的母猫作输精对象，事先要由相关人员协助将母猫妥善保定，以保证不会损伤母猫又能将精液全量输入阴道内，用消毒好的输精管吸取 0.2ml 稀释过的精液，小心谨慎地插入阴道内注入。由于母猫属于刺激性排卵，交配 24h 后才排卵，所以为保证获得较高的受胎率，可先用结扎过输精管的公猫来进行交配后，再进行输精。

第三节　犬、猫的助产与护理

【学习目标】

　　能够进行犬、猫的妊娠诊断；了解犬、猫的孕期护理与产前准备；熟悉犬、猫的助产技术和产后护理技术。

　　重点：犬、猫的妊娠诊断；犬、猫的助产与产后护理技术。

一、犬、猫的助产

1. 犬、猫的妊娠诊断

（1）孕犬妊娠诊断

① 外部观察法　少数母犬在妊娠 25 天左右出现呕吐，食欲不振，有的会出现偏食现象，临产前频频排尿，做窝行为。妊娠 30 天以后母犬的乳腺开始发育，体重增加速度较快。母犬妊娠后外阴部持续肿胀，分娩前 2～3 天阴道会分泌黏液。

② 腹壁触诊法　母犬妊娠 21 天，触及母犬腹部会摸到豌豆样大小的胚胎；妊娠 24～33 天是触诊的最佳时期，可触摸到乒乓球大小的胚胎；之后触摸不明显，直到妊娠 45～55 天时，胎儿体积大，更易触摸。

③ 尿检法　犬在妊娠后 5～7 天，尿液中会出现一种激素，类似于人绒毛膜促性腺激素，因此采用人工的"速效检孕液"即可测出犬尿液中是否含有类似人绒毛膜促性腺激素的物质。如检查阳性者，即为妊娠，阴性者未妊娠。

④ 超声波诊断法　超声波诊断仪效果比较好。B 型超声波检查法能对妊娠 18～19 天的母犬进行准确的检查。

（2）孕猫妊娠诊断

① 外部观察法　妊娠初期，母猫不再发情，乳头的颜色逐渐变成粉红色，乳房增大，食量逐渐增加，活动量减少，行动小心谨慎，睡觉时间长，喜欢伸直身子躺着睡。外阴部肥大，颜色变红，排尿频繁；妊娠 1 个月后，腹部明显增大，轻压其后腹部即能触摸到胎儿的活动。乳房明显膨胀。食欲旺盛，体重继续增加。因为体内激素分泌增多，毛色变得光亮；妊娠最后 2～3 周，从腹壁上可观察到胎儿运动。

② 腹壁触诊法　将母猫保定后，在乳房上方最后两排乳头平行位置两侧细心触摸即可探测到胎儿的存在位置。由于猫腹壁通常比较松弛，因而容易触诊。最适触诊时间为妊娠后第 20～30 天，这是因为这一阶段各胎儿之间分隔最明显。此外，在妊娠后期，也可以通过腹壁触诊探及胎儿。

③ 超声波诊断法　通过线型或扇型超声波装置探测胚泡或胚胎的存在来诊断妊娠的方法。猫最早可在第 19 天后就开始应用。

2. 产前准备

犬、猫和其他动物一样，具有正常繁衍后代的能力，所以一般不需要为妊娠犬、猫的分娩做过多的准备工作。只需要准备好产箱，安置好产箱的位置即可。但对于可能发生难产的初产犬、猫还应准备助产的用具和药械。

（1）产箱　在预产期前一周左右，要为犬、猫准备好产箱，产箱可以用木板钉制或用纸箱代替。产箱的大小以犬、猫的四肢能伸直并有一定空隙为宜，箱的门要有 7～10cm 高的门槛，以防仔犬、猫跑出。顶无盖以便于随时观察母、仔犬、猫活动情况。产箱内壁要光滑，不能有钉子或其他尖状物突出。产箱的本板不能刷油漆，因为油漆的刺激性气味使犬、猫产生不良反应，且犬、猫衔咬后还会引起中毒。如产箱是已用过的，再次使用前，必须对其进行彻底消毒（可用 1% 的热碱水刷洗一遍后，再用清水冲洗干净，晾干后再用）。

产箱应放置在安静、温暖、阴暗、空气新鲜的地方，产箱的底部可用砖头或木块垫高 2～5cm，以利通风，保持产箱内干燥。

（2）助产用具和药械的准备　母犬、猫临产前还要准备毛巾、剪刀、灭菌纱布、棉球、70% 酒精、5% 碘酊、0.5% 来苏儿、0.1% 新洁尔灭和温开水等，以备难产时用。也可提前与宠物医院联系，安排在宠物医院住院分娩。

3. 犬、猫临产预兆

母犬、猫交配后 40 天，在孕犬、猫的体表、生殖系统、行为上表现出一系列特征性变化，称临产预兆。

（1）孕犬临产预兆　母犬分娩前腹部逐渐膨大、下垂，两排乳头逐渐肿胀。在分娩前2~3天，母犬活动量明显减少，表现出兴奋不安，不停变换姿势，体温会下降0.5~1.5℃，出现造窝行为，对陌生人的敌对情绪增强，可从乳头挤出少量乳汁（有时有自流现象），食欲下降，甚至停食，腹壁可见较明显胎动，会阴部肌肉松弛变软；分娩前数小时，母犬出现阵痛，呼吸急促，频频排便排尿，若体温逐渐上升，有胎水流出，则马上就要分娩了。母犬的分娩通常在夜间较多。

（2）孕猫临产预兆　孕猫在分娩前乳房、外阴以及行为上都发生了很大的变化。妊娠到第6~7周时，腹部开始膨大，随着妊娠日龄的增长，腹部增大的部位向后腹部方向移动；妊娠到第6周时，乳腺开始发育，乳房体积增长，乳头坚挺，到产前72h，乳房体积明显增大，乳头呈深粉红色并突起，到产前24h，可从乳头中挤出乳汁来；临产前3天左右，母猫的阴唇肿胀，呈微红色。产前2~3天，母猫的阴门中有透明的黏液流出；当猫出现寻找住处，说明其将要在24h左右分娩。临产前，停食，表现为烦躁不安，频频排尿，时起时卧，若发现阴门有黏液流出说明马上就要临产。

4. 犬、猫的助产技术

（1）犬的助产技术　一般情况下，母犬自身可以正常分娩，但若出现因母犬原因造成分娩困难不能顺利产出胎儿时，即发生难产，此时需要进行助产，以帮助母犬分娩。

① 非手术助产法

a. 催产素助产　当确认子宫颈完全开张、产道胎位正常的情况下可使用适宜剂量的催产素助产。一般每次皮下注射25~30个单位，直到母犬顺利产下胎儿即可。

b. 常规人工助产　这种方法实践中应用最多。操作前将双手洗净消毒，用食指和无名指伸入母犬产道判断胎儿胎位，若胎儿已进入产道无法调整胎位，应随着母犬的努责将胎儿推回，然后调整胎位。待胎位调整正确后，借母犬努责轻轻将胎儿拉出。拉出后迅速处理胎膜，用干净的纱布擦去仔犬鼻孔周围的黏液，剪去脐带。将胎儿送到母犬嘴边，让母犬将胎儿舔干即可。

② 手术法助产

a. 犬会阴切开助产术　此种方法仅损伤母犬会阴，其目的是为了扩大母犬产道较为狭窄的部位以利于胎儿产出。具体操作方法为：将母犬保定好，清洗会阴周围，常规消毒后在会阴部局部麻醉处理。局麻成功后将会阴切开，左手在腹壁外固定胎儿，右手将手指伸入产道内将胎儿拉出。手术后需注射抗生素以预防感染，并肌注破伤风抗毒素。

b. 腹壁开创助产术　此种方法只打开腹腔，不伤及母犬的生殖系统，分娩后对下次妊娠影响较小。对母犬常规麻醉，在母犬腹中线处剪毛、消毒、覆盖消毒创巾，切开腹中线，暴露子宫和子宫角，检查子宫角内胎儿状况。左手在子宫角外握住胎儿以矫正胎位并固定；右手握钝型长钳，从外阴伸入子宫内，卡住胎儿头部或臀部，逐渐拉出胎儿至体外。当助产完毕后，向腹腔内撒布0.5~2g氨苄青霉素，闭合腹腔，外表用碘酊消毒。

c. 剖腹产　此法对母犬生殖系统的伤害程度最大，一般情况下实行过剖腹产手术的母犬不建议再次怀孕。将母犬全身麻醉，仰卧保定，在右腹胁部下剃毛，并做好消毒工作。与脊椎平行切口，切口距离左侧乳头约3~5cm。钝性分离肌肉层暴露腹腔在腹腔中找到子宫角，拉出切口。沿子宫体背中线切口，大小以利于取出胎儿为宜，注意不要伤到胎儿。用中指和食指伸入子宫内寻找胎儿，找到胎儿后将胎儿取出，待全部取出，清洗子宫切口，并用连续缝合法和内翻包埋法闭合子宫切口，还原子宫。闭合腹腔后用碘酊消毒，结扎细带。术后静注生理盐水和抗生素，1次/天。

（2）猫的助产技术　正常情况下母猫能顺利地分娩出胎儿，不需要人工助产。相反，不适当的干扰反而影响母猫分娩，给母猫助产先应对母猫的分娩过程进行仔细的观察，发现分娩出现障碍时，应给予必要的帮助。如发现羊膜未破裂，羊水尚未流失，表明分娩刚开始，不要急于帮助，应继续观察；如羊膜破裂，羊水已流出半个小时左右还未见胎儿产出，或母猫已阵缩、努责无力，或母猫阵缩虽有力，但胎儿夹在产道排不出来，说明发生了难产，此时应立即采取必要的措施，将胎儿从母猫产道慢慢拉出。

① 顺产产位难产　因母猫身体虚弱，产力不足而引发的难产，可用牵拉的办法助产。一个人按住母猫的肩部，另一个人用纱布垫住露出的胎儿部分，送回盆腔约 1cm，再轻轻转动一下母猫的身体，然后趁猫用力努责时向外小心牵拉，动作要轻稳，一般情况下，胎儿能顺利产出。

② 臀位性难产　一人按住母猫的头部，另一人左手轻轻按压母猫的腰腹部，右手拇指与无名指从羊膜上轻轻压住胎儿后腿，然后用食指与中指贴在小猫的背上，将胎儿的体躯向腹部弯曲成虾状，就能顺利产出。不能用力拉，以免造成拉伤。

助产过程一定要轻稳，耐心细致，以防止造成母猫阴道、阴门及骨盆损伤。回送胎儿，一定要在母猫停止努责时进行。向外拉胎儿，一定要随着母猫的努责，慢慢牵拉。

通常情况下，仔猫产出后，母猫会用牙齿撕破羊膜、咬断脐带，用舌舔净仔猫体表的黏液，并给仔猫哺乳。但有少数母性不强或没有分娩经验的母猫，不去护理仔猫，此时主人应帮助剪断脐带，擦干口腔、鼻孔中的黏液，以利仔猫的呼吸，同时还应擦净体表黏液，防止仔猫受寒，并将仔猫放在干燥、温暖的猫窝中。

二、犬、猫的产后护理

1. 母犬、猫的产后护理

（1）产后母犬、猫的生理特点　产后母犬、猫生理上会发生一些变化，特别是生殖器官的变化大，产后这些器官有一个恢复原状的过程，要加强护理，避免损伤。

① 子宫内膜的再生　分娩后子宫黏膜表层发生变性、脱落，由新生的黏膜代替曾经作为母体胎盘的黏膜。在再生过程中，变性的母体胎盘和残留在子宫内的血液、胎水以及子宫腺的分泌物被排出来，这些排出来的混合液体就叫恶露。恶露开始量多，因含血液呈红褐色，以后随着血液减少颜色也逐渐变淡，直至停止排出。正常恶露有血腥味，但无臭味，排出时间大约一周左右。如果恶露有腐臭味，或排出时间延长没有停止迹象，表明母犬、猫出现异常，应及时处理。分娩后，卵巢内就有卵泡开始发育，但要到临近发情才发育成熟及排卵。分娩后 45 天阴道、前庭和阴门就恢复，但不能恢复到未产前的状态。分娩后 45 天骨盆及韧带恢复原状。

② 子宫复原　母犬、猫产后子宫的变化最大，随着胎儿和胎衣排出子宫会迅速缩小，这种收缩使怀孕期间伸长的子宫肌细胞缩短，子宫壁也随之变厚。随着时间推移，子宫壁中增生的血管变性，一部分被吸收，另一部分的肌纤维会变细，子宫壁变薄恢复原状。但子宫的大小和形状不能完全恢复原状，比未产母犬、猫的大而且松弛下垂。

（2）产后母犬、猫的护理

① 加强营养　分娩期间母犬、猫体能消耗很大，加上需要哺乳，因此应给产后母犬、猫提供质量好、易消化的饲料，特别是需要高品质的蛋白质，量也要增加。同时要补充维生素和矿物质，必要时还要补充钙。分娩过程中母犬、猫会失去很多水分，产后要提供足够的温水。同时应供给利于产乳的食物。

② 加强卫生管理　产后母犬、猫由于整个机体，特别是生殖器官发生了剧烈变化，抗

病能力明显降低。而且身体虚弱，很容易受到微生物的侵袭，因此要特别注意产后母犬、猫外阴部和乳房的清洁卫生。要经常用消毒液清洗母犬、猫的外阴部、尾巴和后躯，即先用消毒液浸泡过的温毛巾擦拭乳房，再用清水清洗干净，防止仔犬吸入消毒药水。同时要保持产房的清洁卫生，特别是母犬、猫躺卧的产床，应经常用消毒的毛巾擦拭，防止母犬、猫外阴和乳房接触而感染。

③ 注意适当运动　在气候适宜季节天气好时，每天要让母犬、猫到室外散步运动两次，每次 0.5h 左右，但要避免剧烈运动。

④ 保持环境安静　注意保持产房及周围环境的安静，避免噪音、强光等刺激。正常情况尽量减少进出产房次数，以免影响母犬、猫的哺乳和休息。

⑤ 加强疾病预防　产后母犬、猫抗病能力差，而且分娩过程中有损伤的可能，容易引起产后感染，因此产后要经常对母犬、猫进行检查，检查主要注意恶露的排出量、颜色和排出时间的长短，生殖器官有无肿胀，乳房胀满程度、有无炎症、乳量多少等。每天测量体温 12 次，时刻注意体温变化，如果体温升高，要及时查明原因及时处理。同时注意防止贼风侵袭引起感冒。在给哺乳期的母犬、猫用药时，应充分考虑药物的副作用，禁止使用影响乳汁分泌及仔犬生长发育的药物。

2. 初生仔犬、猫的护理

(1) 加强观察　新生仔犬、猫的活动能力很差，而且眼睛和耳朵都完全闭着，随时有被母犬压死、踩伤的可能，也有爬不到母犬身边因受冻、吃不到初乳而挨饿等现象，这些都需要有人随时发现并且要随时处理。所以对新生仔犬、猫的观察护理非常重要，对母性不好、体质弱的仔犬、猫尤其重要。

(2) 保温　新生仔犬、猫的体温较低，为 36～37℃，最低体温会降到 33～34℃。而且新生仔犬、猫的体温调节能力差，体内能源物质储备少，对温度反应敏感，不能适应外界温度的变化，所以对新生仔犬、猫必须要保温，尤其是在寒冷的冬季。一周龄内的仔犬、猫的生活环境温度以 28～32℃ 为宜，对体质较弱的新生仔犬、猫，恒定的环境温度尤其重要。随着年龄的增长，新生仔犬、猫对环境温度变化的调节能力逐渐增强。但新生仔犬、猫生活的环境温度也不宜过高，过高会使机体水分排泄过多，容易产生脱水。一般以稍低于健康新生仔犬、猫的体温为好。

(3) 吃足初乳　初乳一般是指母犬、猫产后一周内分泌的乳汁。初乳中不仅含有丰富的营养物质，并具有轻泻作用，更重要的是含有母源抗体。新生仔犬、猫体内没有抗体，完全是通过消化初乳获得抗体，从而有效地增强抗病能力。因此，新生仔犬、猫要在产出后 24h 内尽快吃上初乳。对不能主动吃乳的仔犬、猫应及时让其吃上初乳。最好先挤几滴初乳在乳头上，然后轻轻把仔犬、猫的嘴鼻部在母犬乳腺上摩擦，再将乳头塞进仔犬、猫嘴里，以鼓励仔犬、猫吮吸母乳。必要时还需帮助挤出初乳喂新生仔犬、猫。

(4) 人工哺育　母犬、猫产仔数过多（8 头以上）或乳汁不足甚至无乳时，应进行人工哺乳或保姆犬、猫哺乳。但在进行人工哺乳或保姆犬、猫哺乳之前，要尽量让新生仔犬、猫吃到初乳。除非绝对必要（无乳或其他原因确实不能哺乳等），最好是哺乳 5 天左右再离开，这样就可以提高仔犬、猫的免疫力，增强抗病能力。

① 人工喂养　首先要选好代乳品，一般使用牛乳，最好是鲜牛乳。开始时应按体积加 1/3 的水稀释，再在每 500ml 稀释乳中加入 10g 葡萄糖和两滴小儿维生素混合物滴剂。35 天后应逐渐减少水的比例，提高牛乳浓度。白天至少每隔 2 小时喂一次，体质特别弱或食量小的，要每 1 小时喂一次；晚上视情况每隔 3～6 小时喂一次。每天喂食的乳料，最好现喂现配，也可将 1 天的乳料配好储存在冰箱里，喂食时将乳料加热到 38℃ 左右。喂食量可根

据仔犬、猫的胃容量来确定，以5～8成饱为宜。

② 喂养方法　准备好一个特制乳瓶（婴儿用的乳瓶也可以），使用前先对乳瓶进行消毒，再把配制好的乳料倒入乳瓶中，加热至38℃左右。抱起新生仔犬、猫，托住它的胸廓，将乳嘴放入它的口中即可。饲喂时应让新生仔犬、猫自己吸乳，不要把乳瓶高过头顶，更不要给新生仔犬、猫强行灌喂（除非确实必要），同时，注意饲喂时不要捏紧仔犬、猫的腿，应让腿能够自由活动。

③ 刺激排泄　新生仔犬、猫不会自己排泄粪尿，必须由母犬舔舐肛门来清理。有些母犬不会舔舐，必须人为地帮助擦拭。此时要模仿母犬的净化活动，用棉球或柔软的卫生纸擦拭肛门，并擦干仔犬、猫头部及身上的乳汁、水和其他污物等。同时对仔犬、猫的胃肠和膀胱进行轻度的刺激（轻揉），以便促进胃肠及膀胱蠕动。

④ 其他注意事项　a. 防止便秘。人工喂食的代乳品无轻泻作用，容易引起便秘，一旦出现便秘可用圆头的玻璃棒向肛门内及周围涂擦凡士林，也可在代乳品中加入1～2滴食用油或液体石蜡，严重的可直接将食用油或液体石蜡滴入口中，直到恢复正常。一旦正常立即停止使用，防止引起腹泻。b. 如果是由于新生仔犬、猫数多而进行人工喂养的，在喂养间歇期应把新生仔犬、猫放回母犬身边，这样有利于其生长发育。但在放回时要特别注意观察母犬、猫对新生仔犬、猫的反应，防止有的母犬、猫不接受人工喂养的新生仔犬、猫，甚至会伤害它。如果母犬、猫不接受，需完全移开进行人工喂养。

⑤ 保姆犬、猫喂养　保姆犬、猫哺乳对缺乳的新生仔犬、猫的正常发育很有利，若做得好与自身母犬、猫带的效果一样。有条件的可以对产仔数多的母犬、猫配备好保姆犬、猫。一般选择性情温和的保姆犬、猫，并应具备两个条件：a. 与原母犬、猫分娩时间基本相同；b. 有充足的乳汁。在给保姆犬、猫喂养前，要在新生仔犬、猫身上涂擦保姆犬、猫的乳汁或尿，让新生仔犬、猫身上带有保姆犬、猫的气味，这样保姆犬、猫就能很快接受。但开始几天要密切观察，防止保姆犬、猫不接受并伤害新生仔犬、猫的情况。只有当保姆犬、猫开始接受新生仔犬、猫吃乳，并照顾它时，才能放手让其正常喂养。

（5）疾病预防　新生仔犬、猫抗病力极差，很容易受到病原微生物的侵袭，因此产房一定要干净、卫生。注意新生仔犬、猫的保温防止感冒。保持乳房清洁卫生，防止肠道感染。新生仔犬、猫出现肠道感染，可在其口腔滴入几滴抗生素。

第四节　犬、猫的阉割与绝育

【学习目标】

了解犬、猫阉割和绝育手术的基本操作。

一、公犬、公猫的阉割

1. 术前准备

术前对待阉割的犬、猫进行体温、脉搏、呼吸生理指标及生殖系统（阴囊、睾丸、前列腺、泌尿道等）的检查，并据此判断是否符合阉割手术的要求，如不能通过治疗控制应延后进行手术。手术前半月左右应进行破伤风类毒素注射，或在手术当天注射破伤风抗毒素预防术后破伤风的发生，术前绝食半天。

2. 消毒

按手术常规将术部剪毛、消毒处理。

3. 保定及麻醉

应用速眠新进行全身麻醉。仰卧或侧卧保定，两后肢向后外方（犬）或腹前方（猫）伸展固定，充分暴露会阴部和腹底壁。

4. 显露睾丸

术者用两手指将两侧睾丸推挤到阴囊底部，使睾丸位于阴囊缝际两侧的阴囊最低部位。从阴囊最低部位平行于阴囊缝际向前切开皮肤和皮下组织，切口长度以一侧睾丸能从此挤出为宜。术者左手食指、中指推顶一侧阴囊后方，使睾丸和鞘膜向切口外突出，并使包裹睾丸的鞘膜紧张，固定睾丸，切开鞘膜，睾丸即可露出。术者抓住睾丸，用一止血钳钝性分离附睾后韧带，将睾丸拉出，拉紧精索，钝性分离附着于鞘膜上的脂肪，并向腹腔方向推挤，充分显露精索。

5. 睾丸切除

先用三把止血钳从精索的近端依次钳夹精索。用 4～7 号丝线，紧靠第一把止血钳钳夹精索处进行贯穿结扎，当第一个结扣接近打紧时，松去第一把止血钳，使线结恰恰位于精索压痕处，打紧第一个结和第二个结，完成对精索的结扎。然后，在第二把和第三把止血钳之间切断精索。先用镊子挟持精索组织，再除去第二把止血钳，观察精索断端有无出血，确认无出血之后，松开镊子，让精索断端还纳回鞘膜管内。

按同样方法切除另一侧睾丸。但不要切开阴囊中隔，以免引起阴囊出血。

在幼年公犬，也可以在精索最细的部位，用拇指尖端来回推刮，直到刮断精索为止，摘除睾丸，但术后应注意观察是否出血，如有出血，及时处理。

6. 缝合

4 号丝线间断缝合皮下组织，用 4～7 号丝线间断缝合皮肤。也可以不缝合阴囊切口，用碘酊消毒切口及周围，并在切口内撒布消炎粉，预防感染。

7. 术后观察与护理

手术后阴囊切口出现潮红和轻度肿胀现象，一般不需要治疗。但如泌尿道有感染以及切口有感染倾向时，应及时处理创口或全身给予抗生素治疗。为防止动物自我损伤创口，可套上颈枷或其他装置。一般 6～7 天后，阴囊萎缩，创口愈合。

二、卵巢摘除

以母犬为例讲述。

1. 术前准备

术前禁饲 12h 以上，禁水 2h 以上。术前对犬进行全身检查，了解机体的状况，有异常的治疗痊愈后施术。术部按常规清洗、消毒以及隔离。

2. 保定及麻醉

一般全身麻醉，仰卧保定。

3. 手术方法

手术路径常采用脐后腹正中线切口，自脐孔起向后作 4～8cm 的切口，此切口出血较少，并容易定位。在预定切口依次切开皮肤、皮下组织、腹白线、腹膜，显露腹腔。

打开腹腔后，将肠管向前推挤或使手术台向头部倾斜 45°造成腹腔内脏中心前移。用卵巢钩或食指、中指沿着腹壁伸入到腹腔底壁探查卵巢，卵巢位于第 3～4 腰椎横突下方的腰沟内，被卵巢囊所包裹。当钩到达脊背部时，从脊背部沿腹壁向切口处探查子宫角，将子宫角拉出切口外或用手伸入到骨盆腔入口处找到子宫体，然后沿子宫体向前找到左侧子宫角和卵巢并拉出切口外，然后用生理盐水纱布覆盖于子宫角上，用手抓持固定。

术者继续向切口外牵引子宫角，可显露出卵巢。继续向外牵引子宫角和卵巢，即可显露出卵巢悬吊韧带。食指钝性分离卵巢悬吊韧带，使卵巢拉出切口外 2～3cm。分离时应注意不要损伤卵巢的动脉血管、静脉血管。

在卵巢系膜的无血管区用止血钳捅破一小口，经此切口用三把弯止血钳穿过，其中两把止血钳夹住卵巢系膜的血管丛，另一把止血钳夹住卵巢固有系膜。先剪断中间止血钳与卵巢之间的卵巢系膜。然后用 4～7 号丝线在近端止血钳上集束结扎，使线结位于止血钳的钳夹处，接着在此结与中间止血钳间作一贯穿结扎。用镊子夹住卵巢系膜残端，松开远端止血钳，确认无出血以后，松开镊子，断端卵巢系膜迅速缩回到腹腔内。然后在仅剩余的止血钳处作贯穿结扎，切除卵巢，将组织器官复位。

以同样方法寻找右侧子宫角和卵巢，再将右侧卵巢切除。

按常规闭合腹壁切口，整理创缘，做结系绷带。

4. 术后注意事项

术后保持犬舍清洁干燥。应给动物戴颈枷或手术切口用绷带包扎，以防舔咬伤口，引起感染。同时严密监视其全身变化，若怀疑内出血，应及时证实并止血。术后全身用抗生素预防感染，7～10 天拆除皮肤缝合线。

三、子宫切除

1. 适应证

子宫切除术主要用于治疗犬、猫子宫肿瘤、子宫蓄脓、子宫脱出以及先天性畸形等子宫疾病。此手术也可以与犬、猫的卵巢摘除术一并进行。

2. 术前准备

术前禁饲 12h，禁水 2h 以上。对施术动物进行全身检查，术前应纠正水、电解质代谢紊乱和酸碱平衡失调。

3. 动物保定

仰卧保定。

4. 麻醉及消毒

全身麻醉。术部在脐后腹正中线上，根据动物体型大小，切口长约 4～10cm。术部按常规剃毛和消毒处理。

5. 手术方法

沿预定切口切开皮肤、分离皮下组织、腹白线及腹膜，显露腹腔。

术者持卵巢钩沿着腹壁伸入到腹腔底壁，当钩到达脊背部时，从脊背部沿腹壁向切口处探查子宫角，将子宫角拉出切口外或用手伸入到骨盆腔入口处找到子宫体，然后沿子宫体向前找到左侧子宫角和卵巢并拉出切口外，然后用生理盐水纱布覆盖于子宫角上，用手抓持固定。

术者继续向切口外牵引子宫角，可显露出卵巢。在卵巢动脉丛、静脉丛后方的卵巢系膜上，用止血钳开一个小口，用一把止血钳夹住卵巢固有韧带，贯穿结扎后剪断卵巢固有韧带。另一侧以同样方法结扎卵巢固有韧带。然后沿子宫角向后分离子宫阔韧带，直到子宫角交叉处。在分离至子宫阔韧带中部时，发现索状的子宫圆韧带，将其撕断。也可以在子宫阔韧带靠近子宫动脉、静脉的地方撕破一洞，一手保护子宫动脉、静脉，另一手拉破子宫阔韧带所示。

将两侧已分离好的子宫角完全拉出于切口之外，并继续向外导出子宫体，显露子宫体和子宫颈。对成年犬应先将子宫体两侧的子宫动脉、静脉进行结扎后切断，然后对子宫体双重结扎后切断。对幼犬可以将子宫体以及其两侧的子宫动脉一并进行集束结扎后切断。子宫体切断的部位，对健康犬可在子宫体稍前方结扎后切断；但对于子宫内感染的犬，切开部位应尽量靠后，以便尽量除去感染的子宫内膜组织。

腹壁切口按常规闭合。由于犬、猫有舔咬的习性，在缝合皮肤时，应先做皮内缝合，然后再做皮肤结节缝合。

6. 术后护理

术后保持犬、猫舍清洁干燥，防止犬、猫舔咬伤口。术后 6h 内严密监视全身变化，如有内出血的征兆出现，应及时进行腹腔穿刺确诊，及时止血。术后 7～8 天拆除皮肤缝合线。

【练习与思考】

1. 宠物品种应具备哪些条件？
2. 产后母猫应该如何进行护理？
3. 选配工作的基本原则有哪些？
4. 试述犬的人工输精技术要领。
5. 犬妊娠诊断外部观察法主要判断依据是什么？
6. 如何进行孤儿仔犬的人工哺喂？

微信扫一扫

在线自测 ｜ 打基础
电子彩图 ｜ 辨细节
视听资料 ｜ 划重点
拓展知识 ｜ 多交流

第七章 犬的调教与训练

【内容提要】

讲述了犬的调教与训练方法，分别介绍了犬训练的生理基础，犬训练的准备，犬训练的基本方法及影响犬训练的因素，并对宠物犬与工作犬的基本训练科目进行详细的讲解。

第一节 犬训练的生理基础

【学习目标】

了解犬条件反射的类型，熟悉犬条件反射建立的过程及条件反射的建立与消退。

重点：1. 条件反射的形成过程。

2. 条件反射的强化与消退。

难点：条件反射与非条件反射的相互关系。

犬在生存中感受到体内外各种不同的刺激时，所做出相应的回答性动作，总称为犬的行为。训练犬的直接目的就是使犬具有良好的行为习惯和服从性，提高其先天所具有的素质，形成一定的能力，从而使犬更好地为人类服务。在训犬时，要研究犬的行为的产生及其生活规律，应懂得条件反射原理，明确训练员在训练中的作用，掌握训练原则及要领，了解外界条件与训练的关系等。犬具有发达的神经系统和高级神经活动的机能，对环境变化的适应能力很强。大脑神经系统的基本活动过程是反射活动，犬的训练就是以条件反射原理为依据的。

一、反射的类型

反射是动物机体对外界各种刺激产生的反应。犬的神经系统的反射活动，是实现犬的行为的生理基础。不论犬的行为有多么简单和复杂，其实质都是神经系统的反射活动。犬的神经系统很发达，对外部环境变化的适应能力很强。根据反射活动形成的过程，可将反射分为条件反射和非条件反射，这两种反射的类型都是神经系统的兴奋性活动。

1. 条件反射

条件反射是犬在后天生活过程中获得的经验活动，即暂时性的神经联系，为适应不断变化的条件而形成的反射。由于这种反射不是定期和经常的，所以一旦条件不存在，反射强度也会下降或消失。人们教给犬的每一个动作都是条件反射，必须定期地进行重复训练，不断强化，才能得到巩固，不然经过一段较长的时间后，条件反射就会淡化、消失，学会的动作也就会忘掉。比如一只训练有素的警犬，如果不能保持训练强度，甚至不再训练，那么在执行任务时会变得笨拙，甚至有生命危险。

条件反射形成的神经机理是大脑皮质发生暂时神经联系的结果。因为外来的各种刺激所引起的兴奋过程，是沿着不同的神经通路（反射弧）传向大脑皮层的相应部位的，所以，在大脑皮层内就出现了由各个刺激作用所引起的独立的兴奋点。犬在不断变化的环境中，很难保证正常的生理活动，必须在非条件反射的基础上，借助于高级神经中枢（大脑皮层）机能活动建立起比非条件反射的数量更多的、适应性更强的条件反射，是由一定刺激的信号作用所引起的。如从未挨过棍子打的犬，当它第一次看到拿棍子的人接近时，不一定表现出防御反射。但当它受到棍子打并感到疼痛后，就表现出主动的或被动的防御反射，这是非条件反射。在此之后，当犬再看到拿棍子的人接近时，不等用棍子打它，它就表现出防御反射，这就是条件反射。因为拿棍子的人在打犬时，所表现出的打的动作和棍子的形象，一定是和犬挨打时所感到的疼痛同时伴随出现的，因而拿棍子的人的出现，就具有了引起犬发生条件性的防御反射的信号作用。条件反射是犬在一定的生活条件下建立起来的，是不稳定的和一时性的，既容易产生也容易消失。

2. 非条件反射

犬的非条件反射是先天遗传的，生下来就有的一种反射，不用任何后天学习。因为犬生下来在生理机能上就具有实现这种反射的反射弧，只要有一定的刺激，不论是犬体内部或外部的刺激，直接作用于某一感受器，就会引起相应的反射活动。如仔犬生下来就会呼吸、吃奶、唾液分泌、眨眼、排便等反射活动，这些都是先天性的非条件反射。与犬的生存有密切关系，并在犬的训练中主要非条件反射有以下几种。

（1）食物反射　犬为了正常生存而获取食物的本能行为，是一种非条件反射活动。人们可以充分利用犬的食物反射，通过科学精心饲养管理，保证犬的正常生长发育，并借以建立和增强犬对训练员的依赖性。训练中，还可以利用犬的食欲，以食物刺激为诱饵，引导犬做出一定的动作，再通过食物奖励来强化和巩固犬的正确动作，加速能力的培养。

（2）防御反射　犬在适应自然界生存条件中，对不利刺激采取消极或积极防御的行为，是犬护卫自身免遭伤害的一种非条件反射活动。这种反射表现为两种形式，一种是主动防御反射（凶猛、扑咬）；另外一种是被动防御反射（畏缩、逃避）。可以根据训练科目能力培养的要求，采取相应的机械刺激手段，迫使犬产生适度的被动防御反射而做出训练的动作，也可以通过较强的机械刺激，达到制止犬的某些不良习性的目的。如果训练员采取足以能激发犬产生仇视性的方法，也有助于培养犬的警戒反应和勇于攻击、凶猛扑咬等主动防御能力。

（3）猎取反射　猎取反射是指犬先天遗传的寻觅或捕获猎物的本能活动。犬虽具有这种先天性能，但个体间差异较大，所以需要通过耐心而巧妙的诱导手段，充分调动和发展犬对获取所求物品的高度兴奋和强烈占有欲。这一反射是培养犬积极进行鉴别、追踪、扑咬、搜索等作业能力的重要基础。

（4）探求反射　这一反射能使犬敏锐地发觉外界环境的微小变化，以使犬不断地适应于外界环境。探求反射与犬的学习行为有密切的关系，训练中，利用新异刺激的手段和犬的探求行为，可有助于相关能力的培养，并可通过环境锻炼，培养犬的适应性，消除新异刺激性对训练的影响。

（5）性反射　犬借以延续后代的一种本能行为。犬的这一反射是犬繁育的重要基础，可以为训练提供优质犬源，但性反射对犬的训练和使用都有不同程度的不利影响。

（6）自由反射　长期处于拴系或圈养条件下生活的犬，总是力图挣脱所受限制，获得自由活动的机会，是犬挣脱自身活动所受限制的一种反射行为。在长期圈养和紧张训练过程中，为解除犬的超限抑制，缓解神经活动状态，在训练间隙放犬自由活动片刻，使其获得必要的自由。自由反射有助于发展犬的活动，耐力和技巧，对发泄过剩能量也有一定的作用。

（7）姿势反射 是维持躯体姿态的正常平衡及运动的随意自如的一种本能活动。犬的活动必须保持正常的相应姿势和运动的平衡，因此在训练中可以利用犬固有的自然动作及躯体平衡的运动反应，通过正确的引导和适当的强制，以进行基础科目的训练，使犬形成符合规范化要求的服从性科目。

二、条件反射建立的过程

训练犬学会各种本领的过程是通过训练使犬形成条件反射的过程。引起条件反射需要有刺激（非条件刺激和条件刺激），两种刺激结合使用时，可以使条件反射强化。在训练犬建立和强化条件反射中，应注意以下几点。

第一，建立条件反射时，要将条件刺激与相应的非条件刺激结合起来作用于犬，这是条件刺激建立的基础。而且条件刺激的作用先于非条件刺激的作用，并要重复结合，连续作用，直至条件反射的形成。条件刺激主要是指口令和手势，非条件刺激是指能引起犬非条件反射的刺激。

第二，建立条件反射时，相关的非条件反射中枢应处于兴奋状态，这是条件刺激建立的条件。因为条件反射是建立在非条件反射的基础上，如果与建立条件反射相应的非条件反射中枢缺乏足够的兴奋，条件反射的形成是非常困难的。犬如缺乏非条件反射活动的足够兴奋性，就失去了应有的基础，条件反射就难以建立。

第三，建立条件反射时，必须正确掌握刺激的强度，条件刺激强度要弱于非条件刺激，这是条件反射建立的前提。刺激强度过强，会引起犬对训练害怕或逃避训练；刺激强度过小，不能引起相应的反应。在相对比较的情况下，使用强的刺激要比使用弱的刺激形成条件反射快些，反应量也大些。过强和过弱的刺激，都很难形成条件反射。因此，在训练中所使用的口令刺激或其他非条件刺激的强度，应尽量适应于犬的具体情况。

第四，建立条件反射时，犬体必须健康，犬的大脑皮质应处于觉醒状态，同时也不应被其他活动所占据，是建立良好的条件反射的保证。因为犬体的任何病理刺激和大脑的不清醒，都将影响暂时神经联系的接通，阻碍条件反射的形成。如训犬时，犬处于瞌睡状态，条件反射的形成就会很缓慢或受到阻碍，甚至不能形成，因为这时犬的大脑皮层产生了抑制，训练就没有效果。

三、条件反射建立与消退

1. 条件反射建立的基本原则

（1）接近原则 条件刺激与非条件刺激必须在结合应用的时间与空间上接近。应条件刺激在先，非条件刺激在后。在使用条件刺激时，避免错误使用或过于频繁使用，而很少结合非条件刺激，将会导致犬条件反射形成慢，执行命令迟缓，兴奋性降低，所训科目不易巩固。

（2）重复原则 条件刺激与非条件刺激必须重复结合作用。在正确掌握刺激接近律的基础上，对犬重复施以刺激，才能保证条件反射的建立。但是，过于频繁的重复使用刺激也不会得到好的效果，在一次训练中同一科目训练过久，将使犬兴奋性下降，出现超限抑制，而导致训练失败，所以重复刺激应在下一次训练中进行。

（3）强度原则 正确掌握刺激强度是训练的关键。强刺激引起强反应，弱刺激引起弱反应，超强刺激则引起抑制。同一强度的刺激作用于不同的犬，其效果是不一样的。因此，在训练中要区别对待，正确掌握和应用刺激强度及方法。

（4）强化原则　条件反射必须通过相应的非条件刺激的支持，反馈及加强，才得以建立和巩固。若在重复训练中只使用条件刺激或非条件刺激强度不够，则此科目会消退。

（5）干扰原则　由于某些新奇或突然的刺激所引起的反应，能对条件反射的发生，消退产生外抑制或解除抑制作用。因此，在受训犬初训时，应在清静的地方，避免外界新异刺激对训练的干扰，但在受训科目完成并巩固后，可使受训犬逐渐适应外刺激而不受干扰，使其达到实际使用要求。

（6）消退原则　产生消退的先决条件是完全中止强化。已形成的条件反射在完全失去强化后，必然产生反应减弱和消退现象。所以，在受训犬完成科目的条件反射目标后还应经常复训，加以巩固。

2. 条件反射的消退

对于已形成的条件反射，如果只给予条件刺激，而始终不给予非条件刺激强化，久而久之，原来的条件反射逐渐减弱，甚至不再出现，这称为条件反射的消退。这种消退的实质，是由于在大脑皮层原来产生条件反射的中枢内，由条件刺激所引起的兴奋状态，因条件的改变而转化为抑制的状态。条件刺激失去了原有的兴奋效果，而重新获得了抑制作用。

消退抑制的形成，并不能完全证明原来的条件反射已经被彻底消除和暂时联系已被彻底破坏，因为经过一个时期以后，原来的条件反射又会出现。训练经验证明，犬的某些不良联系虽经消退，但有时还会重新出现，因此，需要不间断地彻底进行消退。就是在彻底进行消退以后，若一经强化，又会比较容易恢复。

除经常注意强化外，还有一些情况可使条件反射暂时消退，例如，一个条件反射正在进行时，突然出现一个新的强的刺激，就会抑制这个条件反射。此外，条件刺激太强或作用时间过久，也会抑制正在进行的条件反射。总之，为了建立条件反射，使用的条件刺激要固定、强度要适宜，而且要经常用非条件刺激来强化和巩固。否则已经建立的条件反射也会受到抑制而逐渐消失。

四、条件反射建立的意义

传统观点认为，条件反射的建立，是由于在条件刺激的皮质代表区和非条件刺激的皮质代表区之间多次的同时兴奋，发生了机能上的暂时联系。条件刺激在皮质引起的兴奋，可以通过暂时联系到达非条件反射的皮质代表区，于是引起本来不能引起的反应。目前，暂时联系的神经机制尚不清楚。条件反射建立之后，如果反复使用条件刺激而得不到非条件刺激的强化，条件反射就会消退。条件反射是后天获得的，是在生活过程中通过一定条件，在非条件反射的基础上建立起来的反射，是高级神经活动的基本调节方式，人和动物共有的生理活动。形成条件反射的基本条件是无关刺激与非条件刺激在时间上的相结合。任何无关刺激与非条件刺激相结合，都可以形成条件反射，一般认为必须有大脑皮质参加才能实现。

第二节　犬的训练准备

【学习目标】

了解训犬的基本方法及原则；掌握训犬的基本要领；重点掌握犬训练的方法，在训犬过程中应注意的事项，进一步了解影响犬训练的因素。

重点：1. 掌握受训犬的选择技术，熟悉犬常用的训练方法。

2. 掌握犬训练的基本要领和注意事项。

难点：理解犬训练的基本原则。

一、受训犬的选择

训练中，并非所有犬都具有优良品质，要训练出一只高质量的犬，对于受训犬必须进行严格的选择，这是训练的先决条件。受训犬应从优良品种或具有显著杂交优势的犬群中择优选择。每只犬都有学会各种技巧的本能，但其掌握技巧的程度，常因犬而异，这与犬的品种、个性、年龄、神经类型等有关，因此，对受训的犬都应进行严格的选择。当然，由于目的不同，选择的条件也有所不同。

1. 体型外貌

体型外貌上要求外观各部发育匀称，被毛光泽，牙齿锋利，肌肉发达，雄壮强健，姿势端正，行动敏捷，机警灵活。符合各种犬基本体貌要求，生长发育符合各犬种标准，步幅、步态正常，行动机警灵活。

2. 年龄

任何年龄的犬均可进行训练，年龄一般以3月龄至1周岁为合适（3月龄起进行基础训练，7~12月龄可接受专项训练）。

3. 神经类型

神经类型方面，最好是活泼型和兴奋型犬，但安静型犬也可以。犬的神经类型可在自然条件和训练过程中，通过观察和研究犬对不同刺激反应的情况进行简略判定。

4. 其他

（1）性别 不同品种的犬有其独特的个性，不同性别的犬也有其特殊性。训犬时公犬、母犬均可。一般而言，母犬表现温驯，具有良好的家庭行为，比公犬训练容易，但母犬每6个月发情一次，此期不宜训练。公幼犬个体大，发育期间表现为盛气凌人的雄性化行为。公犬在初情期和两周岁左右，其雄性化行为变得突出，这常常导致训练困难。公犬强壮好斗，作为护卫犬或狩猎犬更合适，但它们接受庭院训练稍困难一些，易分散注意力和损害东西。

（2）感觉器官 参加受训犬还要求听力、视力良好，嗅觉灵敏、嗅认方式好、反应速度快等。

（3）主要反应 应选择猎取反应、主动防御反应和食物反应占优势的犬，凡反应迟钝，或探求反应、被动防御反应占优势的犬，或是猎取反射退化的犬（衔取不兴奋），都不能作为受训犬。

二、训犬的基本方法

1. 机械刺激法

机械刺激法是利用器具，在犬不听指令时用来控制其行为的方法，具有一定的强制性，能引起犬的触觉和痛觉，在犬随行和受训时，如果不按主人的意图行事，可以拉牵引带（狗链）迫使犬不能做违背主人意愿的事。训练中所使用的机械刺激，除抚拍作为奖励的手段外，按压、扯拉牵引带、轻打以及在必要时使用刺钉脖圈等，从而能迫使犬做出相应的动作和制止某些不良行为。

不同强度的机械刺激能引起犬的不同反应。一般来说，弱的刺激引起弱的反应；强的刺激引起强的反应；超强的刺激就会使犬产生超限抑制，甚至产生神经症。所以在训练中，要防止对犬使用超强刺激，以免使犬产生超限抑制和出现"害怕"训练员或逃避训练的现象。也要避免缩手缩脚，不敢使用刺激或使用刺激过轻，妨碍条件反射的形成和巩固。在一般情况下，比较适应使用中等强度的刺激，在具体使用时，还要根据犬的特点和当时的具体情况灵活运用。

在训练中，对犬使用机械刺激时，必须针对与训练动作相适应的部位，否则，会达不到应有的效果。如训练中我们使用机械刺激迫使犬做出坐下的动作，就要按压犬的腰角，如果不是按压犬的腰角，而是按压犬的背部，犬就不可能坐下，这是因为神经系统对刺激的反应，是按照一定的神经通路来实现的。这种方法的缺点是，如果过多或过强地给犬以机械刺激，会影响犬对训练员的依恋性，并造成神经活动的紧张状态，对训练产生抑制；优点是，在机械刺激的作用下必然会使犬做出相应的动作，并能保持这种姿势的固定不变。当运用得当时，还能使条件反射得到巩固。

2. 食物刺激法

食物刺激对犬具有重要的生物学意义，食物是训练员用来奖励犬的正确动作和诱导犬做出某些动作的一种刺激。食物既可作为非条件刺激，也可作为条件刺激。当食物用来强化条件刺激和奖励犬的正确动作，直接作用与犬的口腔，引起咀嚼、吞咽等非条件反射时，食物就是非条件刺激；当训练员在一定距离，以其气味和形态作用于犬，并在食物诱导下使犬做出卧下、坐下等动作时，它就属于条件刺激。食物刺激法是在犬受训成功或吸引其注意力时给予食物奖励，调动训练积极性的一种方法。如果只训练，忽视奖励，犬会觉得训练是一件极没有意思的事，一切训练手段都将是徒劳的。食物可以刺激犬的条件反射，让它知道如果听话就有好处。

食物刺激法的缺点是，犬的动作不易准确，对食物反应不强的犬，当环境中出现新异刺激影响时，训练员的口令或食物诱导都会对犬失去作用；优点是，在食物刺激的诱导下，可以使犬迅速地形成许多条件反射，如坐、卧、吠等。同时利用食物刺激训练，犬在做动作时表现活泼兴奋，并能增进犬对训练员的依恋性。

3. 机械刺激和奖励结合训练法

在训练中将机械刺激和奖励结合起来使用，可以取长补短，收到良好的效果。这种方法是在犬拒绝接受训练时用机械法强迫其按指令行动，同时在动作成功或有起色时要给予奖励。如果机械刺激强度过大、过频繁，会使犬产生逆反的反射，从每次受训开始就恐惧、躲避，记不住动作的要领。奖励虽然是必需的，但要适量，如果奖励过多会影响正常食欲，也不利于以后的训练。可以结合抚摸和口头表扬，达到奖励的目的。

4. 模仿训练法

这种方法是以利用动物的先天本能特性为基础，来模仿其他动物的动作，可以生动有效地让犬明白要做什么，训练效果有时是机械刺激法所不及的。其实质，就是借助其他犬的活动影响，来诱发犬的兴奋性，使其做出相应的动作。如在训练犬扑咬时，可以利用多条主动防御反应较强的犬轮流对助训员进行扑咬，而让那些主动防御反射不强的犬临场观摩，同时，训练员加以鼓励和助威，为犬壮胆，这样就能逐渐提高犬的主动防御反应。

三、训犬的基本原则

1. 循序渐进，由简入繁

对犬完成动作的训练必须遵循这一原则，不可急躁冒进，犬的每一种能力的形成，都是按一定的程序训练完成的。根据犬的训练客观规律分步骤、分阶段、由简单到复杂、逐步过渡能力进行培养，对犬的训练不能追求一次成功，有时几十次甚至上百次，要根据难度而定。如训练犬作揖的同时发出叫声，要分站立、摆手、吠叫三步训练。在完成动作训练（或称能力培养）过程中，一般应经过以下 3 个阶段。

第一阶段：在安静的环境里进行训练，利用口令和手势做指导，防止外界刺激的诱惑和干扰。让犬能做到所要求的动作，在完成动作时要给予奖励，不正确的动作要及时而耐心地纠正。同时，正确利用正负强化对比，使犬对不同的口令、手势形成分化。

第二阶段：此阶段要求犬能根据训练员的口令和手势将各个独立形成的条件反射有机地组合起来，形成一种完整的能力。此时，环境条件仍不应复杂，在不影响训练的前提下，要加强环境锻炼，经常更换训练场地使犬逐步适应，为下一阶段打好基础。同时，对犬的不正确动作和延误性口令必须及时加以纠正，并使用强迫性手段，适当加强机械刺激强度，给予刺激，正确动作及时给予强化，并给予奖励。

第三阶段：是在复杂环境中就是要求犬在有外界引诱的情况下，仍能顺利执行口令。为此，在进行鉴别训练时，为使犬的大脑活动保持高度集中，仍应在安静的环境中训练，以免影响鉴别的准确性。同时，应注意因犬而异，训练条件难易结合，而且要易多难少的，逐步增加难度，培养犬适应复杂环境的能力。

2. 因犬而异，区别对待

这一原则体现了犬个体的特殊性和犬种的差异性，强调了在训练中具体问题具体分析。在训练过程中，依据年龄、犬种和个体的自身素质特点和神经类型，在训练方向、训练科目选择上和训练进度安排上，要因犬制宜，区别对待。对不同年龄和神经类型的犬进行训练时，必须考虑其特殊性和差异性。一方面，训练方法要具有针对性；另一方面，所需要培养的能力要与犬的个体特点相适应。虽然犬在身体结构以及生活习性上大致相同，但性格存在很大差异。这些差异决定了训练的成败。如果不了解犬的性格，盲目训练很可能一事无成。虽然每条犬都有嗅、闻、衔取等本能，但由于每只犬的神经类型不同、个性不同以及饲养目的不同，因此，训练中应根据犬的不同特点，分别对待。

（1）兴奋型犬　这种犬的特点是兴奋性强，抑制性弱，应该利用和调动这一点，同时培养其克制力。主要反应是凶猛好斗，活动力强，不易安静。此类型的犬能忍受强的机械刺激，因此在训练基础科目或制止某些不良行为时，可以采取较强的机械刺激。平时要严格管理，加强犬的依恋性和服从性培养。除训练需要外，要多牵引、少散放，减少自由活动的时间和机会。在培养犬的抑制能力时切忌急躁冒进，同时，注意每个训练阶段和步骤之间的相互衔接，如果训练员急于求成，将使训练遭到失败。同时，这种犬在每次进行科目训练之前，要适当降低一些兴奋性。

（2）活泼型犬　这种犬的特点是兴奋和抑制过程都很强，相互转换也很灵活，其行动特征很活泼，动作迅速敏捷，对一切刺激反应很快。训练这类犬时，要根据犬的主要反应特点采取相应的方法，训练方法不当，容易时犬产生不良联系。要求训导员要特别注意自己的影响手段，才能收到良好的训练效果。

（3）安静型犬　这种犬的特点是不易兴奋，往往会适应不同环境，在训练中形成条件反射的速度比较慢，但形成抑制性条件反射较容易。其速度相对也要快一些，形成后比较巩固。对待这类犬应该沉着、冷静、耐心地进行训练，不宜操之过急。也要适当提高它的兴奋性，着重培养其灵活性。在训练中多采用诱导的训练方法和较多的重复口令，才能收到比较好的效果。但是，要避免迅速而连续地发出不同的口令或使用兴奋和抑制相冲突的刺激。否则，犬往往不能立即反应过来，甚至造成神经活动高度紧张。只有当犬的能力有了一定程度的提高后，方可对延误执行口令的表现适当地加强机械刺激。

（4）被动防御反应型犬　这种犬的特点是容易受到惊吓，在训练时对惩罚和训斥表现强烈，经常试图逃避。对强刺激或突发活动适应慢，行为活动受抑制或表现畏惧，训练应重点培养其主动防御能力。训导员在初接触这种犬时，态度要好，奖励要多，防止由于突然惊吓使犬长期不敢接近训导员而影响亲和关系的建立，尤其是注意调教恐惧心理。在训练扑咬时，助训员要挑引得当，采用模仿训练方法，尽量激发犬主动防御兴奋，防止因急于求成而使犬遭到挫伤。在管理和训练过程中，遇到犬有害怕的事物，要采取耐心诱导的方法，使其逐渐消除被动状态并加以适应。

（5）主动防御反应型犬　这种犬行为暴躁，能忍受刺激，活动不容易受到抑制，属于兴奋型的犬。在管理和训练中要对其严格要求，加强依恋性、服从性的训练。扑咬训练要充分利用其长处，但要严防乱咬人、畜事故的发生。由于这种犬兴奋性较高，训练时可适当加强机械刺激。对少数凶猛而胆小的犬，原则上不要使它受到过分的刺激，应通过训练，使其逐渐变得胆大起来。

（6）食物反应强的犬　这种犬对食物高度兴奋，容易接受食物奖励，食物可以调动积极性和巩固训练成果。但如果是警犬，还应再增加拒食他人食物的训练，不随地捡食的良好习惯。在训练中可多采用食物刺激，充分利用其长处。

（7）探求反应型犬　这种犬对周围环境中的某些新异刺激很敏感，经过多次接触，仍不减退和消失，这一特点与犬的灵活性和适应性不良有关。对于这种犬平时多接触新环境，增加遛犬的时间和地点。每次训练前，先让犬熟悉环境，尽量选择安静而无外界刺激诱惑和干扰的训练场地。训练中出现探求反射时，训导员要设法把犬的注意力引到训练科目上来，也可适当使用强制手段抑制探求反射。

（8）凶猛好斗的犬　这种犬基本上属于兴奋性高的犬，要适当加强机械刺激，发挥其抑制过程。在管理训练中要严格要求，加强依恋性、服从性和扑咬训练，以充分利用其所长。但要防止乱咬人、畜。对于少数凶猛而胆小的犬，应加强锻炼，防止过分刺激，使犬逐渐变得胆大。

此外，还可能遇到其他类型的犬，训练中对待它们的训练原则是扬长避短，全面考虑犬的品种、年龄、神经类型与行为反应之间内在的联系及相互关系，巧妙地应用条件反射与非条件反射性刺激及逐渐改善的方法加以训练。

四、训犬的基本要领

在训犬的过程中，虽然犬种很多，训练目的不同，但要领都是一样的。掌握要领就可以成功地训练各种犬。

1. 诱导

诱导就是在训练中利用食物、器具等犬感兴趣的东西吸引犬的注意力，调动其积极性，借以建立条件反射的一种手段。在训练初期，为了使犬对口令和手势尽快形成条件反射，加快训练的进度，采用诱导训练是非常有效的。幼龄犬适宜使用此种方法，因为它们的体质和神经系统的发育尚不够健全，忍受强迫的程度较弱。对不符合训练要求的行为，训导员要迅速地加以纠正，从而形成正确的行为动作。在训练中，训导员也要创造一种愉快舒适的气氛，对犬表现出的符合训练要求的行为都要给予奖励和口令进行强化。

诱导方法的优点是，犬动作兴奋自然，特别对嗅认和分析气味的效果较好，对所训科目不会产生抑制；其缺点是，不能保证犬在任何情况下，都能按照要求顺利、准确做出动作。此法的问题在于如果换了物品或没有食物奖励可能口令作用不大，因此应注意以下问题。

① 使用诱导要掌握好时机，不要始终不变的使用，应与一定强度的强迫手段相结合，这样既可保证训练的顺利进行，又可保持犬的兴奋性，防止以诱导代替口令和手势的做法。

② 要防止因诱导而产生不良联系，应注意穿插不同的器具，让它明白训练目的。如犬在衔取中，只衔动的物品；在鉴别中，犬根据人的表情、动作而对所求气味反应。

③ 要根据犬的神经类型、特点适当运用，对于沉着、安静、不太兴奋的犬可多用，而兴奋、灵活的犬宜少用。

2. 强迫

强迫是使用机械刺激和威胁的语调使其不得不完成训练。一般所有的犬和所有的训练内容都会用到强迫法，特别是训练无进展时使用。在建立条件反射的初期，强迫手段的刺激强度要适中，其目的是迫使犬做出动作，并对口令形成条件反射。训练中犬的动作拖拉或不规范时，通过机械刺激与口令、手势重复结合，进行动作整形，使犬做出正确的动作。在犬疲劳或生病时，不能使用强迫手段，要给予适当的休息或及时治疗。为了更好地运用强迫要领，要注意以下内容。

① 运用强迫必须与奖励相结合，因为威胁音调和强有力的机械刺激，会引起犬产生超限抑制和对训练员的依恋性，甚至逃避训练。为了缓和犬的神经活动过程和达到巩固条件反射的目的，在每次强迫犬做出正确动作以后，必须给予充分的奖励，且奖励强度要大于被迫的强度。不然当犬的恐惧感达到一定程度时会影响训练内容的强化，同时也影响与主人的感情。要让它知道惩罚和奖励都是针对训练，如果成功一定有奖励（可以是抚摸）。

② 运用强迫要及时、力度不要过大，次数不要频繁，口令和相应强度的机械刺激必须结合。这样才能加强对犬神经系统的影响作用。即使在犬对口令已经形成条件反射后，为防止条件反射的消退，还应适当地结合机械刺激强化，防止犬对训导员产生惧怕的后果。

③ 运用强迫方法要针对不同科目，灵活运用。在使用科目中，如训练鉴别、追踪、搜索等更要慎重适度，以免产生不良后果。

④ 运用强迫应根据犬的特点分别对待。对于皮肤敏感，灵敏性较强的犬，特别是胆小的犬，刺激强度要适当小些；但对于那些能忍受强刺激的犬，刺激强度可适当大些。

3. 禁止

禁止是通过使用威胁音调发出的口令，同时伴以强有力的机械刺激，为了制止犬的不良行为而采取的一种手段。不良行为主要是指不利于训练和使用的一些恶习。如接受他人食物，随意扑咬人、家禽等行为。对犬出现的不良行为必须及时禁止，对于犬延迟执行指令或服从性差的表现，只能运用强迫，不能使用口令。为了正确使用禁止手段，训练员应掌握以下内容。

① 在"非"的口令形成条件反射后，要不间断地结合机械刺激，以免消退。制止犬的不良行为时，主人的态度必须严肃，制止一定要及时，最有效的时机是当犬有不良行为表现时立即制止。过后制止或斥责不但无用，反而会使犬的神经活动产生紊乱。训练员的态度要严肃，但不代表打骂犬，每当犬闻令停止不良行为时，要给予奖励。

② 机械刺激的强度要根据犬的特点分别对待，尤其对待幼犬的训练和管理要特别注意。如对于制止有效但反应迟缓的犬，也要配合机械刺激来加强记忆。

4. 奖励

奖励是为了强化犬的正确动作，巩固已培养的能力，调整犬的神经状态而采取的一种手段。奖励的方法有：喂食、抚拍、准予游散和表扬（如发出"好"的口令）等。一般在科目训练的初期，为了使犬迅速形成条件反射及巩固所学的动作，必须给予一定的奖励。当犬对

"好"的口令形成条件反射后，食物的奖励则可逐渐减少，但为了防止条件反射的消退，有间断性的结合食物奖励也是必要的。另外，犬在完成一项比较紧张的作业（追踪、搜索）以后，使犬散游片刻，或者利用犬对衔物的高度兴奋，满足它的衔取欲，这都是很好的奖励方法，在训练中要加以运用。为了正确的使用奖励，在训练中要注意以下几点。

① 奖励必须及时、恰到好处，并应根据不同情况，采用不同的奖励方法。当犬根据口令或在强迫作用下做出正确动作时，应给予奖励，只有及时奖励才能起到强化正确动作的作用。但是过早地使用奖励，容易导致犬所做科目的动作变形。

② 奖励时，主人的态度必须和蔼可亲，以便使犬对训导员的温和表情产生同步反应。

③ 使用奖励要根据不同的科目正确灵活运用，适时而熟练地利用刺激，是取得良好训练效果的保证。

五、训犬的注意事项

每位养犬的人都希望自己的犬听话，能完成几个动作。除选择合适的犬种外，训练本身也很重要，应遵守以下几点。

① 在训练初期，犬的反应迟钝或拒绝训练，不要因此而打骂犬。和其他动物一样，犬对人抱有非常强的警戒心，不明原由的被打、被踢，只能造成"被虐待"的印象。在这种环境下成长起来的狗存在着极度不安全感，有时会攻击力量较弱小的群体，如小孩或老人，甚至会发生咬伤人的危险事件。如果形成了训练和挨打之间的条件反射，其他内容的训练也会受影响。

② 要坚持，不能半途而废。不要希望所有的犬都是"天才"，犬不是只教一两次就马上记住并照办的动物，很多动作都需要在不停地训练中逐渐形成记忆，靠习惯养成。因此，要求训练员要有耐心，不断地对它进行训练。训练中必须反复多次地进行，直到犬学会、做对为止，切勿中途放弃或迁就。

③ 训犬员只能由一人担任，切忌因多人训练造成口令和要求各异而使犬无所适从。如果多人训练，犬会有不同的反应，而且可能不听原主人的口令，使训练失去意义。另外，同一人的语调和内容要一致，不要有制止和表扬模棱两可的话。

④ 为了让狗理解和记忆，训练时口令最好使用简短、发音清楚的语句，而且不宜反复地说，一般不要超过 3 个字，因为犬只能记住发音顺序，不会编排人的语言。发出命令时，要避免大声大气或有发怒的口吻。因为狗是非常敏感的，上述做法会使狗渐渐地把挨骂和训练联系在一起。另外，同一口令对不同性情的狗要采用不同的口气，训养者要根据自己狗的性格选择不同的方式。

⑤ 每次训练的时间不要过长，最多不超过 15min。凡犬做对动作时，要及时给以奖励（赞扬、抚摸或给它爱吃的东西）。

第三节　犬　的　训　练

【学习目标】

掌握宠物犬基础科目的训练方法；重点掌握工作犬基础科目训练的方法及在训练过程中应注意的事项。

重点：宠物犬的基础科目训练方法和工作犬的基础科目训练方法。

难点：如何纠正一些不良的动作。

一、宠物犬的基本训练

训练宠物犬是为了让犬拥有和人生活所必需的习惯，同时给家人增添乐趣。宠物犬的基本训练3个月大后就可以了，此阶段犬的玩心很重，所以可以将训练当成游戏和它一起玩。在训练宠物犬之前，必须掌握一些养犬知识，大致了解宠物犬的品种、个性特征等，再根据周围环境和家庭条件等因素，全面考虑，做出正确选择。

1. 宠物犬听话训练

购买宠物犬后，要调教犬养成与主人共同生活的行为，如果不注意对犬进行调教，听之任之，则很可能使犬养成多种不良行为，招来许多麻烦，直至最后厌恶它。调教犬听话常用的方法是奖励和惩罚。奖励常常用的方法是抚拍、赞美或给予食物，惩罚常用严厉的语气责备或用报纸卷起拍打犬的臀部。

（1）呼名　使犬成为家庭成员的第一步是给犬取一个名字。呼名，是引起犬注意力所必需的声音信号。一般起名常用犬易分辨和记忆的词，愈简单愈好。对犬呼名的训练通常是在幼龄犬时开始。但成年犬也能习惯于呼名。呼名训练必须反复进行，直到幼犬对名字有明显的反应为止。呼名训练的时间，应选择在犬心情舒畅、精神集中的过程中进行。犬对名字的反应表现是，当犬听到主人呼名时，犬能机灵地转过头来朝主人看，并高兴地向主人摇尾巴，等待命令或欢快地来到主人身边。为了使犬学会一听到呼名就做出正确反应，主人应将犬的名字和一些令犬愉快的、积极的事情联系起来。如犬饥饿，主人喂食时，呼叫它的名字，或在呼名后，以食物为奖励，同时可以与赞美及抚拍结合使用。如果主人使用名字把犬呼叫到身边后斥责，甚至打它，这就破坏了呼名训练。另外，避免呼名的声音过高、过于频繁，特别是在进行某种科目训练发出口令之前，容易使呼名和口令两个声音信号发生重叠，从而导致口令的信号失去作用。

（2）听话训练　训练宠物犬，要靠手势和语调来进行训练。如幼犬随地排便，应先说制止的话，再做出制止的动作，比如说"不行"的同时举手做"打"的动作。为了训练犬听话，主人应站在犬的前面，发出"别动"的口令，同时向前推出右手做拒绝姿势。如果犬欲走动，则向前将其按住，再发出"别动"的口令，并用手指向犬窝的方向，发出"回去"的口令，然后将犬拉到犬窝里，令其别动。如每当有客人来访，犬也会变得兴奋，常会围绕客人的脚前脚后不断嗅闻，往往使客人感到很紧张。如果此时能将犬喝住并让其离开，则显得犬很有"教养"，主人训练有方。这样反复多次训练即成。

2. 固定地点大小便训练

养在家里的宠物犬，最重要的是不能随地大小便。否则就没有玩赏可言。固定地点大小便训练，最好从幼龄犬开始。幼犬一旦会爬行就离开犬窝排大小便，且喜欢用鼻子嗅找以前大小便过的地方。如果犬住在房间外或能自由进出的犬舍，则问题很简单，犬本身会选择大小便的地方。幼犬在3～4月龄以前，自己控制排便能力较差，膀胱充满尿液后，或者遇到刺激和干扰时，就会随地小便。正常情况下幼犬每天要小便10～20次，大便4～5次以上。

一般情况下，犬有排便的预兆时，会出现不安、转圈、嗅寻、翘尾、下蹲等行为，对于生活在城市公寓或单元套房里的幼犬，在开始几天应特别注意犬的恶作剧，应充分利用犬吃食后想排便的机会加以调教。在一固定场所铺上报纸，在上面涂上犬尿，在犬要排泄时（四处闻），把它带到报纸处，一闻到尿味它就会在报纸上撒尿。这样经3～4天后，犬一般就会自动地到厕所排便。但是，在这期间主人必须加以监督。经过大约10天时间，犬就会完全养成上厕所的习惯。训练中要注意，报纸不能挪动地方，地也别用有异味的消毒水擦洗，以便使犬能通过气味找到大小便的地方。当犬排便后，应充分奖励，如与犬嬉戏一会儿，然后放下犬让其进犬床睡觉。对于不能每次都到指定地点排泄的，要发现一次惩罚一次。另外，犬外出时，有在路边撒尿做标记的习惯，这是犬的天性，要与随地大小便区别开，但在城市街道上，犬的这种习惯也有碍卫生。因此，领犬外出时，一定要带脖圈，用皮带引导。如能训练犬到厕所大小便，则是最理想的。

3. 犬的姿势训练

（1）站姿　训练犬的站姿时，利用犬怕跌倒的心理，在一块面积较小并高出地面的地方进行，可利用一块垫高的木板或小桌。首先将犬抱到小桌上，让它的后腿靠近小桌的边缘部分，松开手，犬由于怕跌倒，便四肢发软想卧下，这时要一只手托住它的下巴或前胸，另一只手轻轻向后拉犬的尾巴，注意不能只拉尾毛，以免引起疼痛。托着前胸的手同时配合着向后推，使犬不能坐下。当犬发觉后脚将失去支撑，再后退就要踏空时，就会本能地把身体向前倾，向上挺起，前肢踏实，脚趾收紧，呈现出一种四肢挺直，昂首挺胸的标准姿势。利用这种方法重复多次，使犬的站姿养成，以后即使站在平地上，只要主人拉住尾巴向后牵引，犬便会反射性地摆出标准的优美姿势。

（2）坐下　坐下是培养犬衔取、鉴别等能力的组成部分，是多种动作训练的起点，也是多种专业训练科目的重要基础。要求受训犬在听到口令后，能迅速而正确地做出坐下的动作，而且能坚持一定的时间。

训练时，让犬站立在主人左侧，发出"坐"的口令的同时，用右手提脖圈，左手按压犬的腰角。当犬在此机械刺激下被迫坐下后，应立即用食物、抚摸或赞扬的话给以奖励，经多次反复训练后，犬就能养成坐下的动作。在此基础上，结合手势进行训练。如犬已能做好"坐"的动作，还应逐步训练延长其坐的时间，喊"不要动"，手掌前推，人慢慢后退，停下来，手掌不要放下，长坐3～5min就算合格。为了巩固训练的效果，并使其更加完善，必须进行强化训练。在培养犬的这一能力时，不能急于求成，要通过逐渐提高的方法来培养，使犬能在比较复杂的环境中，仍能按照训练员的指挥做出坐下的动作，并保持坐下这一动作的持久性。

（3）卧下　卧下的动作，应在"坐"的动作学会之后进行。卧下的姿势最适合于犬的休息。使犬养成按照口令卧下的习惯，可依据犬的个体特征，采用两种方法：第一种方法是采用食物的鼓励，主人在犬的右侧，面向犬，用右手持食物，从犬嘴的上方慢慢向下方移动，同时发出卧下的口令，并向下方拉动牵引带，给以刺激。此时犬在食物和机械刺激下，便可做出卧下的动作，当犬卧下时，用食物和抚拍加以鼓励奖励。卧下的姿势保持10～15s后，让犬自由活动，以后随着条件反射的形成，逐步取消奖励和刺激。另一种方法是按压肩胛部牵拉犬的前腿，让犬坐下后，主人应蹲下，两手分别握住犬的两前肢，向前拉伸，并用左臂压犬肩胛，犬即会做出卧下动作，当犬卧下时应给以食物奖励。以后，应让犬在一定距离内，结合手势（左臂下垂，手掌向前，掌心向下，并上下挥动）进行训练，以提高其做动作的水平，延长指挥距离，并能按主人的口令和手势坚持卧下5min以上的能力。在训练的过程中，如果犬试图站起来，训练员要以严厉的语气重新发出"卧下"的口令，同时按压犬的肩胛部，不准许犬站起来。

犬在一两步的距离内，能根据口令和手势顺利地做出卧下的动作后，就可以逐步延长指挥距离。如果犬在任何条件下，都能随着训练员的口令与手势，在离开15m远的距离，准确无误地由任何其他姿势转变为卧下的姿势，使姿势保持15s，可以认为卧下的动作已经训练成功。

（4）站立　站立的训练，是使犬养成在一定地点站立不动的能力。站立姿势对保证犬的清洗、梳理被毛等有重要意义。在训练时，将犬带到较清静、平坦的地方，先令犬坐下，然后轻轻提拉牵引带，发出"站"的口令和手势（右臂向犬的方向伸出，手心向上），当犬站立后，要给予奖励。训练时结合口令让犬站立，主人要逐渐离开犬的身边，使犬延长站立的时间。在此基础上，逐渐养成能按手势或口令站立并能持续一定时间的能力。如过犬不站立，要结合托腹的刺激方法使犬站立。训练时需要注意的问题：一是在初步练习阶段，避免站立时间过长；二是经常把犬从站立的状态召唤到自己跟前；三是猛拉牵引带迫使犬离开原地；四是没有及时阻止犬离开原来位置的企图。

（5）作揖　作揖的训练，是在"站立"动作的基础上进行。训练时主人站在犬的对面，先发出"站"的口令，当犬站稳后，发出"谢谢"的口令，同时用手抓住犬的前肢，上下摆动，做出作揖的姿势。重复几遍以后，给予抚摸和食物奖励。然后与犬拉开一段距离，发口令时，不再用手辅助。如果犬不会做，再重复几次，直到犬会做为止。训练开始时，要防止犬对手势所产生的条件反射，可以用简单的手势进行训练，但当动作很稳固以后，只要发出"谢谢"的口令，站立和作揖这一系列反射活动会一气呵成，而不需要发出两次口令。

（6）握手　不论任何体型、品种的犬，学习握手都是非常容易的。某些品种的犬（德国牧羊犬、北京狮子犬等），甚至不必训练，当你伸出手时，它会把爪子递给你，这是它向你表明，它知道你要它干什么的表达方式。对其他犬，只要略加训练就能达到这一目的。

训练时，先让犬面向自己坐下，然后伸出一只手，并发出"握手"的口令，同时伸手抓住右前肢，上抬并抖动，并保持犬的坐姿。如此训练数次，犬就能根据口令，在训练员伸出手的同时，迅速递上前肢进行握手。在握手的同时，发出"你好"表示高兴的样子。犬对握手这个动作很容易顺从，通过握手可以与人进行情感交流，在犬高兴的时候，也会主动递上前肢与人握手。

在训练犬时，应选在空旷的场地进行，不要被外界环境干扰，这样犬才能专心学。每次练习一种动作，每天15min，当犬熟练掌握一项动作后，再教下一种。当犬做错了或不听指挥时不要过多处罚它，当它做对了就立刻摸摸它的头，赞美几句，它就会更服从，因为鼓励永远不嫌多。

二、工作犬的基础科目训练

人们通常把具有一定作业能力并能协助人类从事相应实际工作的犬称为工作犬。如果把普通犬训练成工作犬，除了犬自身具备的素质外，必须通过相应的基础科目训练来实现。工作犬基础科目的训练是为使用科目和实际使用奠定基础，培养犬的服从性，使犬更好地服从主人的指挥。基础科目训练的内容很多，现就常用的几个科目训练法介绍如下。

1. 前来

前来的训练，是使犬在任何情况下，能根据主人的手势和口令，顺利而迅速地来到训练员左侧坐下的能力。训练时，先叫犬的名字以引起犬的注意，然后发出口令"前来"，右手做来的手势（右手向前平伸，掌心向下，高与肩平，随即自然放下），同时左手拉训练绳并向后退，以使犬前来，当犬来到训练员前面时，应及时奖励，这样经过多次的训练，犬即可根据口令顺利前来。

另外，可利用食物和能引起犬兴奋的物品作奖励，诱使犬来到跟前。方法是牵着犬游散时，训犬员一手牵着缰绳，先用亲切的声调呼叫犬的名字，以引起犬的注意，然后发出前来的口令，同时用另一只手拿食物给犬看，利用食物的引诱，使犬跑到训犬员跟前。然后训犬员向后跑开几步，并重复发出前来的口令，再给犬看好吃的食物，当犬再次来到训犬员跟前时，就要用食物、抚摸和好的奖励再次夸奖给予鼓励。在训练初期，往往有的犬听到训犬员的口令不到跟前来时，训犬员就要以较严厉的声调，重新发出前来的口令，同时用缰绳轻轻地将犬拉到自己跟前，对其坐位不正可用左手加以矫正，然后及时以好吃的食物加以鼓励，但不能采用追捉犬的方法，否则，会使训练受到影响。这些动作可以定期重复，直到犬一听到前来的口令后，就跑到训犬员眼前为止。

也可以利用手势，与口令"前来"相结合，与此同时，或者稍早一点作个招呼回来的手势。当犬回来时，就要用食物等给予鼓励。重复练习时，口令要逐渐晚于手势发出，而且在多次重复训练之后，手势和口令对犬具有等同效力，这时犬就可以依口令而来，而且也可以依手势而来。如只打手势犬不回来，那就稍早或同时于口令重新再打一次手势。以后口令的发出越来越晚于手势，最后即可只打手势而不发口令。

所有这些动作都是逐步加速完成的。如果犬能从任何距离、在任何时候并有多种外界吸引力和刺激的地方，随着声口令和手势的下发，就迅速跑到训犬员跟前，并从后方绕过，停在训犬员左腿，又正确地坐下来，对犬前来的训练就取得了成功。在训练的最后阶段，要逐渐增加将犬召回的距离，并要在具有大量外界吸引力和刺激物等较复杂的地区，以及各种气候和昼夜不同的时间进行训练。

在训练时应注意，有的犬往往听到口令或看到手势而不来。此时，主人一定要耐心，想办法采取一切足以使犬兴奋的动作，如拍手、后退、蹲下或向相反方向急跑等，促使犬前来，切不能用威吓的声调发出前来的命令，否则会使犬受到影响。有的犬受到新异刺激后，不但不来，反而到处乱跑。此时应抓住训练绳，但缰绳拉的过紧会造成犬的疼痛，当犬来到身边时，应及时给予奖励。

2. 随行

随行训练的目的是养成犬根据主人的指挥，靠近主人左侧并排前进的能力，并保持在行进中不超前、不落后的正确姿势。训练时，发出"靠"的口令，左手自然下垂轻拍左腿部。训练方法可分为三步。

第一步：先在清洁平坦的地面，令犬游散一会儿，让犬排除大小便和熟悉环境。然后用手拉住牵引带，呼叫犬名引起犬的注意，使犬对随行口令形成条件反射。先使训犬员和犬同时采取基本立正姿势。然后，训犬员以左手拉住牵引带（在距颈圈 20～30cm 处），轻轻地握住缰绳，使犬位于训犬员的左方，让左腿靠近犬的右侧肩胛部，这是约束犬，并令其与训犬员随行的最好姿势。其次是呼叫犬的名字，在发出"随行"的口令的同时，向前猛拉一下缰绳即开始进行训练。每次行走，应不少于 50～100m，时间不超过 20min。最初训练可让犬走里圈，当有一定基础后，再使犬走外圈。

在最初进行的训练中，可能出现犬跑在前面、斜侧方或落在训犬员后面等现象，这时应该以平静的语调发出"随行"的口令给予纠正，同时拉缰绳或利用能引起犬兴奋的物品进行逗引，使犬靠到正确的位置。在使犬获得正确位置后，训犬员要以抚拍、"好的"口令或食物加以鼓励。如犬跑到前面时向后拉，落在后面时向前拉，跑向斜侧方时向自己这一边拉。当犬回到训犬员腿旁站在正确的位置时，就要及时地给予鼓励，并继续进行随行训练。经过多次反复训练后，可使缰绳放松或拖在地上，如犬超前或落后，要随时发出口令"靠"，并同时拉一下缰绳加以矫正，这时犬能立即靠在正确的位置上来，就证明对口令的条件反射已基本形成，可转入下一步的训练。

第二步：使犬对随行的手势形成条件反射的训练。其方法是，随行时把缰绳放长一些，握在右手，以便于训犬员使用手势。在作出手势的同时发出"随行"的口令，并伴有牵引缰绳的刺激，经过反复多次的训练，即可对手势形成条件反射。对于个性较强的犬，在"随行"科目训练中，在使用牵引缰绳达不到预期作用，有时可使用敏感项圈或用针刺，作为非条件刺激物来完成训练任务。

受训犬在不使用缰绳的条件下，可以用不同的步伐和变换行进方向（快步、慢步、跑步、停步等），都能随着训犬员的一声口令或手势，很快地站在或走在正确的位置上，就说明"随行"的训练获得成功。在变换步伐和进行方向时，注意防止踩到犬的足趾。

第三步：当最初阶段的条件反射形成后，要逐步进行深化训练。在复杂的环境中进行随行训练，当犬受到新异刺激影响不执行口令时，可用威胁音调的口令，同时猛拉缰绳，迫使犬能正确随行。这一训练除专门进行外，也可结合平时的散放，在训练使用科目中穿插进行。当犬在比较复杂的环境中不用牵引，能依照训犬员的指挥，正确的随行时，说明这一能力已经形成。

在训练时需注意的事项有：一是训犬员过度强烈的牵扯缰绳，口令声音太大、并常常带有恐惧的声调，特别是不考虑犬的个性，而使用针刺或敏感颈圈；二是经常、重复口令，而没有拉动缰绳提起犬的注意力；三是经常紧拉缰绳，使犬对待持续前进产生反感情绪。

3. 衔取

衔取动作的训练，是在多种科目训练的基础上，使犬养成按照口令和手势，把物品衔给训犬员的能力，是培养专业用犬多项特种科目。衔取训练是比较复杂的一种动作，因此，训练时必须分步进行，逐渐形成，不能操之过急。练习时可按下列方式进行，分为如下三步。

第一步：首先应训练犬养成"衔"、"吐"口令的条件反射。训练的方法应根据犬的神经类型及特殊情况分别对待，一般多用诱导和强迫等方法，第一次作业应在较为清静的地方进行，事先应当选好犬感兴趣、愿意衔取且又便于使用的物品，如旧手套、木棒、绳子、布块等。

诱导的方法，先是使犬坐在训犬员的左腿旁，左手握住缰绳，右手拿着叼衔物，呼叫犬的名字，并在犬的面前摇晃衔物，以引诱犬衔住物品，对犬发出"衔"的口令，并允许犬抓住叼衔物。当犬刚一咬住衔取物时，就要用"好的"语言或抚拍予以鼓励，同时重复发出"衔"的口令。当犬能衔、吐叼衔物后，慢慢减少摇晃衔物的引诱动作，使犬可完全根据口令衔、吐叼衔物。为使犬不随意丢掉叼衔物而咬的更牢固，训犬员可握住衔物的一端并轻轻拉向自己的方向，以提醒犬要将衔物咬紧。如果犬衔得很好，就要在发出"随行"的口令之后，和犬同时跑出5～6步，然后转为步行，并在下达"吐"的口令之后，拿取犬口中的衔取物，同时要用抚摸和食物进行鼓励。同一时间内，应重复训练2～3次。

有的犬须用强迫的方法法进行训练，此时，令犬坐于主人左侧，发出"衔"的口令，右手持物品，左手扒开犬嘴，将物品放入犬的口中，再用右手托住犬的下颌。训练初期，在犬衔住几秒钟后即可发出"吐"的口令，将物品取出，并对犬给以奖励。经过反复训练多次后，犬可按照口令进行"衔"、"吐"训练。

在此基础上，再进行衔取抛出物和送出物品的能力，以使犬具有鉴别式和隐蔽式衔取的能力。在训练衔取抛出物时，结合手势进行，如右手指向所要衔取的物品，当犬衔住物品后，可发出"来"的口令，吐出物品后要给予奖励。如犬衔而不来，则应利用训练绳掌握，令犬前来。

第二步：养成犬衔取训练员抛出和送出去物品的能力。当犬养成能从手里很好地衔来衔物的习惯时，就应当教犬衔取扔出的衔物并把它送回来。训犬员呼叫犬的名字后，用衔物刺激犬，然后将衔物向前扔出3～4步远。此时用右手从下向前扔出衔物，用这个动作来代替"衔"的手势。同时下达"衔"的口令，并和犬一起迅速走到衔物跟前，再重复"衔"的口令。让犬衔住片刻（30s左右）后，发出"吐"的口令，主人接下物品后，应给以食物奖励。当犬顺利地衔回抛出的物品后，进行送物衔取的训练，将物品送到犬能看见的地方，训犬员再回到犬的身边，指挥犬去衔取，犬如将物品衔回，应及时给予奖励，然后下达"吐"

的口令，将物品接下，再给予奖励。反复多次后即可形成条件反射。

如犬走到衔物跟前没有叼取衔物，那训犬员就用脚拨动衔物，之后当犬衔起衔物时，训犬员就要发出"前来"的口令将犬引到自己身旁，然后停下来发出"吐"的口令而拿走衔物，并用食物给予奖励。重复练习3~4次后，应使犬休息5~7min，然后再重复练习。

训犬员可逐渐将衔物抛出的距离越来越远。在下达"衔"口令的同时，朝抛出物品的方向作一"衔"的手势（右手指向所要衔取的物品），并向前走去，以此来促使犬行动的积极性。而后训犬员要在奔跑着的犬的后面，慢慢地也就完全不需要再离开原地了。当犬刚一衔住衔物时，训犬员就要下达"前来"的口令，当犬衔着衔物跑到训犬员跟前，并从身后面绕过，坐在左腿边，坚持片刻后，要下达"吐"的口令。并拿走衔物，递给犬好吃的食物予以奖励。如果犬不习惯于从训犬员身后绕过来，那就在犬衔着衔物跑来时，下达"坐下"的口令和手势，使其坐在自己的前面。

第三步：是使犬养成隐蔽式和鉴别式衔取的能力。开始用短缰绳进行作业，随后用加长的缰绳，再以后即可不用缰绳。到后来衔物扔出的距离可加大到20m。

隐蔽式衔取的训练，是培养犬养成对衔物坚持衔来和寻找的能力，可不要让犬看见。训犬员手持衔物，将衔物扔到10~12m远的草丛里，扔出时只能让犬看见衔物的飞行，但不能看到落在哪里。经过5~6s，训犬员下达"衔"的口令，并放开犬去寻找。犬如能通过嗅觉寻找回衔物，应给予奖励，如犬不能找回衔物时，训犬员应引导犬找回物品。就这样，可逐渐使衔物的形状、材料和重量多样化，并不断深化训练条件，如使训练场上有诱惑力的刺激物，有外来人、火车、汽车等。

鉴别式衔取的训练，训犬员先扔出不少于15m距离的各种物品，开始时，犬试图找到衔物，而向各方乱跑，这时训犬员就应立即给予帮助（朝衔物的方向做手势或向衔物走去）。如果犬在扔出衔物后立刻试图跑去衔来，那么训犬员就要下达"坐下"的口令，并牵拉一下缰绳使犬平静，使犬坐下来之后再下达"衔"的口令和出示手势令其去衔来。如果犬随着训犬员的口令和手势，能迅速无误地找到衔物回来，且从训犬员右方绕过，坐在他的左腿旁，交出衔物，可认为"衔"的训练已经养成，犬不从身后绕过、直接坐在训犬员的前面也是允许的。

在衔取训练中，应注意以下几点。

① 为保持和提高犬对衔取的兴奋性，训练时应选用犬最兴奋的物品，而且，衔取次数不能连续过多。对犬每次正确衔取，都应充分地加以奖励。

② 要注意纠正犬在衔取时撕咬、玩耍和自动吐掉物品的毛病，以保持衔取动作的正确性。

③ 为提高犬对各种衔物的适应性，在训练中不能总是使用同一样的物品，要应经常更换衔物的品种。

④ 为防止犬早吐物品，训练员的接物动作不能突然，食物奖励也不应过早过多，只能在接下物品后给予奖励。如当犬叼着衔物时，不能给犬出示好吃的食物。

⑤ 要养成犬按训练员指挥进行衔取的能力，不能使犬随便乱衔物品。

⑥ 在训练开始时，扔出衔物的距离不要太远，不能把引起疼痛的衔物放在犬口中。

4. 吠叫

吠叫的训练是使犬养成按照训犬员的口令或手势，而吠叫报警的能力。训练犬吠叫，在犬执行多种特殊任务时，是非常必需的。如在侦查服务中，犬用吠声报告发现隐藏的敌人，在警卫服务中，犬用吠声报告有外人接近。可以通过以下几种方法进行训练。

（1）食物引起犬吠叫　训犬员令犬坐下，把牵引带的一端拴在其他牢固的物体上或踩在脚下，发出口令与手势的同时，用食物在犬的前面引逗。由于食物刺激引起犬的兴奋，但又吃不到食物，犬就可能吠叫。训犬初期，只要犬有吠叫的意识，就应立即用食物加以奖励。此种方法对食物反应占优势的犬比较有效，也是最常用的一种方法。训练过程中食物引逗应逐渐减少，直至完全取消，使犬依据口令、手势吠叫。

（2）利用犬的依恋性引起吠叫　将犬带到安静而又陌生的地方，并将其拴在牢固的物体上，训犬员先设法引起犬的兴奋性，然后立即走开一定的距离，回头喊犬的名字，并发出"叫"的口令和做出手势，犬由于看到训犬员走开和听到喊它的名字，就会兴奋的吠叫。这时，训犬员应立即跑到犬的跟前，给予食物和抚拍等奖励，然后放犬游散片刻。

（3）利用犬的主动防御反应引起吠叫　训犬员将犬牵到自己身边后，从远处慢慢接近犬，并作出引起犬注意的动作引逗犬，这时训犬员用右手指向助训员并对犬发出"叫"的口令。当犬能叫或有叫的表现时，应立即用好的口令和抚拍加以奖励。助训员借训犬员奖励犬的机会，就停止引逗或隐藏起来。这样反复多次，就能基本形成叫的条件反射。以后逐渐减少和免去助训员的引逗，只利用手势和口令就可引起犬的吠叫。这种方法对于主动防御反应占优势的犬比较有效，但不可过多利用，以免使犬养成见人乱叫的不良联系。

除了以上几种训练方法外，还可以在每次散放之前，利用犬急于出舍的自由反射进行训练，以及利用"模仿"的方法和抓住犬自发吠叫的一切机会，建立条件反射。对衔物感兴趣的犬，也可采用衔取物品的方法进行训练，将衔物放在犬能看到而又衔不着的地方，令犬衔取，同时发出"叫"的口令，犬如吠叫就立即将物品给犬衔，并给予鼓励。经过反复训练，即能使犬养成对衔不着或衔不动的物品自动吠叫的能力。以后，将犬带到有各种引诱刺激物的环境中结合使用科目进行训练。同时，为尽快地使犬对吠叫的口令和手势建立条件反射，训犬员不论对犬的大声或小声吠叫，都应加以奖励。此外，不能在同一训练时间内使犬连续吠叫次数过多，以免产生抑制。随着犬的吠叫能力的提高，食物奖励的次数可适当减少。

5. 安静

安静的训练，是使犬养成在刺激的环境下，保持安静的能力。训练方法是，训犬员带犬到训练场，让助训员先以鬼祟的动作接近犬，当犬欲吠叫时，训犬员发出"静"的口令，并利用手势，动作是将右手置于嘴前，伸出食指，与鼻成一直线，同时轻击犬嘴，禁止犬叫出声音，以保持安静状态。在日常管训中，要抓住犬表现乱叫的一切时机，进行安静课目的训练。

6. 禁止

禁止的训练是培养犬能够按照训犬员的口令，立即停止不良行为的能力。训练这一动作的目的是为了纠正犬乱咬人、畜以及制止犬随地捡食和不吃生人给予的食物，防止发生意外事故。可以采用以下几种方法进行训练。

（1）犬不良行为的训练　将犬带到有行人、车辆、畜、禽活动的场所，将牵引带放松，让犬自由活动，但要严密监视其行动。如犬有扑咬人、畜的表现时，应立即以威胁声调发出"非"的口令，同时猛拉牵引带，当犬停止不良行为时，就用"好"的口令加以奖励。在最初的作业训练中，制止犬不良行动的训练必须重复，但不能多于 3～5 次，每次间隔时间 10～15min，经过多次训练后，可根据犬的反应程度，改用训练绳掌握，随后不用训练绳。为了防止对犬失控，在不使用训练绳练习时，应给犬戴上口套，直至犬能在任何环境下准确无误地停止任何不良行为，就认为习惯已经养成。这一训练除了用一定时间专门训练外，还应结合日常管理进行训练。

（2）犬不捡食的训练　训犬员可选择在外界诱惑刺激物少的环境，预先将食物放在明显的地方，然后允许犬游散，并逐渐靠近食物的地点，当犬有想吃的表现时，立即用威胁声调发出"非"的口令，并猛拉牵引带，予以制止。当犬停止捡食后，给以奖励。在此基础上，可采用上述方法，将食物分别放在比较隐蔽的地方，反复多次训练即可。但是，为了彻底纠正犬随地捡食的不良行为，除了有意地布置食物进行专门训练外，还必须与日常的管理结合起来进行经常的训练，同时伴以适当的机械刺激予以强化。

（3）拒食的训练　训犬员将犬带至训练场地，助训员很自然地接近犬，并给予食物。如犬表现想吃食物时，助训员就要轻轻拍打犬嘴。然后再次给犬吃，若犬仍有吃的表现，再给予较强的刺激。此时，训犬员就发出"叫"的口令，并假装打助训员，给犬助威，以激起犬的主动防御反应。当犬对助训员表示吠叫时，助训员应趁机逃跑，训犬员则应对犬奖励。

在训练时，也可采取其他方法。助训员先将食物扔到犬的跟前，而后离去。如犬表现扒取或捡食时，训犬员立即发出"非"的口令，并猛拉牵引带，如犬不再捡食，给予奖励，并让其游散片刻。在此基础上，应进一步加强巩固和提高这一能力。当这一能力形成后，还应结合扑咬进行训练。

（4）禁衔他人抛出物品的训练　训犬员牵犬到训练场后，由两名助训员走到训犬员跟前，各持数件物品。训练时，先由一名助训员将手中的物品抛出，如犬欲追衔时，训犬员应立即发出"非"的口令，同时猛拉牵引带加以制止，当犬停止后应给以奖励。接着由另一助训员再抛出物品，犬若想追衔时，应重复上述方法加以制止，经过反复训练3～4次。当犬不再追衔他人抛出的物品时，可认为训练已经养成。

除了以上几种训练方法外，在训练过程中应注意两点事项：一是"非"的口令和猛拉牵引带的刺激，应在犬刚要表现或正在出现不良行为时使用，但这种刺激力量必须适合犬的神经类型和体质情况，以免产生不良后果；二是训练时要适当减轻刺激量，以免引起犬过分抑制而影响到其他课目的训练。

7. 跳跃

跳跃的训练是为了培养犬根据训犬员的指挥，通过各种可能通过的障碍物的能力，以适应实际使用的需要。训练犬的跳跃动作时，可从跳30～40cm高的小板墙开始。训犬员牵犬从距离小板墙5～6m处，然后训犬员和犬一起跑到小板墙前时，发出"跳"的口令，同时向小板墙方向提拉牵引带，当犬跳过时要以食物和抚摸为奖励，并重复训练2～3次。在此基础上，还可利用食物或其他能引起犬兴奋的物品加以引逗，使之跳过。当跳跃训练熟练时，就可训练犬根据口令和手势独立跳跃的能力，当犬在训犬员的帮助或引逗下，能顺利地跳过小板墙时，可根据需要训练跳跃栅栏、圈环、跳高架等动作，以后的训练就应逐渐增加跳跃的高度。

8. 上下登降

上下登降的训练，是将犬牵至阶梯前，培养犬能顺利上下阶梯的能力。当犬能按照口令和手势，顺利而又兴奋地单独上下阶梯后，就可训练登降天桥、独木桥等。训练时，训犬员带犬到平台的阶梯跟前，发出"上"的口令，并同犬一起登上阶梯。在上阶梯时，训犬员就应给出"上"和"好"的口令，当犬走上平台，给予抚拍和食物奖励。稍停片刻之后，发出"下"和"好"的口令，同时带犬慢慢下来。也可利用食物或能引起犬兴奋的物品，引逗犬登上平台阶梯。将物品与食物分别摆在阶梯的各层或放到平台上，然后发出"上"的口令。由于物品或食物激发了犬的兴奋，可使犬顺利地走上平台。有的犬对食物或物品不太兴奋，可采用结合训练法。即令犬在阶梯前坐下，训犬员持训练绳的一端先登上阶梯，然后发出"上"的口令，如犬不上，猛拉训练绳，迫使犬上去。当犬上去后，应及时给予奖励。

无论采取何种方法，当犬能自由上下阶梯后，就可训练犬根据口令和手势单独上下。训练时，令犬面向阶梯坐下，叫犬的名字，使其前来，接着发出"上"的口令和手势。如果犬到了阶梯的中途表现徘徊时，应提高声调重复口令。当犬走上平台后，应给予奖励。稍停片刻，再发出"下"的口令，如犬不能根据口令走下阶梯，训犬员应发出"来"的口令，并假装要跑的样子，利用犬的依恋性诱犬下来。犬下来后，要及时给予奖励。

9. 匍匐

匍匐的训练，是在犬已养成"坐"和"卧"的能力后开始训练的，培养犬按照训犬员的口令和手势匍匐前进的能力，以适应现场使用的需要。最初的训练，应选择没有石块、树枝和尖锐杂物的平坦地方，令犬卧在训犬员旁边，左手拉牵引带，发出"匍匐"的口令后，轻轻拉动牵引带往前方扯拉，并用手势指挥犬匍匐。当犬往前匍匐时，训练员要及时给予奖励。如果犬试图站立起来，训犬员则要强令犬卧下，并用左手按压犬背部继续指挥犬匍匐。经过反复训练，就能使犬对口令和手势形成条件反射。由于匍匐的动作会使犬很快疲劳，因此在开始的训练时，匍匐的距离不应超过 $1\sim2m$，此后，即可培养犬匍匐前来和前进的能力。能力养成后，即可通过匍匐前进结合扑咬训练。

除了上述训练方法，也可以利用食物的刺激，训犬员令犬卧下，然后右手持食物，先给犬嗅，然后发出"匍匐"的口令，将食物递向前，与犬的前足持平，左手按压犬的背部防止犬站起来，引诱犬向食物的方向匍匐前进。此时，训犬员要重复"匍匐"的口令，并用"好的"话加以赞扬，犬做出匍匐时，可以允许犬吃掉食物。随着匍匐习惯的养成，训练应逐步深化，可增加匍匐的距离或在比较复杂的环境进行训练。如犬可依据口令独立完成匍匐动作，前进 15m 长的距离，认为匍匐动作的习惯已经养成。在匍匐训练过程中，训犬员也可能发生一些错误，如最初训练中，牵拉牵引带过猛、匍匐距离太大、训练环境复杂等，应注意以下事项。

① 匍匐训练时，对犬的体力消耗较大，因此，不能连续训练，前进的距离要根据犬的体力以及训练程度来确定。

② 能力复杂化的训练，要结合实战需要进行锻炼。

③ 训练中有时需要加大一些刺激量，但不要使犬产生过分抑制。

10. 游泳

游泳的训练，是为了养成犬能根据训犬员的指挥下水，顺利游过一般河流的能力，以备实际使用的需要，也有助于犬的体格发育和健康成长。犬具有游泳的本能，但如果不加以训练，有些犬是不习惯于下水的，因此，还须进行专门训练。

游泳训练可在夏天温暖天气，给犬沐浴时结合进行。训练方法是，训犬员选择一个地岸坡度较小、清洁而又较浅的池塘、小河等处，采用若干件犬最兴奋的衔取物品，如木棒、皮球等，对犬引逗后逐次将其扔到水中，同时发出"游"的口令和手势，并引导犬下水，使犬习惯在浅水中活动。如果犬因怕水而不下水时，训犬员可以将犬包起来，放到靠近岸边 $5\sim10cm$ 深的水里，一面抚拍，一面给予奖励，这样可以使犬逐渐对水养成习惯。

当犬能在浅水中自由的游泳时，便可进一步将犬引入深水处。有的犬初到深水处可能前爪胡乱击打水面，此时训犬员要帮助犬适应，使犬平静的向前游走，经过这样的几次训练，犬就敢于下水游泳了。在以后的训练中，还要进行延长游泳时间、游泳距离和通过河流、单独游泳或在有诱惑刺激物的情况下训练。

为了在实际工作中，使犬能顺利地通过河流，追捕罪犯，可结合扑咬进行训练。使犬养成游泳习惯时，不能采取强迫的方法，每次训练结束后，应使犬的被毛干透，如果犬能较长时间的待在水里，无论有无训犬员的陪同，都能很好地游过长达 50m 的距离，则认为游泳的习惯已经养成。训练初期时，训犬员可能用错误的训练方法，如采用强迫手段把犬扔到水中、衔取物抛的过远或在深水急流中进行训练，为避免这些错误，应注意以下事项。

① 游泳训练之前应对犬进行健康检查，发现异常应停止训练。

② 游泳训练应有组织地进行，以确保人、犬安全。

③ 训犬员下水游泳时，严禁采用强迫的方法将犬扔于水中。否则，就会使犬对游泳课目的训练产生被动防御反应，而影响训练和使用。

④ 不应带犬到急流或水草很多的池塘中以及污水中去游泳，以免发生意外影响到犬的健康。

⑤ 游泳训练完毕，应让犬奔跑一会儿，然后用干毛巾擦拭犬身，以使犬的被毛很快干爽。

11. 扑咬

扑咬的训练是为了养成犬根据训犬员的口令与手势，能够迅速、敏捷、凶猛、机巧地与犯罪分子进行搏斗，并将其捕获的能力，此科目的训练能体现犬的信心和胆量。扑咬的训练要由经验丰富的助训员参加，最初的训练应选择在引诱刺激物少的地方进行。在每次训练之前，训犬员必须与助训员研究好具体的训练方法和进程。此外，训练中还应经常更换助训员并准备好防护用具，如护身衣、化妆服、护袖、破布片、树条等。

（1）犬胆量与仇视的训练　训练时，选择相对清静的场地，训犬员牵犬到训练场后，令犬朝助训员出现的方向坐好。助训员化好妆，带好防护用具，隐蔽于训练场内。训犬员以半蹲姿势，对犬发出"注意"的口令，以右手指向要犬注意的方向。助训员听到"注意"的口令之后，从远处发出一定的声响，以引起犬的警觉。稍过片刻，助训员手持破布片或树枝从隐蔽处出现，做出鬼祟的动作，进一步引起犬的高度注视。在引逗的过程中，做出夸张的动作表情挑衅犬，设法激发犬的仇视性。训犬员在训练中，要不时对犬发出"注意"、"袭"的口令，当犬表现出凶猛的攻击行为时，助训员做出害怕的姿势逃离训练场。

（2）扑咬的训练　训练时，选择清静的场地，助训员从远处出现，并用破布条或树枝不断接近或挑逗犬，这时训犬员发出"袭"的口令，并要尽量鼓励犬扑向助训员，但是要加以控制，不要急于让犬扑咬。只有当犬的凶猛性达到足以能够扑咬助训员的程度时，才能放犬扑咬。这时助训员应做出害怕的动作，引诱犬开口撕咬，有意识地让犬咬住破布、树枝或护袖，同犬搏斗、僵持片刻。犬在训犬员带动下能表现凶猛扑咬时，就应开始长距离的追扑训练。如让助训员离犬远一些，当训犬员发出"袭"的口令之后，让犬跑一段距离追赶助训员再扑咬。在犬追赶助训员的过程中，训犬员要尾随犬后，注意犬的表现并及时给予奖励。

训练初期，多数犬不敢咬硬质的东西和咬死口，因此，助训员要灵活应付。当犬咬住后，助训员要假装与犬搏斗，训犬员要不断发出"袭"和"好"的口令，并假装打助训员给犬助威，使其越咬越紧，越咬越凶狠。但扑咬的时间不宜过长，助训员要掌握时机停止与犬的搏斗，表示屈服和投降，训犬员乘机发出"放"的口令，使犬放口，将犬牵好，由其他人将助训员带走。然后给予犬奖励。助训员的挑衅动作，应随着犬的扑咬能力的提高而逐渐减少，以养成犬完全按训练员的指挥进行扑咬或放口的能力。

在犬具备扑咬能力之后，就应该逐渐进行能力的深化和巩固训练。主要是结合各种条件，有计划的训练，使犬的扑咬能力逐步改善，以达到锻炼和提高犬的扑咬能力，适应现场使用的要求，使犬在各种情况下，只要闻令都能勇猛扑咬。训练时可结合枪声、拒食、抛物引诱以及在不同环境、不同的助训服饰和护具、不同助训姿势等条件下进行。

训练中也会遇到一些咬而不放的犬，主要是由于在训练初期，与犬的搏斗时间过长，犬的凶猛性提高过快，对这类犬就要用威胁音调重复"放"的口令，同时伴以强的机械刺激。经过这样多次训练，便可使犬对"放"的口令形成条件反射。如果犬的数量多，为尽快使犬养成扑咬能力，开始可采取集体训练的方法。因为犬多势众，可以互相"模仿"激发其凶猛性，训练时应把犬牵好，注意安全。

第四节　影响犬训练的因素

【学习目标】

了解影响犬训练的外界因素；掌握训犬员对犬训练的影响。

一、训犬员的影响

训犬员是指对犬进行饲养管理、训教引导和指挥、使用的专门人员。训犬员对犬训练的影响最大，在犬的日常生活与饲养管理中，时刻都与训犬员生活在一起，接触机会最多，训犬员应注意培养犬对自己的依恋性，逐渐消除犬对自己的防御反应和探求反应，使犬熟悉自己的声音、气味、行动特点，并产生兴奋反应。在培养犬的依恋性中，训犬员要亲自喂犬、谢绝别人接近犬，如果犬对训犬员的依恋性很差，可直接影响训练效果和质量。

（1）训犬员在与犬接触时，声调要温和、态度要灵活、举动要正常。避免粗暴的恐吓、突然的动作以及其他能引起犬主动或被动防御反应的刺激。如犬在无意中做错了事，用威胁的音调令犬来到跟前，并用绳抽打以示惩罚。这样，以后犬听到"来"的口令时，不但不来，反而逃跑。

（2）训犬时要防止急躁的情绪，对于转化慢的犬，适应新训犬员和新环境要有一个过程，只要训犬员精心饲养管理和爱护犬，一旦建立起依恋性，是很牢固的。训练中不能执行"因犬制宜，分别对待"的原则，而是用同一种方法、同一种条件进行训练，这样只能使犬对信号进行极简单的执行。

（3）训练时必须在清静的场地进行，避免将口令与同犬谈话的语句混淆使用。一方面使犬难以对口令形成条件反射；另一方面，不必要的语言将成为犬的新刺激，引起犬的探求反射，影响犬按照口令来执行训练的正常步骤。

（4）奖励食物、抚摸或"好"的口令，对犬的训练可起到奖励和强化的作用，但不科学地使用奖励，却会引起相反的作用，模糊了正确与错误的界限。因而，奖励必须有明确的目的性和针对性。

（5）避免"超限"训练。"超限"训练是指过分长时间地令犬重复同一动作或同一科目。这样，可导致犬的神经系统过分疲劳，不但不能缩短训练过程，反而拖延训练时间，有的甚至造成犬被淘汰。通常发生在其他的犬训练科目发展较快，而自己的犬进展较慢时。因此训练中不应操之过急。

训犬员不仅是受训犬的主要刺激者，也是受训犬的综合复杂刺激者。因此，在犬的训练中，要求训犬员在每个具体的细节训练中，都要给犬明确的信息，以便能使犬在短时间内建立有效的条件反射。

二、饲养管理的影响

1. 饲养对训练的影响

饲养与训练有密切的联系，只有正确的饲养，才能使犬参加正常的训练。如果饲料不新鲜、有刺激性、过热或过凉、饲料不定量，不保持一定的营养标准，餐具不洁、不消毒，或以腐败变质的食物喂养，以及不给饮水等，都能影响到犬的训练效果和使用。

2. 管理对训练的影响

在犬的管理中，切不能任意交给他人饲养和管理；要密切注意犬的行动，防止误咬事故；培养犬的良好习性；做好卫生工作及防止私自交配等，以提高训练水平。禁止私自纵犬与其他犬咬斗，或纵犬追逐猎物和其他动物等。

【练习与思考】

1. 犬在训练中常见的非条件反射有哪几种？
2. 条件反射建立的基本原则是什么？在训练犬建立和强化条件反射中应注意哪些事项？
3. 简述训犬的基本方法、要领及注意事项。
4. 训犬时应遵循哪些基本原则？
5. 工作犬的基础科目训练有哪些？训练时的方法及注意事项？
6. 影响犬训练的因素有哪些？

微信扫一扫

在线自测	打基础
电子彩图	辨细节
视听资料	划重点
拓展知识	多交流

第八章 特种宠物饲养

【内容提要】

包括七部分，分别为观赏鸟、观赏鱼、斗鸡、赛鸽、宠物兔、宠物鼠、观赏龟。观赏鸟部分：介绍了四大笼鸟百灵鸟、画眉、绣眼和靛颏的特征及百灵鸟、画眉的饲养管理技术。观赏鱼部分：介绍了金鱼、海水观赏鱼、热带淡水观赏鱼的主要品种，并介绍了饲养管理技术。斗鸡部分：介绍了斗鸡类型和斗鸡的饲养管理。赛鸽部分：介绍了知名的赛鸽品种和赛鸽的饲养管理。宠物兔部分：介绍了宠物兔的品种和饲养管理技术。宠物鼠部分：介绍主要宠物鼠的品种和饲养管理技术。观赏龟部分：介绍主要的观赏龟品种和饲养管理技术。

第一节 观 赏 鸟

【学习目标】

了解鸟的生物学特征，包括鸟体的外貌特征、鸟的食性和鸟的繁殖习性。了解四大笼鸟品种特征，能够基本掌握百灵鸟、画眉的饲养管理技术。

重点：1. 观赏鸟的生物学特性和鸟的外部特征。

2. 四大笼鸟的品种特征和饲养管理技术。

难点：观赏鸟的调教技术。

一、鸟的概述

鸟在分类学上属于脊索动物门脊椎动物亚门鸟纲动物。到目前为止，全世界鸟类已接近9800种。地球上生存着约1000亿只鸟。中国鸟类的生物多样性居世界前列，从物种数量来说，仅次于南美洲的巴西（2000种）、秘鲁（1678种）和哥伦比亚（1567种）。据2002年郑光美报道，我国有1294种鸟。世界263种画眉科鸟类中，有117种分布于我国。雉类和画眉类的大多数不具迁徙习性，是永久居民，因而中国素有"雉鸡王国"和"画眉乐园"的美称。

目前，我国能笼养供观赏的鸟类已有百余种，主要是雀形目，此外还有鹦形目、鸽形目、鸡形目、雁形目等。

自古以来鸟类就深受人们喜爱，为大自然增添了生机和诗情画意。《诗经》、《尔雅》、《山海经》、《禽经》等书中都有关于鸟类的生活习性、饲养管理等方面的记载。周代人们已经开始养鹦鹉，汉代已经养信鸽，唐代已经养黄鹂，宋代除大量养鸽外，百灵、画眉也很盛行。

鸟类品种众多，习性各异。鸳鸯由于颜色鲜艳和雌雄相依的生活习性而具文采，鹤类身姿清秀，举止优雅大方，行止节奏分明，有时翩翩起舞，舞姿潇洒，叫声悦耳洪亮，古人有"鹤鸣九皋，声闻于天"的赞美。雉类如孔雀、金鸡、铜鸡、七彩山鸡等，雌雄在羽色和体格上有显著的差别，雄的羽毛颜色十分美丽，闪耀着金属光泽，具有很好的观赏价值，金鸡独立，孔雀开屏等一直为人们喜闻乐见。鸣禽体型小巧，大多数营巢巧妙，或羽色艳丽，或善于鸣啭，或擅长效鸣学舌，如画眉、百灵等都是著名笼养观赏鸟类。

二、鸟的生物学特征

1. 鸟体外貌特征

鸟是一类适应了空中飞行而特化了的高等脊椎动物，是由爬行动物演化而来的。特征是全身被有羽毛，体呈流线型，前肢变成翅膀，后肢形成双脚。鸟体共分为头、颈、躯干、尾、翼和脚，共6部分，现分述如下。

（1）头部

① 上嘴　上嘴即角质化的上嘴壳，其基部与额部前缘相接。上嘴的脊部为嘴峰。嘴峰的长度是鸟类分类的重要依据之一。

② 下嘴　下嘴是角质化嘴壳的下部，其基部与颏的前缘相接，上下嘴壳是鸟类取食的重要器官。

③ 蜡膜　蜡膜为部分鸟类如鹦鹉、鸽、鹰、隼的上嘴基部的膜状物，它覆盖于上嘴基部，名为蜡膜。鼻孔开口于蜡膜上。

④ 额部　额部位于头顶的最前端，与上嘴的基部相接连。

⑤ 头顶　头顶位于额的后方，头的上方正中部位。

⑥ 枕部　枕部也称后头，位于头顶之后下方的上颈部。

⑦ 眼先　眼先位于嘴角至眼间的部位。

⑧ 耳羽　耳羽位于眼的后方，常为覆盖在耳孔间的细羽。耳羽的羽色常为区分鸟类的特征之一。

⑨ 颊部　颊位于下嘴基部后方，眼的下方。

⑩ 颏部　颏位于下嘴基部的后下方。

（2）颈部　颈部位于枕部下方。可分为上颈部（颈项）和下颈部；其两侧称颈侧，正前方称前颈；前颈的上前方称为喉部。

（3）躯干　为鸟体中主要部分，可分为以下各部。

① 背部　背部位于颈之后方，腰之前方。

② 肩部　肩部位于两翅的基部，左右两肩的中间又称肩间部。

③ 胸部　胸部位于颈的下后方，背部的腹面。又可分前胸和后胸两部分。

④ 腰部　腰位于背部的后下方，其后方为尾基部。

⑤ 肋部　肋又称体侧，位于腰部两侧，又可分为左肋和右肋。

⑥ 腹　腹前与胸部相接，后方止于泄殖孔。

（4）尾部　鸟类以尾羽构成尾，在运动时用以平衡体躯。中央一对尾羽，称为中央尾羽；最外侧尾羽，称为外侧尾羽；覆盖于尾羽基部之羽，称为尾上覆羽和尾下覆羽。

（5）翼　翼也称翅膀，是由前肢演化而成。主要由骨骼及飞羽构成。飞羽依其着生位置可分为初级飞羽、次级飞羽和三级飞羽。初级飞羽着生于腕骨、掌骨和指骨；次级飞羽位于初级飞羽内侧，着生于尺骨之上；三级飞羽位于次级飞羽内侧，亦着生于尺骨之上。此外，尚有覆盖于飞羽基部的羽毛称为覆羽，其名称分别为初级覆羽、次级覆羽。

（6）脚　鸟类的后肢，通称脚。可分股、胫、跗和趾等部分。股部通常被羽毛覆盖，体表不易明显识别；部分鸟类的胫部亦全部或部分披羽，裸露部分被鳞片覆盖；跗部是鸟类脚部最显著的部分，有些种类在跗内后方生有角质的距，是自卫和争斗的利器；大部分鸟类足生四趾，三趾向前，一趾向后，适于在枝头栖息，也适宜地面跳跃前进；部分鸟类则两趾向前，两趾向后，适于攀跃枝头，而不适于地面活动。

2. 鸟的食性

鸟类按其食性可分为食谷鸟、食虫鸟、杂食鸟、食肉鸟几类。

(1) 食谷鸟 也叫硬食鸟。这类鸟以植物种子为主要食物，嘴呈坚实的圆锥状，短而粗，峰脊不明显，进食时常咬开坚硬的种子外壳，食取种仁，其消化的特点是：腺胃细小，肌胃发达丰厚，内膜粗硬，常贮有砂石粒，盲肠退化消失。在家养宠物鸟中，雀科和文鸟科均属于此类，如金丝雀、黄雀、蜡嘴雀、灰文鸟、金山珍珠等。

(2) 食虫鸟 也叫软食鸟，这类鸟以昆虫，浆果为主要食物，嘴细而长，形状多样，有些种类的嘴较软，嘴基部还有须。其消化道的特点是：无嗉囊，腺胃细长，肌胃坚实，肠管较短，盲肠未消失。食虫鸟种类多，数量大，约占鸟类总数的一半，但这类鸟较难饲养，人工繁殖更难，且多属捕食害虫的益鸟，应注意保护。大山雀、黄鹂、靛额、啄木鸟均属此类。

(3) 杂食鸟 其食性较杂，有的以食谷为主而兼食虫，有的以食虫为主兼食谷。从家庭饲养的角度考虑，把前者归为硬食鸟，把后者归为软食鸟。杂食鸟的嘴形一般长而弯，有峰脊，其消化道的特点是：腺胃与肌胃几乎等长，肠管中长或较长，盲肠退化或消失。百灵、八哥、鹩哥、画眉、太平鸟均属于此类。

(4) 肉食鸟 也叫生食鸟。此类以肉、鱼为主要食物，饲养时还不能用其他饲料代替。其嘴形有的钩曲，有的宽大，有的细长，其消化道的特点是：腺胃发达，肌胃较薄，肠管较短。翠鸟、雀鹰、白鹭、鹳、朱鹮均属此类鸟，比较好养。

3. 鸟的繁殖习性

各种鸟的性成熟年龄差异很大。一般小型鸟为 8～12 月，中型鸟约 2 年，大型鸟至少要 3 年以上。人工饲养条件下，由于环境因素和饲养条件改善，性成熟年龄有提早的趋势。

(1) 季节性 鸟类生殖器官发育受光照周期的调控，导致鸟的繁殖具有季节性。在自然界，大多数的鸟以春季和秋、冬季繁殖为最多，只有少数的鸟能够终年繁殖。

(2) 求偶配对 求偶是发情的表现，求偶行为大多发自雄鸟。求偶时多数雄鸟声音高亢豪放，或婉转清扬，有的雄鸟则以羽色取悦于对方，有的则表现飞鸣、伸颈、突胸等特殊的动作，有时还发生争斗。

在雄鸟追求下，雌鸟动情中意后，两鸟或同鸣共舞，或互相为对方梳理羽毛，反复几次后，两鸟即行交配。

(3) 筑巢产蛋 鸟巢是鸟产蛋、孵化、育雏的场所。绝大多数鸟类单独营巢，每一对鸟占据一个巢区。筑巢一般由雌鸟承担，如山雀等，还有些是雌雄鸟协作筑巢的，如家燕、黄鹂等，也有专门由雄鸟筑巢的，如黄莺等。

巢筑好后雌鸟就开始产蛋。最少的每窝一枚，多的每窝 26 枚，一般每窝 4～8 枚。鸟蛋的形状和颜色式样很多，大多数鸟类的蛋为椭圆形，蛋上具有各种斑纹，如斑点、块斑、环斑、条纹等，形成保护色，不易被敌害发现。

(4) 孵化 孵化一般由雌鸟来承担，少数由雄鸟承担，也有个别由其他鸟承担。如杜鹃自己不会筑巢、孵蛋，会将蛋产在其他鸟的巢中，让其他鸟做保姆代育。

(5) 育雏哺育 鸟类的雏鸟可分为早成性和晚成性两种。早成性雏鸟在孵出时已经充分发育，眼已睁开，腿脚有力，全身披着丰富的绒毛，在绒羽干燥后就能跟随亲鸟啄食。晚成性雏鸟出壳时尚未充分发育，眼不能睁开，不能行走，全身裸露，只有很少纤细的绒羽，需由亲鸟喂养，继续在窝内完成发育过程。鸟类抚育幼雏的行为是一种本能。亲鸟在育雏期间十分紧张，每天喂食活动要用 16～19h，往返近百次。亲鸟衔食归来踩动树枝和巢时，幼雏就产生伸头张口反应，显示口腔内特别鲜明的颜色，如红色或黄色，以激发亲鸟的喂食本能。不张口的雏鸟，亲鸟不喂食。

三、常见宠物鸟的饲养

1. 百灵鸟

(1) 百灵鸟的品种

① 蒙古百灵 (彩图 8-1)　体大（18cm）的锈褐色百灵鸟。胸具一道黑色横纹，下体白色。头部图纹特征为浅黄褐色的顶冠缘以栗色外圈，下有白色眉纹伸至颈背，在栗色的后颈环上相接。栗色的翼覆羽于白色的次级飞羽和黑色初级飞羽之上而成对比性的翼上图纹。虹膜褐色，嘴浅角质色，脚橘黄。鸣声甜美，因此常为笼中鸟。

② 凤头百灵 (彩图 8-2)　又叫角百灵，体型小，头顶上的羽毛未长而窄的羽冠，竖立而成凤头状，上体一般沙褐色，下体棕白。

③ 鹰嘴百灵 (彩图 8-3)　嘴长，大而弯曲。上颌角质鞘长于下颌，其尖端呈钩状向下弯曲，似鹰嘴。

(2) 百灵鸟的习性　百灵鸟是地栖鸟类，它在地面稍凹处或草丛中筑巢，善于奔走，巢区内多有杂草掩蔽。巢由雌雄亲鸟共同营筑，以干枯枝叶杂草及泥土编织和垒砌而成。

百灵鸟喜凉怕热，但也能适应夏天 30℃ 以上的干热天气，并能度过短暂的 -35℃ 的低温；甚喜沙浴以降温防热、清理羽毛和身上的脏物。

百灵鸟的食性较杂。春食嫩草芽、草根、种子等；夏秋主食昆虫；冬食草籽和谷类，也取食昆虫和虫卵。

(3) 饲养管理

① 饲喂　饲养百灵鸟应根据其生长发育过程，饲喂不同配方的饲料。

a. 填食期　从野外掏取的第 7 天的小百灵鸟，还不会自行进食，必须人工填食。填食时左手握着小鸟，用右手握着食棒，用右手食指左右触动其嘴，发声引诱其张嘴，小鸟张嘴时将食棒填入口中，随着小鸟的吞咽动作将食棒趁势往嘴里送。

b. 上槽期　填食 7 天时，羽毛覆盖整个躯体，可将幼鸟放入小型鸟笼中，继续填食 7 天左右，在喂养前发出固定的信号和手势，然后在笼中放置食罐或食槽，将和好的饲料放入食罐或食槽内，雏百灵见到食后，逐渐自己去吃，称之为上槽。上槽期的饲料配方与填食期相似。此期的主要目的是让小鸟能顺利地自行啄食。

c. 换羽期　头窝鸟一般在 8 月下旬至 10 月上旬进行换羽，即脱掉卵毛换上接近成鸟的毛色。换羽期一般长达 40～50 天，饲养管理好则换羽期短；反之则长，甚至不少的幼鸟因过不了换羽关而死亡。换羽期营养消耗量大，增加蛋黄小米中的蛋黄比例，增喂蝗虫、蚱蜢、黄粉虫、油葫芦等活虫以外，还应增加瘦肉丝和少许骨粉及青菜。此期须注意的问题是不要营养供应过多，使小百灵鸟太肥，不听呼唤，在笼子里乱跳乱撞，日后难以调教。

d. 换食期　小百灵换羽以后，可逐步由面食换成米食。在换食时应逐渐过渡，可在笼内设置两个食罐。一个盛面食，另一个盛米食，面食量逐渐减少，米食量逐渐增加，最终完全去掉面食而只留米食。有些小百灵鸟吃面食习惯了，不喜欢吃米食，就必须在米食里多加些蛋黄，等习惯后，就可以完全取消面食。

e. 成鸟的喂养　成鸟的主食为米食，其配方同换食期。为促春鸣，可喂些柳树芽或榆树芽，在夏季适当喂少量的荸荠片，每天加喂些动物食品，如黄粉虫 4～5 条，少量蚂蚱、蟋蟀、清蒸干鱼片或碎瘦肉等。换羽期和发情期管理应更为精细，发情期要增加蛋黄含量，通常

见此图标 微信扫码
电子彩图辨细节
线上资料帮我学

500g 小米中蛋黄 5～6 个，以增加营养。并要保证每天有活虫或油菜籽或者麻籽的供应。

② 饮食和环境卫生　百灵鸟对环境的要求较高，污染的环境、不良气味都会引起鸟儿的不叫与发病。夏天应避免烈日晒（表 8-1），冬天应防止受冻，并应在温暖时进行日光浴。夏季太热，适当给百灵鸟水浴，可向鸟体的背腹部喷水（不要向鸟头喷水），以羽毛潮湿为度。

表 8-1　百灵鸟对温度的要求

日龄/天	1～5	6～10	11～20	28 以上
温度/℃	35～37	32～34	26～31	20～22

鸟笼内应保持干燥清洁，排出的粪便及时用竹夹取出，笼底垫沙每星期更换 1～2 次。食罐和水罐应经常刷洗。饮食要讲卫生，腐烂霉变饲料不能用。如进行填食，一定要先洗手，以免手上的污物或盐分进入鸟体内引起发病。调配饲料用的水和饮用水必须清洁，最好用凉开水或新的自来水，不得用碱水或含盐的水，更不能用脏水。

③ 遛鸟　每天清晨或傍晚应手提鸟笼到环境优雅的地方遛鸟，一边走一边随步行节奏摆动鸟笼，使鸟得到活动。

④ 调教　调教百灵鸟是为了叫口好，能上台。调教首先应经常用活虫对雏鸟进行引逗，锻炼鸟的胆量，培养它与人的感情。当雏鸟身上绒羽一脱完，幼鸟喉部鼓动并发出"咕咕"声（俗称"拉锁"），此时即可调教它鸣叫。要在清晨和傍晚将幼鸟带到有叫口百灵的地方让它学口。第 2 年春天为"押口"或者叫"靠口"的最佳时期，小百灵模仿能力很强，能学会老百灵的很多音节和套数。一般押口经过 6～10 个月就能出叫，如超过一年还未学会这种鸟可以淘汰。

2. 画眉

画眉也叫虎鸫、金画眉。分类在雀形目鹟科画眉亚科。主要生长在中国的江苏、浙江、安徽、湖北、四川、云南、贵州、陕西、台湾等地，但台湾品种的外表略有不同。该鸟为普遍性留鸟，主要栖息于海拔 1000 公尺以下之山丘的浓密灌木林中，喜欢在晨昏时于枝头上鸣唱。画眉性格隐匿、胆小，领域性极强，雄鸟性凶好斗。平时只有在秋季才会三五成群的出现，叫声明亮悦耳，为鸣鸟中之佼佼者，常被捕捉饲养而成为笼鸟。由于画眉雄鸟好斗，不少地方都有人训练其打斗观赏，甚至赌博。画眉鸟食性杂，以水果、浆果、种子及昆虫为主食，笼养画眉的饲料主要是蛋炒米和适当的菜叶和昆虫。每年春夏季节开始繁衍后代，一窝约产 3～6 枚卵。笼养画眉如果饲养得好，其寿命一般可达 15 年左右。

（1）常见品种

① 中国大陆亚种（彩图 8-4）　体长约 24cm，体重 50～75g。上体橄榄褐色，头和上背具褐色轴纹；眼圈白、眼上方有清晰的白色眉纹，向后延伸呈蛾眉状的眉纹；画眉的名称由此而来。下体棕黄色，腹中夹灰色。

雌雄画眉同色，故从外形上难以区别，一般是从画眉的鸣叫声来鉴别。"画眉不叫，神仙都不知道"的说法，雄鸟善鸣叫，婉转动听。雄鸟额部较宽，额角突出，大腿和跗都比雌鸟显得粗壮有力。雌鸟体型较雄鸟短小，头圆也小。

② 白画眉（彩图 8-5）　乃世间罕见之珍品，是千万只鸟中极其少见的羽毛变异者，《鸟经》称之为画眉王。白画眉集打斗、鸣叫于一身。

③ 中国台湾亚种（彩图 8-6）　中国台湾特有品种，身长约 24cm，全身棕褐色，顶冠、颈后、背部有深色粗条纹，腹部有细条纹，但没有画眉的白色眉纹，而且体色较画眉更偏棕色。

④ 白耳画眉（彩图 8-7）　俗名白耳奇（眉鸟），身长约 24cm，翼长约 10～11cm。雌雄

羽色相同，头顶为蓝黑色而有光泽，后颈至背、喉至上胸皆为灰黑色。下背、腰、尾上覆羽为橙褐色；尾羽较长为黑褐色；翼为黑色而有光泽。嘴为黑色，脚为肉色。下胸至尾下覆羽为栗褐色，因为有一道很长的白色过眼带，一直延伸到耳后，并散呈须状，故名白耳画眉。声音嘹亮优美，与冠羽画眉一样，是清晨鸣唱声最大的鸟类之一，为中国台湾特有品种。

⑤ 冠羽画眉（彩图 8-8）　褐头凤眉，身长 12～13cm，翼长约 6cm；雌雄羽色相同，头顶上有高耸的暗褐色冠羽，冠羽下方为灰白色，外加两撇小八字胡。背部为橄灰色，腹面为黄白色。初、次级飞羽为暗褐色，脸部灰白略带黄色。颈侧有一弧形线斑与过眼线、颚线相连。胸以下略带黄色，尾下覆羽杂有栗褐色羽毛。嘴为黑色，脚为黄褐色。中国台湾特有品种，是中、低海拔山区普遍的留鸟。足迹遍布海拔 2000～6000m 之间，分布广。

（2）饲养技术　画眉鸟是属于野生的鸟类，栖息在山野之中，它的活动范围，多在人迹罕至之处，故其性野。一般饲养来源是从鸟店购得。幼雏阶段的画眉，性较温顺，人工饲养起来也较容易，成鸟则因已习惯在山野，性强难驯，但因其体格强壮，唱、打都较人工饲养长成者为佳，因此为玩家们所喜好。

① 笼关　画眉性喜清洁，养鸟者每鸟须备竹笼两架，以便每天轮流洗涤。铁丝笼或人造塑料笼均不是理想鸟笼，鸟笼以竹制者为上佳驯养画眉要用画眉笼，不可过大，也不可过小，形状适宜。在我国从古至今传统的画眉笼为圆形笼，一般高 32cm，直径宽为 22cm，外挂布罩，底铺细沙，内挂食、饮水器。

② 选种关　鉴别声音和鸣叫能力：画眉的歌唱技能要素，主要表现在鸣叫的模仿能力，能模仿别的鸟叫或各种小动物的叫专声。有的画眉能学鸡叫和其他鸟鸣，这是优质鸟；有的鸟争鸣能力很强，能表现出战斗、驱赶、威吓、胜利的争鸣叫战的气氛。

③ 饲料关　画眉鸟最喜欢吃的是活食，凡属昆虫类小动物，都喜欢啄食。人们为了方便，多饲蚱蜢，每鸟每天约 20～30 只足够，多则浪费。

④ 饲喂关　坚持"三定"：一定时，每天喂 3 次，从早 7 点投喂；二定量，自由采食，吃饱为宜；三定水，供足清水，自由饮，不可饮污水。

⑤ 管理关　注意以下几点：不可直接在太阳光下暴晒，但在室内饲养光线要充足；坚持单笼饲养，一鸟一笼，不可混养；在驯化雏鸟时，不可与其他同类鸟"对唱"，但成鸟以对唱为佳；画眉喜安静，应适时扣罩；冬季要防脚冻，所挂之处温度不能过低。

⑥ 防病关　做到"两早"：一无病早防，每隔 3～5 天清扫笼舍，每天喂前刷洗食、水器，严禁喂霉变饲料；二有病早治，经常观察画眉动态，已发现常见病有尾脂腺炎，在画眉受惊吓、感冒、中暑或因饲料脂肪含量高及缺水时，易发生，应及时治疗，否则可引起死亡。

（3）画眉训练

① 鸣唱训练

a. 雏鸟鸣唱的调教　当雏鸟的尾羽开始长出来的时候，已有低鸣的能力。如果可以以收音机给予音乐的刺激，即可看到雄鸟的喉部一起一伏地鼓动，似乎欲鸣的样子；也可以用其他的乐器刺激雄鸟的喉不鼓动。最适合的学习时间是在第一次换羽开始在山林中捕捉回来的雏鸟，在训练的时候必须环境清静，而且最好用雏鸟喜欢吃的饲料给予鼓励。

b. 用鸟师帮带　画眉的饲养者多数是以叫口好或者是优秀的老画眉作为教鸟师。俗话说，"名师出高徒"。让接受调教鸟与鸟师笼放在一起，听鸟师鸣叫，边听边学，这样子可以使画眉的叫口比较准确，声音婉转。调教的画眉从开口到大开口鸣叫一般要 2～3 年。因此，必须耐心地调教。如果是要模仿其他鸟的鸣叫声，可能时间要更加长一些。使用这种鸟师带的方法，切忌与其他鸟放在一起。

② 角斗训练　许多鸟类在繁殖的过程中养成了强烈的排他性，画眉鸟就是一个很好的例子，正是因为这种排他性，使画眉雄鸟十分好斗。

选择斗鸟除了要选择排他性强的鸟以外，还要选择那些性烈难服的个体，只有性烈难服的鸟，才能培养成善斗的"将军"。

斗鸟在饲养上也应该有所不同。笼要比较大的，食物要增加蛋白质的含量，减少脂肪的含量，多喂活食，如蹦蹦跳跳的蝗虫等，以便训练其捕捉攻击的敏捷性。

3. 绣眼鸟

绣眼鸟分布在中国南方各省，并迁徙到广东、福建等沿海地区越冬。它们非常活泼，常在树枝上跳来跳去。主要以小型虫类为食，还能用舌头吸食花蜜。春末至夏末，雌雄生活在一起，其他时候则集成大群。它们把巢建在不高却叶子茂密的树枝上，很难发现它们。巢用苔藓、细草、羽毛等建成，非常精巧。它们每窝产蛋4～5枚。

绣眼鸟是体型纤小，羽毛常为绿色，眼周有白圈，嘴小而尖，舌能伸缩，舌尖有两簇刷状突，可伸入花中捕食昆虫或采食花粉。绣眼鸟分布于亚洲，非洲和澳大利亚，在一些偏僻的海岛上也能见到，共约11属90种，我国有1属3种。

（1）红肋绣眼鸟（彩图8-9）　别名粉眼、白眼儿、红肋粉眼，属雀形目，绣眼鸟科。红肋绣眼鸟体长约10cm。全身大部绿色，仅腹面白色，而肋呈显著栗红色，眼周具白色。繁殖在东北、河北北部、甘肃西南部，迁徙时经沿海各省及四川、云南等地，在云南南部及以南地区越冬。

（2）暗绿绣眼鸟（彩图8-10）　广东人多称它们为相思仔、白眼圈。中国台湾多称为绿绣眼，亦称青笛仔、青啼仔。日本称为目白。其他俗名包括绣眼儿、粉眼儿、粉燕儿、白眼儿、白日眶等。中国著名的观赏鸟，体型小，羽几乎纯绿，眼周有白圈。

（3）灰腹绣眼鸟（彩图8-11）　体小（11cm）的橄榄绿色绣眼鸟。似暗绿绣眼鸟，但区别为沿腹中心向下具一道狭窄的柠檬黄色斑纹，眼先及眼区黑色，白色的眼圈较窄。虹膜黄褐色，嘴黑色，脚橄榄灰色。该物种已被列入国家林业局2000年8月1日发布的《国家保护的有益的或者有重要经济、科学研究价值的陆生野生动物名录》。

（4）诺福克岛绣眼鸟　又名白胸绣眼鸟，是世界上最稀有的鸟类之一。白胸绣眼鸟长达14cm，是最大的绣眼鸟之一。翼展阔7.5cm，重约30g。它们的头部呈淡绿色，颈部呈橄榄绿色，喉咙及腹部白色。它们的眼圈是白色的。雄鸟与雌鸟相似。

4. 靛颏

靛颏分红、蓝，是时下最流行的高雅类观赏鸟。

（1）红靛颏（彩图8-12）　又名红颏、靛额、红喉歌鸲、红脖野鸲。属雀形目、鹟科、鸲亚科。夏季在我国的东北、青海和四川北部繁殖，冬季在我国的西南部越冬。

红靛额是我国传统的笼养鸟。过去，多在皇家宫廷中饲养，北京天桥的三鸟楼、五家茶馆也有专门喂养。这种鸟经过换食调养后鸣叫，再配上精制的笼子，出口价格很高。红靛额身体修长、俊俏、体长约16cm。雄鸟体羽大部分为橄榄褐色，各羽的中央略现深暗色。脖子上的羽毛火红，眼上有一白色眉纹。胸部灰色，两肋棕褐色，腹部白色，雌鸟喉部白色，眉纹淡黄色。虹膜褐色，嘴暗褐色，脚肉色。

（2）蓝靛颏（彩图8-12）　又叫蓝颏、靛额、蓝脖、蓝喉歌鸲、九圈领等。属雀形目、鹟科、鸲亚科。夏季在我国的东北、西北地区繁殖，秋末迁徙时，经东部和中部各省，到云南西部、广东、福建一带越冬。蓝靛颏体长约14cm，雄鸟上体羽色为土褐色，头顶羽色较深，有白色眉纹，脖子上的羽毛呈亮蓝色，中央有栗色块斑，胸部有黑色和淡栗色两道宽带。腹部白色，两肋和尾下覆羽棕白色。雌鸟酷似雄鸟，但颏部、喉部为棕白色。虹膜暗褐色，嘴黑色，脚肉褐色。

第二节 观 赏 鱼

【学习目标】

能识别金鱼、海水观赏鱼、热带淡水观赏鱼的主要品种，掌握其饲养管理技术。

重点：1. 主要金鱼、海水观赏鱼及热带淡水观赏鱼品种及其特征。

  2. 观赏鱼的饲养管理措施。

难点：各种观赏鱼的特征区别。

见此图标 回回 微信扫码

电子彩图辨细节
线上资料帮我学

一、金鱼

金鱼古称"金则"，谐音为"金玉"或"金余"，象征着和平、幸福、富丽、快乐、名贵。它不仅色彩多样，红、黄、黑、蓝、棕、橙、花七彩纷呈，雍容华贵。而且体形婀娜多姿，雅艳兼备，人们誉之为"金鳞仙子"、"水中牡丹"。金鱼的故乡在中国，其祖先是鲫鱼，经过长期自然影响和人工饲养筛选，才出现了今日金鱼家族。

1. 金鱼的主要品种及特征

金鱼的品种大体可分为草种、龙种、文种、蛋种四大类。

（1）草种金鱼　是金鱼中最古老的一个品种，又称金鲫种。体质强壮，适应能力强，容易饲养，成为目前大面积观赏水体的主要金鱼品种。

外观体形似鲫鱼，身体呈纺锤形，体躯狭长而侧扁，头部扁尖，具背鳍，尾鳍呈叉形单叶。根据尾鳍形状的不同，草种金鱼分短尾和长尾，短尾称"草金鱼"（彩图 8-13），长尾称"燕尾金鲫"（彩图 8-14），也称"彗星"。

（2）龙种金鱼（彩图 8-15）　龙种金鱼是现代金鱼的代表品种，也是主要品种。其主要特征是体短，头平而宽，眼球膨大突出眼眶之外，似龙眼，故得名龙睛；鳞片圆而大，胸鳍长而尖呈三角形，背鳍高耸。按尾鳍形态可分为蝶尾、凤尾和扇尾龙睛。按体色分为红龙睛、墨龙睛、蓝龙睛、紫龙睛、朱砂眼龙睛、红白花龙睛等。龙种金鱼有 50 多个品种，名贵品种有凤尾龙睛、墨龙睛、喜鹊龙睛、玛瑙眼、葡萄眼、蝶尾等。

（3）文种金鱼（彩图 8-16）　又称文种，其体形近似"文"字形，故而得名。文种金鱼身体短宽，呈三角形，头尖如鼠头，背鳍发达，尾鳍延伸。体色多为红色、紫色、蓝色和红白花斑。文种分六大类：头顶光滑为文鱼型；头顶部具肉瘤为高头型；头顶肉瘤发达包向两颊，眼陷于肉内为虎头型；鼻膜发达形成双绒球为绒球型；鳃盖翻转生长为翻转型；眼球外带有半透明的泡为水泡眼型。代表品种有文鱼、鹤顶红和珍珠金鱼等。

（4）蛋种金鱼（彩图 8-17）　蛋种鱼的主要特征是体短而肥，呈卵圆形，形如鸭蛋，早在公元 1780 年已将此类金鱼称作"鸭蛋鱼"。无背鳍。有成双的尾鳍和臀鳍。此类金鱼的生命力强于龙种、文种，生长速度快。

蛋种分七型：尾短为蛋鱼型；尾长为蛋凤型；头部肉瘤仅限于顶部的为鹅头型；头部肉瘤发达并包向两颊、眼陷于肉内的为狮头型；鼻膜发达形成双绒球的为蛋球型；鳃盖翻转生长的为翻鳃型；眼球外带半透明泡的为水泡眼型。

2. 金鱼的饲养管理

（1）放养密度　金鱼具有群聚的习性，进行群养有利于金鱼的生长发育，但放养密度不能过大。密度如果过大，鱼体的活动受到限制，水溶氧消耗量大，水质也会迅速污染变质，轻则会阻碍鱼体发育，重则使金鱼窒息死亡。

金鱼的放养密度视品种、鱼龄、体型大小、气温以及饵料种类而有差异。一般情况下，水深 30cm、注水 5kg 左右的养鱼木盆中，可以放养 5～6cm 长的金鱼 5～6 尾。饲养中可根据容器和鱼体大小，参照上述数字酌情增减。

（2）喂食　喂食不但要定时，还要定量。

金鱼摄食的时间从夏季来看，如果气候正常，每天摄食量最多时刻是早上 6～7 时。因为这时气候凉爽，是金鱼体力充沛、活动量最大的时候。此时喂食，进食快，食量大，是投食最适当的时间。但是随着季节变化、气温逐渐下降、喂食时间必须往后推移。一般来说，春、夏、秋气温较高时，早晨喂食比较合适，秋末及冬季气温较低时，以中午喂食为宜。

金鱼的饥饱和消化吸收状况可从鱼粪的颜色上进行判断。如果鱼粪呈绿色、黑色或棕色，表明金鱼摄食适度，消化吸收良好；如果鱼粪呈白色或黄色，表明金鱼吃得过饱，不可再喂饵料。

（3）换水　鱼盆中的水必须经常更换。在温暖季节，每天应换一次水。换水时，用虹吸管从鱼盆底部将积存在盆底的污物连同旧水一起吸出。吸出量是盆中水量的 1/3，然后换入经过暴晒、合格的新水。一次换水不能过多，否则会引起金鱼生活环境的剧烈变化，使金鱼不能迅速适应新水环境而食欲减退。

（4）注意水温和水中氧气状况　金鱼最适的水温是 15～25℃，此时鱼体能充分摄取食物，迅速地生长发育。水温如高于 30℃ 或低于 10℃，鱼体则普遍厌食，活动迟缓，生长缓慢。如水温高于 40℃ 或低于 0℃，鱼体即趋于死亡。

适合金鱼正常生长发育的水体中的水溶氧量，应不低于 5.5mg/L。如果水溶氧量低于 4.0mg/L 时，金鱼表现发呆、食欲不良、生长缓慢；如果水溶氧量是低于 2.0mg/L 时，金鱼呼吸频率显著增加，并发出轻轻响声。进一步发展，鱼体就会窒息死亡。

（5）越冬　金鱼越冬期间，必须保持适当的水温，以便能够安全越冬。我国幅员辽阔，各地温差悬殊。北方地区冬季气温可以降到零下 15～30℃，应将金鱼移入室内饲养，保持 0℃ 以上水温；河南、湖北等地，冬季气温常降到零下 7～8℃，在养鱼盆上加盖防寒物，就可在室外越冬，无需移入室内；至于广东、福建等地，冬季温度稳定在零上 5～10℃ 之间，金鱼完全可在室外越冬，不必采取防寒措施。在冬季，不论室外还是室内，水温都较其他季节降低，金鱼摄食和活动都有所下降。因此，可以减少喂食量，换水次数也可以减少。

二、海水观赏鱼

覆盖地球表面 77% 的海洋，给种类繁多的海洋生物提供了备具特色的栖息场所，世界上已查明的海洋鱼类约有 2 万余种。著名的品种有女王神仙、皇后神仙、小丑鱼、蓝魔鬼等。

1. 海水观赏鱼的常见品种

（1）小丑鱼（彩图 8-18）　小丑鱼是对雀鲷科海葵鱼亚科鱼类的俗称。在成熟的过程中有性转变的现象，在族群中雌性为优势种。在产卵期，公鱼和母鱼有护巢、护卵的领域行为。其卵的一端会有细丝固定在石块上，一星期左右孵化，幼鱼在水层中漂浮之后，才行底栖的共生性生物。因为脸上都有一条或两条白色条纹，好似京剧中的丑角，所以俗称"小丑鱼"。

（2）黄肚蓝魔鬼（彩图 8-19）　又名变色雀鲷，分布于中国南海和印度洋、太平洋的珊瑚礁水域，属雀鲷科，体长 10～12cm，椭圆形。体色天蓝，嘴部有蓝色或黑色花纹，胸鳍下方的腹部一直到尾柄上方都是鲜黄色，尾鳍、臀鳍鲜黄色，鳍边缘白色。

（3）三点白（彩图 8-20）　分布于印度洋、太平洋、红海的珊瑚礁海域以及中国南海等地，属雀鲷科，体长 10～15cm，椭圆形。全身浓黑色，各鳍黑色，背鳍前方有一个白点，体侧各有一个银白色圆点，共三个白点而得名。

（4）黄火箭（彩图 8-21）　分布于中国南海和印度洋、太平洋的珊瑚礁海域，蝶鱼科。体长 20～25cm。头部呈三角形，嘴呈管状向前突出，眼睛到头顶呈灰褐色，眼睛到腹鳍呈银白色，眼睛藏在黑带中并向嘴部延伸。体色鲜黄，尾鳍银白色，其余各鳍鲜黄色，臀鳍末端靠近尾柄处有一个黑色圆斑，俗称假眼。

（5）黑白关刀（彩图 8-22）　黑白关刀也叫长鳍关刀，有一个非常长的背线。身体白色带两条宽宽的黑色条纹，眼睛上也有一个黑纹穿过。尾鳍及背鳍呈现亮黄。一些关刀也被叫做蝶鱼。水族箱饲养时适合与温和的鱼及其他同种鱼混养而且同时入缸。黑白关刀游泳时，背上的长刺是此鱼的亮点，很漂亮。

（6）月光蝶（彩图 8-23）　分布于印度洋和太平洋礁岩海域，我国南海也有分布。体长 15～20cm。头小，嘴尖。体色主基调为黄色，体上半部浅褐色。眼部有一条黑带，紧邻其后有一条白色带纹，鳃盖后缘有一条镶黄边的黑带向背部延伸。背鳍、臀鳍宽大，且边缘黑色，尾鳍黄色，且边缘黑色。

（7）女王神仙（彩图 8-24）　分布于太平洋珊瑚礁海域，体长 20～25cm，卵圆形侧扁。体金黄色，全身密布网格状有蓝色边缘的珠状黄点，背鳍前有一个蓝色边缘的黑斑，鳃盖上有蓝点，眼睛周围蓝色，尾鳍鲜黄色，胸鳍基部有蓝色和黑色斑。背鳍、臀鳍末梢尖长直达尾鳍末端。

（8）皇后神仙（彩图 8-25）　体长 40cm，幼鱼体色为蓝色，其上有白色条纹。随着年龄的长大，白色逐渐转变为黄色，条纹变成水平的波纹。体侧自鳃盖后缘到尾柄有数条平行的蓝色带纹贯穿身体前后。眼部有棕褐色带，嘴银白色，鳃盖上有一条黑带，下颌黑色。背鳍布满蓝色花纹，边缘黄色，臀鳍深蓝色，并有黑色花纹，尾鳍黄色。

2. 海水观赏鱼的饲养管理

海水观赏鱼对饲养管理的要求较高，特别是海水观赏鱼中的蝶科鱼类、棘蝶科鱼类对水质的硬度、水的循环过滤流量、光照和水温的调节以及饵料品种的选择与需求要求很高，必须认真对待。

（1）饲喂　海水观赏鱼从野生的海洋环境中被移入水族箱人工饲养的环境中，会出现不同程度的不适感，故要有一个适应的过程，时间长短不一。当海水鱼一旦适应了水族箱中的生活环境，就可以引诱它们摄食饵料。其开食时间较长，一般应选择其熟悉的海洋中的活饵来诱发食欲，以后逐渐过滤到投喂海洋中的死亡食物，再过滤到人工配合饵料或当地来源较广泛的食物。这样，海水观赏鱼就会逐渐适应水族箱中的生活环境。各种海水观赏鱼饲喂条件如表 8-2。

（2）水质调控　高盐度鱼类（如海水观赏鱼类、珊瑚、海葵等无脊椎动物）对海水的水质要求较高，海水盐度在 30% 左右，海水相对密度在 1.022～1.023，人工海水可采用人工海水直配制。低盐度鱼类（如石斑鱼、花斑海鳗、花斑虎鲨、海龟、黛瑁等）要求海水盐度在 20% 左右，海水相对密度在 1.017～1.020，人工海水可采用人工海水盐配制。低盐度鱼类（如东方暗色河鲀、绿河鲀、金鼓、绿鼓等）喜生活在半卤半淡的水质中，它们中有些品种亲鱼在淡水中繁殖，卤水中生长；有些品种亲鱼在卤水中繁殖，但幼鱼是水中生长的。各种鱼类对温要求在 26~28℃，水硬度在 7~9°dH，水的 pH 值约为 8.0~8.5。

表 8-2　各种海水观赏鱼饲喂条件

鱼种	黄肚蓝魔鬼	三点白	黄火箭	黑白关刀	女王神仙
饲养水温	26~27℃		27~28℃		
海水相对密度	1.017~1.023				
pH 值	8.0~8.5				
水硬度	7~9°dH				
饵料	海藻、丰年虾、冰冻鱼肉		藻类、软珊瑚、水蚯蚓、红虫	鱼肉、贝类、水蚯蚓	海藻、冰冻鱼虾肉
混养	珊瑚、海葵		不可与珊瑚等无脊椎动物混养	藻类或浮游动物	软珊瑚等无脊椎动物

（3）日常观察

① 恐惧感观察　由于品种不同、习性差异，加上饲养密度较高，易使鱼产生恐惧感，导致相互之间的斗殴、撕咬。故必须细心观察，及时采取妥善的防范措施。

② 食欲观察　可在投饵时观察食欲状况，如发现离群食欲减退或拒食的鱼，应及时找出原因，加以解决。

③ 夜间观察　夜幕降临后，海水观赏鱼都有各自的栖息领地，有的隐藏于岩石洞穴中，有的隐藏于斧劈珊瑚中，有的横卧于珊瑚砂上。

④ 粪便观察　海水观赏鱼每天排粪 1~2 次，粪便颜色，有的品种（如蓝倒鲷、人字蝶、红小丑等）粪便呈白色液状，有的品种（如珍珠狗头、皇后神仙等）的粪便呈碎屑状，有的品种（如花斑海鳗等）的粪便呈颗粒状，观察时注意粪便的状况是否正常。

（4）水族箱的清洁卫生　水族箱内的海水在养鱼前是洁净透明的，但在饲养一段时间后，由于鱼类的排泄物会使蓝藻类大量繁殖，月余后的水族箱的内壁或底会滋生一层蓝色或褐色的藻类，随着海水的老化以及藻类繁衍的日趋旺盛，仅靠生物过滤系统的作用已远不能达到根除藻类的效果，从而影响了水族箱的观赏效果。

三、热带淡水观赏鱼

热带鱼生于热带水域。热带鱼分为淡水热带鱼和海水热带鱼。但在近热带和与之交界处的南北温带水域，凡有观赏价值的鱼类品种，也归入了热带鱼，所以，其分布还包括部分亚热带地区。此小节所介绍的是生活于淡水中的热带观赏鱼品种。

1. 热带淡水鱼的常见品种

（1）孔雀鱼（彩图 8-26）　别名彩虹鱼、百万鱼、库比鱼，原产于南美洲的委内瑞拉、圭亚那等地，主要栖息于淡水流域及湖沼。孔雀鱼的繁殖能力很强，并能耐受污染的水域，具群集性。孔雀鱼性情温和，能与温和的中小型热带鱼混养。孔雀鱼体长 4~5cm，是最容易饲养的一种热带淡水鱼。它丰富的色彩、多姿的形状和旺盛的繁殖力，备受热带淡水鱼饲养族的青睐。尤其是繁殖的后代，会有很多与其亲鱼色彩、形状不同的鱼种产生。雌、雄鱼差别明显，雄鱼的大小只有雌鱼的一半左右，雄鱼体色丰富多彩，尾部形状千姿百态。

（2）剑尾鱼（彩图 8-27）　原产于墨西哥、危地马拉等地的江河流域。体长形，长约13cm，雄鱼尾鳍下叶有一呈长剑状的延伸突，是较容易饲养的热带淡水鱼品种。剑尾鱼在水温 20~25℃，弱酸性、中性或微碱性水中都能正常生长和繁殖，最适生长水温为 22~24℃，杂食性，性格温和，易和别的热带鱼混养。剑尾鱼 6~8 月龄性成熟，每隔 4~5 周繁殖 1 次，每次产鱼苗 20～30 尾，适宜繁殖的水质为 pH 7～7.2，硬度 6～9°dH。

（3）月光鱼（彩图 8-28） 原产于墨西哥、危地马拉等江河流域。月光鱼雄鱼的体长有 4～5cm，雌鱼体长 5～6cm。短小而侧扁，头吻部尖小，尾部宽阔，胸腹部较圆厚，尾鳍外缘浅弧形，背鳍稍偏后，与腹鳍、臀鳍对称。此鱼原种的体色为褐色或黑色，体侧有零星的蓝色斑点，因尾柄处有一块新月形黑斑纹而得名。品种有红月光鱼、蓝月光鱼、金头蓝月光鱼、黑尾月光鱼、红尾月光鱼等。饲养水温 18～24℃，喜弱碱性水质。饵料以鱼虫为主。繁殖水温 25～26℃。繁殖期间，雄鱼的体色会逐渐变深、变亮，臀鳍演化成输精管。雌欲腹部膨大，体色比雄鱼要浅。

（4）食人鲳（彩图 8-29） 又名食人鱼或水虎鱼，体呈卵圆形，侧扁，尾鳍呈叉形。体呈灰绿色，背部为墨绿色，腹部为鲜红色。牙齿锐利，下颚发达有刺，以凶猛闻名。雌雄鉴别较困难。一般雄鱼颜色较艳丽，个体较小，雌鱼个体较大，颜色较浅，性成熟时腹部较膨胀。体质强壮，容易饲养，不能与其他鱼共养。对水质要求不严，喜弱酸性软水，适宜水温为 22～28℃。

2. 热带观赏鱼的饲养管理

热带鱼的饲养管理是一项综合性工作，它包括用水、投饵、保温等，它要求掌握热带鱼不同品种的生活习性，有针对性地完善热带鱼的生活环境。

（1）饲养设备 热带鱼的饲养设备除水族箱和水质过滤器外，还有水质循环过滤设备、加热设备、增氧设备、照明设备、抽水设备等。

（2）投饵

① 觅食习性 热带鱼的饲养水温一般是控制在 24～28℃之间，在这一温度范围内，热带鱼的食欲旺盛，生长迅速，它不受外界气温变化影响，始终维持在一个相对稳定的状态中。热带鱼的饵料有鱼虫、水蚯蚓、纤虫、黄粉虫、小活鱼、颗粒饲料等。

② 投饵次数 热带鱼的投饵量应根据鱼体大小和数量多少来决定。家庭饲养热带鱼，一般每天只需投饵 1～2 次，其投饵量以 5～10min 内吃完为宜。大批量饲养热带鱼时，每天需要投饵 2～3 次；繁殖时期的种鱼，一般每天投饵 3～4 次。更换新饵料时，投饵量要由少逐渐增多，运输前要停饵 1～2 天。

（3）用水

① 兑水 兑水是指部分换水这是热带鱼饲养中经常采用的简便有效的方法。兑水前，先将水族箱内的加热器、充气泵、循环过滤泵等电器的电源关掉，然后用纱布擦净水族箱四壁玻璃或景物上附生的青苔，待水静置 15min 后，水中悬浮物全部沉入缸底，用橡皮管轻轻地吸出底部污物。一般吸出的水量约占总水量的 1/4～1/3。然后将备好的同温度的新水，沿着缸壁缓缓地注入。

② 换水 换水是指全部更换饲水，它是改变水质的最简单有效的方法，但换水的工作量较大，尤其是水族箱有景物时，工序复杂繁琐。换水前，将水族箱所有电器的电源切断，将鱼和景物全部取出，放去水。水族箱冲洗干净后，将景物全部放好，放入新水备用。

第三节 斗 鸡

【学习目标】

　　了解斗鸡形态特征和品种类型，了解我国常见的几种斗鸡外貌特征，掌握斗鸡各阶段饲养管理技术。

重点：斗鸡的形态特征和我国几种常见斗鸡的外貌特征。

斗鸡在民间最早是一种用于观赏娱乐的鸡种，当时并没有专用的品种，后来通过人们长期的精心选拔和培养，才初步形成了一种战斗性能较强的品种。这一品种的出现，受到当时封建领主的欣赏，因此就千方百计地进行搜罗，把这些优良品种网罗入深宫官邸，经过选拔、配种、繁殖并精心地培养，使这一古老鸡种的斗性得到显著提高，并逐渐定型。另一方面，斗鸡也由原来的观赏逐步沦为赌博工具。

我国历史上有关斗鸡的记载甚多，如春秋时期，季郈为了斗鸡而得罪于鲁昭父，双方因此竟打起仗来，汉末三国时，魏明帝曹叡，为了斗鸡竟在邺都（今河南临漳县以西）筑起"斗鸡台"。唐朝唐玄宗李隆基，为了清明斗鸡而设鸡场于两宫之间，养雄鸡千余只，并选六军小儿五百人为鸡奴，命贾昌为五百小儿之长，以司其职。到了宋代，京都开封盛况空前，百业俱兴，斗鸡之风，不仅京都，就是远处西南的四川，也是斗鸡如狂。所以太宗时张泳曾有："斗鸡破百万"、"骄马黄金路"的诗句，以揭露当时四川官僚的罪恶情景。由此可见，我国历史上玩鸡斗赌之风虽然盛行，然而由于历代斗鸡爱好者的垄断和时代交通条件的限制，所以斗鸡在全国的分布并不广泛。除客观条件的局限以外，就斗鸡本身来说也存在主观方面的限制，如喂鸡方法、训练技巧、选种培育、繁殖发展等，都有着严格的要求和非常保守的习惯。随着时代的发展，交通的改善，近百年来国外一些国家也喂养斗鸡，如英美、印度、菲律宾、泰国、越南、西班牙、古巴等都有数量不等的斗鸡。

一、外貌特性

1. 体型
前胸要宽，羽毛要紧凑，身架要利落，选择"小头大身架，细腿线爬爪"的体型。螃蟹盖身型及枣核身的体型要淘汰。

2. 体重
斗鸡体重一般分三种等级，大号斗鸡体重为 4.0kg 左右，中号斗鸡为 3.5kg 左右，小号斗鸡为 3.0kg 左右，公鸡超大型者有 5.0kg 左右者。

3. 骨骼
根据斗鸡的特殊性格和战斗的需要，其骨骼一定要坚实，各部位的骨骼长短，粗细比例要匀称，过于细长或短粗都不利于战斗。

4. 毛色
一般以青、红、紫、皂为上色。青色即乌黑色的毛羽，正面带有青绿色的亮闪，底绒为白色，并有白沙尾。有些地方把青鸡叫做"乌云盖雪"。红色即项背为红色毛，群边毛为灰褐色，尾为黑色或带白沙尾，红鸡出壳后的绒毛为白色。紫色即项背的羽毛为深红或黑红，有青紫和白绒紫两种。皂色即全身羽色均为黑色，黑如皂布无亮光。

5. 头部
相对来说，头小脸皮紧薄细致为好，耳环要小，不能有重冉，脑门要宽厚，眼窝要深大，冠要小而正直，五官长得要谐调。嘴形要求既粗直又长尖，大弓形嘴形不好，嘴要尖而利为佳。过细过长（俗称竹签嘴）者不可取。嘴色要纯净，一般只有黄白两种，成鸡嘴色不能带有黑色。鼻翼要外扇，鼻孔要大而长。

6. 眼色
一般分白、黄、红三种，其他还有菊花、豆绿等，但以纯白色为上品。两眼要有神，目光要锐利，同时眼窝要深，眼眶要大，眼珠要小。

7. 冠形

一般分平顶与花冠两大类。平顶又称顶头，平顶中又有窄面、宽面、鹅顶、柿饼冠之分。花冠又有翘花冠、小花冠、大花冠、寿星冠、麦穗冠、开山斧之分。根据战斗要求，冠形以小而细者为好。

8. 腿爪

腿分大腿与明腿。大腿与明腿的弯曲度要大，俗称"大腿弯"，弯度大，弹跳力强。大腿要粗，明腿要细，肉要长在大腿上，明腿要皮包骨头，不要有一点肉。两腿间的间距要大，即档口要宽，爪片要大，爪要细，要干，要长，趾间的角度要大，后小爪要向后展，以便于站落稳当。

二、斗鸡类型

我国的斗鸡按其地理分布可分为以下四种类型。

1. 中原斗鸡

包括河南斗鸡（彩图 8-30）、鲁西斗鸡和皖北斗鸡，产区位于广大的中原黄河冲积平原一带，目前社会存量约 16 万余只，其中河南斗鸡约占 3/4。

河南斗鸡主要分布于洛阳、开封、郑州三市，河南斗鸡以其体大、骨粗、肌肉发达、勇猛善斗、宁死不屈而闻名。

鲁西斗鸡原产于山东西南部一带，即郓城、嘉祥、鄄城等。鲁西斗鸡头小、脸狭长、眼大、耳叶短小。毛细，羽色主要有黑色、红色和白色之分。

皖北斗鸡分布于安徽省北部的阜阳、亳州、淮北、淮南、蚌埠和宿州等地，皖北斗鸡体型紧凑，体格结实，羽毛薄，腿高而粗壮，脖粗而长，胸部宽厚肌肉丰满。

2. 吐鲁番斗鸡（彩图 8-31）

分布于新疆维吾尔自治区吐鲁番、鄯善和托克逊一带，数量不多。吐鲁番斗鸡冠矮小为复冠，耳叶为红色。喙为褐色。毛色分黑色、麻色和浅栗褐色三种。公鸡镰羽呈黑色带青铜光泽，跖呈肉色，亦有青色，有的颈羽、皮肤呈肉色。

3. 西双版纳斗鸡（彩图 8-32）

产区在云南西双版纳傣族自治州橄榄坝一带，西双版纳斗鸡头小呈半梭形，豆冠，冠、耳叶呈红色。喙短粗呈弧形，呈黄或褐色。虹彩呈橘红色。

4. 漳州斗鸡（彩图 8-33）

漳州斗鸡主产于福建漳州市芗城区的天宝、芝山、石亭、浦林镇及市郊，分布于厦门、泉州等市，饲养量 6 万余只。漳州斗鸡头小，脸狭长，眼大有神，耳叶短小，呈圆形，从喉部到嘴部有一条不大的垂肉。

三、饲养管理

1. 育雏期斗鸡的饲养管理

1～30 日龄是斗鸡的育雏期。

（1）温度　一般第 1 周温度约 35～37℃。第 2 周起每日降低 1℃，降到 25℃就不再降了。

（2）湿度　1 周龄为相对湿度 60%～70%，1 周龄以后相对湿度为 55%～60%。

（3）通风　在保证温度的前提下进行适当的通风换气，一般室内要以人进去后没有刺激味为标准。

（4）光照　出壳后 20h 至 1 周期间要全日光照，光照强度为每平方米 4W，1 周后为每天 16h 光照，光照强度为每平方米 2W。

（5）饮水　斗鸡在出壳毛干后应先饮开水，将开水凉至雏鸡体温温度 36℃左右即可，水中可加入 0.02％的土霉素。饲养斗鸡在一生中绝不能断水。

（6）开食　饮水后即可开食，可将饲料用少量的水拌成潮湿状，用手将料撮细撒在纸上，让斗鸡自由采食。头 3 天以不断料为好，3 天后改用食槽。食槽要放在灯光下，饲喂时要以少食勤添。每次添料视上次所添的料吃净为好。

2. 育成期斗鸡的饲养管理

30～90 日龄是斗鸡的育成期。

育成期斗鸡好动，采食量增加，应给予足够的饲料，一般采用自配饲料，但营养价值要全。在饲养中要注意场所及饮水卫生。忌喂发霉饲料。定期在饲料中添加些土霉素，可起到防病的作用。

育成期斗鸡已表现出明显的斗性，最好小圈饲养或单笼饲养。单笼饲养时，每天定时下笼活动，否则，易失去斗性。若出现斗伤，应涂红霉素眼膏，或用酒精、碘酒消毒处理。

3. 成年斗鸡的饲养管理

换过 3～4 茬羽毛，老翅长齐，即为成鸡，一般 9 个月龄。成年斗鸡的公、母配比按 1：3 分组饲养为好，这样才能保证产蛋和受精率。饲养期间尽量保持环境安静。产蛋期尽量减少外界干扰，产蛋鸡的饲料配方可采用蛋鸡的饲料配方，若母鸡产软蛋或发现啄蛋现象，说明饲料中钙元素供应不足，要进行补钙。另外，每天保持 15～16h 光照，强度为每平方米 2W。

第四节　赛　　鸽

【学习目标】

能识别主要赛鸽品种，了解其生活习性，掌握饲养管理技术。

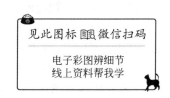

见此图标 微信扫码

电子彩图辨细节
线上资料帮我学

一、赛鸽的品种

赛鸽亦称"竞翔鸽"，专用于竞翔比赛的鸽子。赛鸽一般体型不大，成年公鸽约 500g，母鸽约 450g。骨骼硬扎，肌肉丰满，眼睛明亮，羽毛薄而紧，羽色主要有雨点、黑、绛、灰、白、花等多种。传统的赛鸽品种有戴笠鸽、红血蓝眼鸽、李种鸽、竞翔贺姆鸽、鼻瘤鸽等。按赛程可分为中程鸽、短程鸽、长程鸽和超长程鸽。

1. 戴笠鸽

亦称"戴老头"或"老方丈"，中国赛鸽的品种，原产中国北京，由于其头顶有少数白毛，好像戴了一项白笠帽得名。体型壮硕，圆头巨额，颈项强劲，短脚挺胸，翅膀有力，趾宽。颈部左右两边有白色斑羽。有"三不"优点：一不中途降落，二不入他人鸽舍，三不落网陷阱。

2. 红血蓝眼鸽（彩图 8-34）

原产地是福建漳州龙海县，红血蓝的特征在于眼砂，宝蓝色的底砂，配上成块的血红色面砂，并以此得名。红血蓝体形较小，俗称"燕种"，体型匀称，翅膀特长。红血蓝有四大特点：一是高翔，二是翻飞，三是夜游，四是恋巢性强。

3. 李种鸽（彩图 8-35）

李梅龄先生是我国养鸽史上第一位自成品系的赛鸽家，从比利时和德国引进了 10 羽名系种鸽，经过多年的精心培育而成的优良品系——李种鸽，该鸽具有持久的飞翔能力，为我国著名的赛鸽。该鸽的特点是具有卓越的飞行能力，一天可飞行 20h。

4. 竞翔贺姆鸽（Homer 信鸽）

亦称"贺姆传书鸽"，外国赛鸽的品种。羽色以雨点和灰为主，体型几乎具备了竞翔鸽标准体型的所有特征，以飞行速度快而著称。

5. 鼻瘤鸽

为我国云南名种鸽。该鸽的鼻部蜡膜特别发达，具有在恶劣气候条件下飞翔的特性。

二、赛鸽的生活习性

1. 白天活动，晚间栖息

白天活动十分活跃，频繁采食、饮水；晚上则在棚舍内安静休息。经过训练的赛鸽，能在傍晚前不寻找栖息地，而在夜色蒙蒙中鼓翼奋飞，甚至是在夜间飞行。

2. 反应机敏，很怕惊扰

鸽子休小质弱，缺乏抵御天敌的能力，因而反应机敏，有较高的警觉性，对外来的刺激反应十分敏感，因此，在饲养管理上要注意保持鸽台周围环境的宁静。

3. 好清洁、干燥

要求有清洁、干燥的环境和适宜的温度，保持鸽子健康。因此鸽舍应干燥向阳、通风良好，夏季能防暑，冬季能防寒。

4. 情感专一，一夫一妻

鸽子是"一夫一妻"生活的鸟类，在饲养管理中要注意鸽子的配对工作，鸽子在丧偶后要经过较长的时间才能重新配对。

5. 记忆力强，固守积习

鸽子有较强的记忆力，对固定的饲料、饲养管理程序、环境条件和信号等能形成一定的习惯，甚至产生牢固的条件反射。此外，鸽子有强烈的恋巢性，人们就是利用这个习性来训练培养赛鸽，使赛鸽能从数百千米甚至上千千米以外飞回鸽舍。

6. 嗜盐性

嗜盐性强。野生原鸽长期生活在海边，常饮海水，形成嗜盐的习惯。经过几千年驯养的家鸽，至今仍保持这种习惯。

三、赛鸽的饲养管理

1. 坚持少给多次喂料的原则

根据实践经验，供给鸽子饲料应坚持少给多次的原则，避免鸽子挑食和浪费饲料。

2. 定时定量供给保健砂

保健砂是养好笼养肉鸽必不可少的物质，它能维持成年鸽的健康，促进仔鸽生长，防止肉鸽软骨症和产软壳蛋、薄壳蛋、破壳蛋等。保健砂能补充鸽子在饲料中不能摄取到的营养和微量元素，并且非常有利于鸽子的消化。

3. 不断供水

每只鸽子每天需水量平均为 50ml 左右，夏季及哺乳期饮水量多些，秋冬少些。

4. 检查饲料和饮水的质量

经常检查饲料，发现霉变的饲料应立即停用。保持水源清洁和饮水的卫生，每天早上清洗水槽，更换新鲜饮水，防止被尘埃、粪便等污染。

5. 人工补充光照

光照会刺激性激素的分泌，促进精子和卵子的成熟和排出，光照方便产鸽吃料和喂仔，利于乳鸽生长，体重增加。

6. 环境与卫生

保持鸽舍的安静和干燥，定期消毒，同时做好防病治病工作。

第五节　宠　物　兔

【学习目标】

能识别主要宠物兔的品种，掌握其饲养管理技术。

见此图标 微信扫码

电子彩图辨细节
线上资料帮我学

一、宠物兔品种

常见宠物兔品种见 彩图 8-36。

1. 波兰兔

原产于波兰，体重小于 1.6kg，是纯种兔中最娇小的。身圆头短，两只耳朵竖起及靠在一起，长度不过 7.6cm，毛短及浓密。

2. 侏儒海棠兔

别名侏儒荷达特、侏儒熊猫兔。侏儒海棠兔可分为两种，一种是全身为纯白体色，在眼睛部位带有黑色眼线；另一种同样有黑眼线，只是雪白体身上还带有些许斑点。侏儒海棠兔的体型娇小，肩部至臀部成圆弧状，头大且耳短（理想的长度约 6cm）、眼珠深啡色、全身白色，同样是纯白色及只有围着眼睛的毛是黑色的，耳朵不长于 7cm。由于它的体形小，只要养在小空间里就已足够。

3. 磨光兔

原产于英格兰，体型小，为迷你兔型。鼻子比较短，鼻尖也是塌塌的，常见黑色。

4. 多瓦夫兔

原产于德国，迷你型兔，成年兔体长仅 30cm，体重 1～2kg，体型非常娇小，可说是真正的"迷你兔"。毛色有灰色、黑色等。

5. 喜马拉雅兔

原产于喜马拉雅山脉南北地区。体重 1.1～2kg，身体较长，头长及窄，颜色很特别：眼睛为红色，身体的末端处（尾、足、耳、鼻）为黑色，其余全为白色。

6. 荷兰垂耳兔

原产荷兰，体型超小。体重 2kg。毛色有纯色、刺鼠色、杂色、铜铁色、橙色宽条纹等。性情温顺，喜爱干燥清洁，胆小。

二、宠物兔的饲养管理

1. 仔兔的饲养管理

根据家兔的生长发育阶段，把从出生到断奶期中的奶兔称为仔兔。其间又划分为两个发育期：仔兔出生至睁眼（10～12 日龄）前称为睡眠期，其后为开眼期。

（1）仔兔的生理特点　其一，睡眠期的仔兔要到 4 日龄以后才逐渐长毛，眼、耳闭塞，看不见、听不着、不会跑动，几乎不能自我调节体温；其二，生长发育特别快；其三，适应能力和自我保护能力极差，容易受到环境温度、食物的变化及有害微生物等的伤害。

（2）养好仔兔应抓好以下几个重要环节

① 睡眠期　保证仔兔早吃奶，吃饱奶；做好保暖防冻工作；对开眼后的仔兔及时实行"补饲"。

② 开眼期　仔兔一般为 12 天左右睁眼，开眼早表明体重好，开眼迟表明仔兔体质发育不良；开眼期仔兔饲养管理重点是适时补饲。

2. 幼兔的饲养管理

幼兔是家兔生长发育的旺盛期，也是发病和死亡率最高的时期。饲养管理的质量，在一定程度上决定其生产潜力的发挥和养兔的成败。

幼兔的饲养管理重点在"保证营养，精心护理"。在喂料方面，除要坚持少吃多餐，定时定量，不要突然更换饲料品种和大幅度增加喂量以外，在食槽和饮水器的选型和设置上，要便于多只兔同时进食和保证饮水；在管理方面，要避免舍内温度过高过低，潮湿和风速过大，还应注意保持笼具、饲料、饮水的清洁卫生和适当的饲养密度（在 55cm×75cm 的笼内，养 4~8 只兔为宜）。饲养人员须随时仔细观察幼兔的采食、粪便及精神状态，及早做好疾病的防治和接种疫苗。

3. 后备兔的饲养管理

后备兔是指 3 月龄后至初配前的青年种兔。后备兔的饲养管理直接关系到种用兔的配种繁殖效果及其品种优良性能的发挥或退化，甚至失去种用价值。

后备兔的饲养要保证一定量的蛋白质（15%~16%）和钙、磷、锌、铜、锰、碘等矿物微量元素，以及维生素 A、维生素 D、维生素 E 的供给，适当限制粮食类精料比例，增加优质青饲料和干青草的喂量。作好兔瘟、呼吸系统疾病的预防接种和疥癣病的定期防治；防止后备种公、母兔间早交乱配。

4. 种公兔的饲养管理

在兔群中，种公兔的数量最少，但养好种公兔至关重要。抓好种公兔的饲养管理，要在以下三个方面把好关。

（1）营养供给要全面、均衡　公兔的种用价值首先取决于精液的数量和质量。而精液的数量和质量与营养，尤其与蛋白质、维生素和矿物微量元素密切相关。日粮中蛋白质过低或过高，都会使活精子数减少，导致受胎率和产活仔数下降。如果缺乏钙和维生素 A、维生素 D、维生素 E，公兔不仅会表现出四肢无力，性欲减退，还会导致精子发育不全，活力下降，数量减少，畸形精子增加，使母兔累配不孕。

（2）与仔、幼兔、母兔相比，公兔挑食性明显　喂公兔的饲料，要求体积小，适口性要好，花色品种多、消化性良好。少用质量低劣的青、粗饲料，以增进公兔食欲，保证营养、避免公兔肚腹过大，影响配种。

（3）种公兔笼位要宽大、位置适中，以方便配种操作，不宜与母兔笼位相邻，注意光线充足。

（4）使用公兔要讲科学　在配种季节过度使用公兔，或公兔数量过多致使部分公兔在较长时间闲置不用都不对，不是造成配种效果不好，导致公兔早衰，就是引起公兔发胖，性欲下降，甚至失去种用价值。

5. 种母兔的饲养管理

种母兔是兔群的基础。养好种母兔是扩大兔群、增加生产的重要前提。由于种母兔在空怀、妊娠和哺乳三个阶段中的生理状态有明显的差异，因此在饲养管理上应抓好以下主要环节。

（1）空怀母兔的饲养管理　喂养空怀母兔，以保持不肥不瘦的体况，健康、发情周期正常为目的。如果母兔过瘦，会导致激素分泌减弱，卵子发育不良，从而造成累配不孕，长时间空怀。在管理上要严格实行单笼饲养，防止母兔跑出笼外与公兔乱交配，或母兔间相互爬跨而导致空怀，母兔"假孕"，影响正常繁殖和母兔健康。

（2）妊娠母兔的饲养管理　从受配到产仔为母兔的怀孕期，一般为30~31天。饲养管理的好坏，将直接影响母兔的产活仔数、仔兔初生窝重及仔幼兔的生活力。

喂怀孕母兔的饲料，要求营养好、易消化、体积小。切莫饲喂发霉、腐烂、变质和冰冻饲料，否则死胎、弱胎增加，还易引起流产。

怀孕期母兔的管理，重在保胎。受孕后15~25天这段时间，是母兔流产高发期。为此，要尽力保持兔舍的安静，不要随意追捉母兔，除非特殊情况，禁止疫苗注射和进行外寄生虫或皮肤病的治疗。

（3）哺乳母兔的饲养管理　从分娩到仔兔断奶，称为母兔的哺乳期，一般为28~42天。搞好哺乳母兔的饲养管理，一是为仔兔提供量多质好的奶水，二是为促使母兔能维持良好的体况和繁殖机能，有利于再一次发情受孕。

兔乳的营养非常丰富，为各种家畜之冠。在哺乳期，高产母兔每昼夜平均泌乳200g左右。由此可见，母兔为恢复仔产造成的体能损失、维持自己的正常生命活动和产奶，每天要耗费大量的营养物质，尤其是蛋白质、能量和钙、磷，这些物质只能从日粮中获得。此外，要时时查看母兔的泌乳情况（看仔兔是否吃饱），发现缺奶或奶多都要及时调整饲料的喂量和带仔数。寄养仔兔时，应先将被寄养的仔兔放入保姆兔产的仔兔箱内，12h以后方可让母兔哺乳，以避免母兔识别出"养仔"而被咬死咬伤。在母兔哺乳期抓捉母兔和仔兔较频繁，操作要轻，防止造成母、仔兔的皮外伤，尤其是母兔乳房，以减少球菌感染，引起脓胞、乳房炎等疾病。笼舍要清洁，巢箱要保持温暖、干燥、柔软。

第六节　宠　物　鼠

【学习目标】
能识别主要宠物鼠的品种，掌握其饲养管理技术。

见此图标 微信扫码
电子彩图辨细节
线上资料帮我学

一、宠物鼠品种

1. 仓鼠

仓鼠是仓鼠亚科动物的总称。共7属18种，主要分布于亚洲，少数分布于欧洲，其中中国有3属8种。除分布在中亚的小仓鼠外，其他种类的仓鼠两颊皆有颊囊，从臼齿侧延伸到肩部，可以用来临时储存或搬运食物回洞储藏，仓鼠这个名字的由来就是来自德文hamstern，意思是储藏。仓鼠又称腮鼠、搬仓鼠。

仓鼠长相奇特，小巧玲珑，活泼灵敏，十分惹人喜爱，具有玩赏价值，适宜作宠物在室内饲养，被当作宠物饲养的仓鼠品种主要有以下几种（表8-3）。

（1）加卡利亚仓鼠　加卡利亚仓鼠为脊柱动物门哺乳纲啮齿目仓鼠科毛足仓鼠属，俗称枫叶鼠、短尾松鼠、趴趴鼠、三线鼠，原产于俄罗斯西伯利亚、蒙古，栖息于草原、半荒

表8-3　各种仓鼠基本数据

仓鼠品种	加卡利亚仓鼠	坎培尔仓鼠	罗伯罗夫斯基仓鼠	叙利亚仓鼠
成鼠平均身长/cm	公 7～12 母 6～11 (公鼠体型略大)	公 7～12 母 6～11 (公鼠体型略大)	公 4～5 母 4～5 (公鼠体型略大)	公 12～20 母 14～20 (母鼠体型略大)
成鼠平均体重/g	公 35～45 母 30～40	公 35～45 母 30～40	公 15～40 母 15～35	公 85～130 母 95～150
平均寿命/年	2～3	2～3	3～3.5	2～3
全年可交配期间	全年皆可	全年皆可	全年皆可	全年皆可
平均怀孕期/天	18～24	18～24	18～24	15～17
每胎胎儿数/只	1～10	1～10	1～9	4～17
出生时幼鼠体重/g	约 2	约 2	约 2	约 2
幼鼠断奶期/天	20～25	20～25	20～25	20～25
性成熟期/周	公 6～8 母 4～7	公 6～8 母 4～7	公 6～8 母 4～7	公 7～8 母 6～7

漠、农田、山坡和高山草甸，喜欢独居。雌性体长6～11cm，体重30～40g；雄性体长7～12cm，体重35～45g；尾长1.63cm。多数在背部中间及两侧共有3条黑线，背毛深灰色，腹毛白色，原种冬季毛色变为白色。

加卡利亚仓鼠根据其花色不同又可分为以下几类(彩图8-37)。

① 野生色　俗称三线，是仓鼠中最普遍的种类，不咬人，个性温顺，价廉物美，适合初养者。

② 银狐　一般分为带野生色基因的银狐，就是背上黑色条纹比较明显的；带紫仓基因的银狐，就是背上条纹不明显，甚至全白色的。银狐和银狐直接交配繁殖率极低，所以数量不多。

③ 紫仓　毛色比野生三线浅一些，数量不多。

④ 冬白　冬天随着阳光的照射毛色会有一半从野生的三线色转变成白色，接近银狐色，所以叫冬白，就是冬天会变白。

⑤ 布丁　背上的条纹为橙色或金色的布丁颜色的称为黄布丁，毛色为乳白色的称为白布丁。布丁和银狐能繁殖出金狐，但看上去金狐和白布丁极为相似。这个品种很少见，所以价格较高。

⑥ 奶茶　毛色为淡淡的乳黄色，就像奶茶一样，背上的条纹为橙色或金色，和布丁极为相像。品种数量稀少。

(2) 坎培尔仓鼠　坎培尔仓鼠为脊柱动物门哺乳纲啮齿目仓鼠科毛足仓鼠属，俗称一线、枫叶鼠、趴趴熊，原产于俄罗斯、蒙古、我国东北和华北地区，栖息于草原、半荒漠、农田、山坡和高山草甸，独居。雌性体长6～10cm，体重30～40g；雄性体长7～12cm，体重35～45g。背部中间有一条黑线。在人工饲养下出现了很多种颜色，腹毛白色。较其他种类仓鼠相比，颊下较大、较宽，脸也较短(鼻子和身体的距离)，耳朵也比较大。

坎培尔仓鼠根据其花色不同又可分为以下几类(彩图8-38)。

① 野生色　俗称一线，是仓鼠中性格最暴躁的一种，野性难驯，不好饲养，所以需要格外注意，价格也是最低廉的。坎培尔的一线很容易与加卡利亚的三线搞混，分辨的方法是加卡利亚的三线鼠背上的条纹更明显。

② 雪球　感觉像小白鼠，就差一条长尾巴。

③ 琥珀　身体颜色呈土黄色至棕黄色之间的琥珀色，眼睛为红色。

④ 花斑　坎培尔中花色最多的品种，身体为白色和琥珀色相间的称为琥珀花斑，有时简称花斑；身体为白色和黑色相间的称为熊猫或称为奶牛。眼睛有红色的也有黑色的。

⑤ 白熊　带有紫仓基因的银狐容易被误认为白熊，其实它们之间有2个不同点：a. 白熊的眼睛是暗红色，而银狐是黑色。b. 白熊的鼻子要比银狐短一些。

⑥ 黑熊　黑熊体积比一般的一线小点，身上的毛都是深咖啡的，其实黑熊不是全黑的，在阳光的照射下被毛有点发红，并且头颈和四肢的毛呈白色。

（3）罗伯罗夫斯基仓鼠　罗伯罗夫斯基仓鼠为脊柱动物门哺乳纲啮齿目仓鼠科，俗称老公公、老婆婆，原产于俄罗斯、蒙古、我国新疆等，栖息于草原、半荒漠、农田、山坡和高山草甸，独居。雌性体长4~5cm，体重15~35g；雄性体长4~5cm，体重15~40g；尾长0.8~1.2cm。在仓鼠中体形最小，被毛灰色，略带黄色，腹毛白色，眼上方有白色的眉毛。

罗伯罗夫斯基仓鼠根据其花色不同又可分为以下几类（彩图8-39）。

① 老公公　仓鼠中体形最小，毛色略带黄色，有着白胡子和白眉毛，圆耳朵，感觉像老爷爷，所以叫"老公公"。

② 老婆婆　颜色比老公公颜色浅。因为繁殖量稀少，所以价格也比老公公贵。

（4）叙利亚仓鼠（彩图8-40）　叙利亚仓鼠俗称黄金鼠、金丝熊，原产于叙利亚、伊朗、巴基斯坦、黎巴嫩、以色列等国，于1938年引入美国后才正式成为宠物，栖息于戈壁、沙漠，喜欢独居。雌性体长15~20cm，体重90~150g；雄性体长12~18cm，体重80~130g；尾长1.53cm。以黄色体毛者最常见。较其他仓鼠比脸部较大，有长毛和短毛之分。数量是仓鼠中最多的，体形也是最大的。

2. 南美洲栗鼠（彩图8-41）

南美洲栗鼠属于哺乳纲啮齿目豪猪亚目美洲栗鼠科动物，原产于南美洲安迪斯山脉，平均有10~20年寿命。因其外形酷似日本动漫大师宫崎骏的电影《龙猫》中的卡通龙猫，所以在香港被改名叫"龙猫"。现存品种分别是短尾和长尾，作为宠物饲养的一般是长尾龙猫。

南美洲栗鼠有一双大而亮的眼睛，鼻侧长有许多长短不一的胡须，触觉灵敏。耳朵大而薄，钝圆形。前肢短小，有五趾；后肢强壮，有四趾，善于跳跃，一般能跳到1m左右的高度，不善于挖掘，但能拿握东西，因此可以训练南美洲栗鼠拿卡片、握手等动作。南美洲栗鼠背部和两侧毛呈灰黑色（还有其他一些人工培育的颜色），腹部渐淡至白色，体毛分布均匀。成年雌性南美洲栗鼠体形较大，一般体重在700g以上，雄性南美洲栗鼠体重在600g以上。初生南美洲栗鼠体重一般在60g以上。颜色有标灰色、米色、丝黑色、丝咖色、银斑色、浅黑色、熊黑色、深黑色、粉白色、纯咖色、紫灰色等多种颜色。

3. 天竺鼠（彩图8-42）

天竺鼠别名荷兰鼠、荷兰猪、彩豚、豚鼠、几内亚猪，在动物学的分类是哺乳纲啮齿目豚鼠科豚鼠属。尽管名字叫荷兰猪、几内亚猪，但是这种动物既不是猪，也并非来自荷兰、几内亚。它们的祖先来自南美洲的安第斯山脉，16世纪时由欧洲商人带到西方，当时人们就很喜欢这种小动物并作为宠物饲养。它们性情温顺，乖巧可爱，比较容易照顾，至今仍旧是常见的家养宠物。世界上有些组织争先恐后致力于繁殖豚鼠，培育出了多种毛色不一，形态各异的品种。

豚鼠科主要分布在秘鲁、巴西、巴拉圭、哥伦比亚等地，共5属15种，为南美洲特产，栖息于岩石坡、草地、林缘和沼泽，穴居，繁殖率高，抗病力强，性成熟早，性周期短，一般为16天左右；妊娠期为60～65天，每年可产6胎，平均每胎产4～8只，仔鼠100g左右，产下就会采食、活动。

天竺鼠体型短粗而圆，头较大，眼大而圆且明亮，耳圆，上唇分裂，耳朵短小；四肢短，前脚具4趾，后脚3趾，无外尾。人工培育许多品种，除安哥拉豚鼠披长毛外，体毛皆短，有光泽。体毛有黑色、白色、灰色、褐色、巧克力色等，也有具各色斑纹的。体重在700～1200g（1.5～2.5lb），体长在20～25cm（8～10in）。它们的平均寿命在4～5年，不过据2006年吉尼斯大全记录，最长寿的荷兰猪存活了14年10个月之久。

根据其被毛特点一般分为短顺、短逆、长顺、长逆、无毛、卷毛等几种。

二、宠物鼠的饲养管理

1. 饲养用品

（1）笼子　通常使用铁丝笼，冬天时注意保暖，笼子底盘尽量不使用铁丝网，宠物鼠容易因此骨折受伤。如是铁丝网要铺上脚垫。存放地点注意避开猫狗，避免日光直射和风吹雨淋，注意通风。

（2）食盆　避免选择塑料的或其他会被啃食的材料。应当选择陶瓷或者不锈钢质地的，且要有一定分量不容易被打翻。

（3）饮水器　不能直接用碗盛水，要使用专用的饮水器，选择品质优良的饮水器避免漏水造成笼内潮湿。

（4）厕所　陶瓷为最佳，不要选择塑料材质以免啃食造成危险。最佳垫材为专用纸棉，另可用专用木屑放在托盘内吸收尿液，如垫材较湿后，需及时更换。

（5）浴室　对爱干净的宠物鼠，主人应该给它买个浴室，放上专用浴粉或浴沙让其尽情地翻滚。但有些宠物鼠会在厕所里用猫砂沐浴，那就不再需要沐浴房了。

（6）跑轮　运动对宠物鼠非常重要，没有足量的运动，宠物鼠容易营养过剩而过度肥胖，或因压力过大而出现咬笼子的行为。所以应该给其准备一个跑轮，购买时要根据宠物鼠的体形大小选择合适的跑轮，如跑轮过小则会造成宠物鼠脊柱发育不良或畸形，应该选择无缝隙的跑轮，宠物鼠才不容易受伤。

（7）磨牙物品　宠物鼠的牙齿会不断生长，所以需要用磨牙棒来磨掉过长的牙齿。

2. 饲养管理

（1）饲喂　宠物鼠最好饲喂专业的鼠粮，并保证饲粮的新鲜清洁，不能使用来路不明的饲料，不要喂食生虫或发霉腐败变质的饲料，不要喂食人吃的食物，以防盐分过高，调味过重，会增加宠物鼠身体负担。特别是零食之类的食物，但可饲喂不经过加工的粗粮。平时可以用少量零食来讨好宠物鼠，接近它，但注意饲喂量，不可多喂，用量一定要严格控制。如果多喂零食，不仅会让宠物鼠挑食、不吃主食导致长期营养不良，更可能造成宠物鼠的消化不良。

饮用水要保持清洁、新鲜，定期清洁饮水器，保持饮水器具的卫生。

（2）日常管理　笼舍要放置在避免阳光直射或直接风吹的地方，但要注意通风透气。不要离电视、音响、电脑太近，仓鼠可以听到人类听不到的声音，应避免辐射和嘈杂。

每天早晨应观察食盒的消耗情况，确定宠物鼠的食欲和消化是否正常，若发现宠物鼠一夜未食或剩食较多，这时要仔细观察粪便情况。与所有啮齿类动物一样，宠物鼠的牙齿生长很快，因此必须提供磨牙物品供其磨牙，但不要使用竹筷、棒冰棍等东西让其磨牙，要使用市面上专用的磨牙用品、饲料，可准备一些悬挂咬串、磨牙石啃咬，如果发现耗损，就及时更换。

夏季做好降温，防止宠物鼠中暑，冬季注意防寒保暖。每天清扫笼子一次，将剩食倒掉，清扫笼底和托盘中的粪便，将潮湿的垫材更换，注意不要使用报纸、面纸等做垫材，报纸油墨过多，面纸内含有漂白剂会影响宠物鼠的健康。为了避免细菌的滋生，要定期对笼舍和各种用具进行消毒。

（3）特殊护理 宠物鼠合笼前须把公母鼠的笼子并排放，让其互相熟悉。第一次合笼须有人在场，看见打架，必须立即把它们分开，让它继续隔着笼子熟悉。否则会因为互相撕咬而受伤。合笼以后，须观察笼内情况。要把产笼安放在安静、无阳光直射的地方，让母鼠熟悉产笼环境，安心待产。

为了保持宠物鼠的被毛清洁、皮肤健康，要定期为宠物鼠梳毛，长毛鼠因长毛容易打结或暗藏脏东西，最好每两天就梳一次毛。用梳子从鼠的脖子到臀部轻轻顺着被毛梳理即可。

宠物鼠的指甲过长时，不但会影响走路，更因指甲向内卷曲而伤及脚掌。故须将过长的指甲剪掉。指甲剪可以用人用的，也可以购买小动物用指甲剪。剪指甲时要注意包着指肉的部分不能剪，因为那里有血管神经，不小心剪到的话宠物鼠不但会感到疼痛，更会引起出血。

第七节 观 赏 龟

【学习目标】

能识别主要观赏龟的品种，掌握其饲养管理技术。

见此图标 微信扫码

电子彩图辨细节
线上资料帮我学

一、观赏龟品种

1. 密西西比红耳龟（彩图 8-43）

密西西比红耳龟俗称巴西龟、巴西彩龟、红耳龟、七彩龟、秀丽锦龟、麻将龟，原产于密西西比流域，主要分布于美国的新墨西哥东部、得克萨斯、路易斯安那、密西西比、阿拉巴马，穿过俄克拉荷马、阿肯色、堪萨斯、肯塔基、田纳西、东堪萨斯，以及密苏里东部，直到印第安纳和伊利诺伊，也自然分布于像俄亥俄那样的隔离区，邻近得克萨斯的墨西哥州东北部也有广泛分布。

雌性个体重达可达 1000～2000g，雄性个体重不超过 500g。红耳龟的头、颈、四肢、尾均布满黄绿镶嵌粗细不匀的条纹，头顶部两侧有 2 条红色粗条纹。眼部的角膜为绿色，中央有一黑点。吻钝。背甲、腹甲每块盾片中央有黄绿镶嵌且不规则的斑点，每只龟的图案均不同。指、趾间均具蹼。尾适中。

2. 草龟（彩图 8-44）

草龟别名金龟、泥龟、墨龟、水龟、乌龟、金线龟，分布于中国、韩国、日本等。背甲 10～15cm。事实上，金龟的外形颇具个性，背甲上有三道明显的棱脊，深棕色至黑色的头部两侧有着金色的圆形或不规则形的花纹，这也是名称的由来，不过也有些黑色个体并没有任何花纹的。雌龟与雄龟的差别在于尾部的大小，雄性尾部粗大，泄殖孔超过背甲边缘，雌龟则相反，且体型大于雄龟。雄龟有黑化的倾向，所以深色个体多为雄性。

3. 黄喉拟水龟（彩图 8-45）

黄喉拟水龟别名石龟、石金钱龟、水龟、黄板龟、黄龟、香龟，为龟科拟水龟属的爬行动物，分布于越南、日本、中国台湾岛以及中国大陆的东部、南部等，常见于丘陵地带、半山区的山间盆地或河流谷地的水域中。在我国，主要分布于安徽、福建、台湾、江苏、广西、广东、云南、海南、香港等地；在国外，主要分布于越南等国。

黄喉拟水龟甲长大约 15～20cm，头小，头顶平滑，橄榄绿色，上喙正中凹陷，鼓膜清晰，头侧有两条黄色线纹穿过眼部，喉部淡黄色。背甲扁平，棕黄绿色或棕黑色，具三条脊棱，中央的一条较明显，后缘略呈锯齿状。腹甲黄色，每一块盾片外侧有大墨渍斑。四肢较扁，外侧棕灰色，内侧黄色，前肢五指，后肢四趾，指、趾间有蹼，尾细短。

4. 中华花龟（彩图 8-46）

中华花龟又称花龟、斑龟、珍珠龟、长尾龟、台湾草龟，为龟鳖目潮龟科花龟属爬行动物，分布于越南、中国。在中国主要分布于福建、广东、广西、海南、香港、江苏、台湾、浙江。

中华花龟背甲长 20cm，宽 16cm。中华花龟头部、颈部及四肢的皮肤上都长着亮绿色和黑色的条纹，龟头部较小，顶后部光滑无鳞，上喙有细齿，中央部有凹陷。幼体背甲呈浅灰绿色，有三条明显的脊棱。成年背甲会变为偏向棕色，背甲上的其中两条脊棱会渐渐消失。腹甲棕黄色，每一盾片具有一块大墨渍状斑块，腹甲后缘缺刻。甲桥明显，背甲、腹甲间借骨缝相连。中华花背甲呈栗色且略拱，后缘不呈锯齿状。

5. 三线闭壳龟（彩图 8-47）

三线闭壳龟又称红肚龟、金钱龟、金头龟、三线龟、闭壳龟、川字背龟、红边龟、红肚龟、三棱闭壳龟，我国分布于广东、海南、广西、福建，国外分布于越南、老挝。体长 10～20cm。头大小适中，头背皮肤光滑。吻略突出于上颚，上颚微勾曲。背甲较低，具三棱，脊棱突出。腹甲与背甲略等长，前缘平，后缘凹入。背甲、腹甲以韧带相连，腹胸、腹盾间亦以韧带相连，前后二叶可动，并能向上闭合背甲。四肢较扁，指、趾间全蹼。尾长而尖细。头背鲜黄或橄榄黄色，头侧栗色。背甲淡棕色或淡棕黑色，三条背棱为棕黑色，腹甲黑褐色，边缘黄色。

6. 黄缘盒龟（彩图 8-48）

黄缘盒龟又称黄缘箱龟、黄缘闭壳龟、黄金龟、食蛇龟、中国盒龟、金头龟、金线龟、湖南金钱龟，主要分布在我国安徽、福建、广东、广西、河南、湖南、江苏、香港、台湾、浙江、澳门和湖北等各地。

黄缘盒龟壳长 13cm 左右。头顶光滑，并呈现橄榄色，两眼之间连接着一条黄色"U"形条纹，眼睛较大且有清晰的鼓膜。嘴唇上上唇有明显的勾曲且整体向前端平。它的龟甲是暗红色或棕红色的，高高地隆起，中央脊棱很明显，颜色是黄色的，盾片上的同心环状纹路比较清晰。腹部的颜色为黑褐色，背甲和腹甲、胸盾和腹盾间由韧带连接。腹甲的前后边缘都是半圆形的且没有残缺。四肢颜色为灰褐色，形状扁平且有鳞片。四趾长有半蹼，尾巴短小。当头尾及四肢缩入壳内时，腹甲与背甲能紧密地合上，故名为"黄缘盒龟"。

7. 缅甸陆龟（彩图 8-49）

缅甸陆龟又称黄头陆龟、黄头象龟、缅陆、陆龟、象龟、金头象龟、枕头龟，属爬行纲龟鳖目陆龟科。缅甸陆龟主要分布于印度东北部至越南等地一带，包括尼泊尔、印度、泰国、越南、马来西亚、孟加拉国、缅甸和柬埔寨等国。中国云南的滇西和滇南的热带地区以及广西也有产。

缅甸陆龟成体背甲长 20cm 左右。头中等，头部呈淡黄色，头顶具一对前额鳞及一枚大的、常分裂的额鳞，其余鳞片小而无规则，吻短，颚缘呈细锯齿状。上喙略勾曲，鼻孔处为粉红或淡黄色。背高而甲长，脊部较平，臀盾单枚，向下包。腹甲大，前缘平而厚实，后缘缺刻深。四肢粗壮，圆柱形，前肢5爪。指、趾间无蹼。尾短，其端部有一爪状角质突，雄性发达。生活时，头淡黄绿色，体黄绿色，每一盾片有不规则的黑色斑块，四肢褐色，有不规则黑色斑点。

8. 鳄龟（彩图 8-50）

鳄龟又称鳄鱼龟、大鳄龟、鳄甲龟、鳄鱼咬龟，主要分布在北美洲的密西西比河流域、美国南部、中部地区和中美洲，以美国东南部为盛。鳄龟在美国因分布的地区不同，有"南龟"和"北龟"之称，其体色分为"黄背"和"黑背"2种。黄背鳄龟耐高温，黑背鳄龟耐低温。中国主要从佛罗里达引进，品种除很少量的大鳄龟外，绝大部分为小鳄龟，分布的省市自治区有北京、上海、江苏、浙江、江西、海南、广东、广西、湖南、山东、四川等。

鳄龟长相酷似鳄鱼，集龟和鳄鱼于一体，故称鳄龟。其头部较粗大，不能完全缩入壳内，脖短而粗壮，颈背长有褐色肉刺，眼细小，嘴巴上下颌较小，吻尖，尾巴尖而长，两边具棱，棱上长有肉突刺，尾背前边 2/3 处有一条鳞皮状隆起棱背，并呈锯齿口状，背壳很薄，上皮以棕褐色为主，偶尔棕黄色，背部具有三条模糊棱，并有放射状斑纹，后缘呈齿状，腹部白色，偶有小黑斑点，幼时黑色，四肢粗壮，肌肉发达，爪子尖而有力，善于爬行。鳄龟背甲最长可达 70cm 以上，在人工饲养下正常生长停止在 40cm 左右。体重在 80kg 以上，曾有达 200kg 的记录。

9. 凹甲陆龟（彩图 8-51）

凹甲陆龟俗名为麒麟陆龟，是热带及亚热带的陆龟科马来陆龟属的爬行动物。中国分部于湖南、广西、海南、云南。在国外分部于缅甸、马来西亚、柬埔寨等国。

凹甲陆龟属于体形较大的陆栖行的龟类，成体体长可在 30cm 以上，宽可达 27cm，前额有对称的大鳞片，前额鳞 2 对，背甲的前后缘呈强烈锯齿状，背甲中央凹陷，故得名凹甲陆龟。臀盾 2 枚身体背部黄褐色，腹甲黄褐色，缀有暗黑色斑块或放射状纹。它的背甲与腹甲直接相连，其间没有韧带组织，四肢粗壮，圆柱形，有爪无蹼。

10. 齿缘摄龟（彩图 8-52）

齿缘摄龟，龟鳖目龟科摄龟属，分布于马来西亚半岛和新加坡，以及苏门答腊岛、爪哇、婆罗岛和菲律宾群岛，在中国主要分布于云南、广西地区。成体背甲长 20～24cm。背甲略扁，幼体长宽约相等，成体长大于宽；背中央脊棱幼体极明显，随年龄增长而不明显；背甲后缘锯齿状，幼体尤为显著。腹甲较窄，前端平切或圆出，后端有 3 缺凹：胸盾沟最长，肱盾沟或喉盾沟最短；甲桥短而明显；成年个体在腹甲舌板与下板之间有韧带发育。齿缘摄龟具有三条发育良好的棱突。总体上，它们的体色呈褐色，其深浅范围从茶色到红棕色，甚而是黑褐色不等。腹甲也是茶色或棕色的，每片盾片上可能会有棕黑色的斑块。作为一种箱龟，它具有一个可以关闭的腹甲关节。身体两侧长有小型但明显的甲桥，连接着背甲和腹甲。幼龟相当扁平，类似于亚洲叶龟，但成龟的体型隆得比较高。

颜色变异甚大，典型的是背腹甲均为棕褐色，腹甲每一盾片上都有黑色放射状线纹，背甲盾片的放射纹往往不清晰。

11. 印度星龟（彩图 8-53）

印度星龟又称印度星斑陆龟，属龟鳖目曲颈龟亚目陆龟科象龟属，是象龟科中最小的种类，分布在印度、巴基斯坦、斯里兰卡等地。星龟也依花纹的粗细又可分为印度星龟与斯里兰卡星龟。前者星纹线条较细且头尾粗细相同，后者线条较粗且末端会放大。米字星纹在原产地属保护色，置身干草丛中的星龟很难让掠食动物发现。它的名称就是由它背甲上每一个鳞甲都有一个星星图案而得。一枚盾板中有 8 条以上的线，但在幼体中数目就较少，在腹甲部分也有同样的花纹。它棒状的四肢为典型陆龟四肢，故有相当多的时间在爬行与挖掘。成龟背甲的正常凸起十分明显，与一般的隆背略有不同。体长 30～38cm。本种雌龟远大于雄龟。雌雄的辨别容易，雄性体型较小而狭长，腹甲凹陷明显；雌龟体型宽大，腹甲平坦。雄龟的尾巴粗大，雌龟尾巴则肥短。

12. 枫叶龟（彩图 8-54）

枫叶龟又称地龟、黑胸叶龟、长尾山龟、泥龟、十二棱龟，属潜颈龟亚目龟科淡水龟亚科地龟属，分布在中国云南滇西、广西桂林、广东、湖南、海南，国外分布于越南、印尼等。

地龟是小型属半水栖的龟类，体型较小，成体背甲长仅 120mm，宽 78mm。其头部浅棕色，头较小，背部平滑，上喙勾曲，眼大且外突，自吻突侧沿眼至颈侧有浅黄色纵纹。背甲金黄色或橘黄色，中央具三条脊棱，前后缘均具齿状，共十二枚，故称"十二棱龟"。三条纵棱，中央一条最宽，两侧纵棱细短。纵棱间较平，沿纵棱有黑纹。前后缘盾呈锯齿状，后缘尤为明显。因为背甲的形状像枫叶，所以又叫做"枫叶龟"。它的腹甲是棕黑色，边缘浅黄色，所以又叫做"黑胸叶龟"。甲桥明显，背腹甲间借骨缝相连。后肢浅棕色，散布有红色或黑色斑纹，指、趾间蹼，尾细短。雌地龟的腹甲平坦，尾短相对来说短小一些；雄地龟的腹甲中央略有凹陷，尾巴又粗又长。

二、观赏龟的饲养管理

1. 饲喂

龟的饲料可以用鱼、猪肉、动物内脏、螺及血虫（摇蚊幼虫）、红丝虫（水蚯蚓）、黄粉虫（面包虫）、蝇蛆等动物性饵料，以及菜叶、米饭、瓜果等植物性饵料，也可将新鲜饵料和混合饲料掺和在一起，连续投喂数次后，待龟适应后，可投喂混合饲料。多数龟为杂食性，但多偏食动物性饵料，在人工饲养条件下，以家禽、猪等动物内脏及蝇蛆、面包虫为主。饲料必须新鲜、无异味，下脚料应先洗净，再剔除多余的筋、皮等物，以免消化不良。适当搭配瓜果、蔬菜及混合饲料，以增强其体内营养物质。在春秋季添加维生素 E 粉、抗生素，以提高龟的怀卵量和增强龟的体质，日常喂食中应做到定时、定点、定质。投饵的地点应固定，这样便于观察龟的吃食情况、活动情况。当饲料投喂后，健康的龟能爬到食台前觅食。那些反应迟钝或不食的龟应注意观察，严重者应分开饲养。

2. 日常管理

龟类的生活环境不同，日常管理方法也不同。按龟的不同生活环境将常见观赏龟分为以下几类。

（1）水栖龟类的日常管理

① 红耳龟　红耳龟食性虽为杂食性，但偏爱食动物性饵料，如小鱼、小虾、螺等，也食少量浮萍、米饭、菜叶等。若投喂螺、虾，应将螺敲碎，剔除虾的硬刺，以免划伤龟的食管及肠胃。日常喂食应定点、定量、定时，投喂量以 30min 内吃完为宜。不同季节喂食时间不同。6～9 月份宜在上午 9～10 时，下午捞去残饵或换水，4 月、5 月、10 月三个月份宜在中午喂食。红耳龟喜在水中摄食，投喂时可将饵料直接洒在水中。

红耳龟大部分时间生活在水中，因此，水质对红耳龟非常重要。春秋季每月换部分水或全换水。夏季气温高，应在喂食前和喂食后 1～2 个小时换水。冬季少换水，定期用呋喃唑酮、高锰酸钾等消毒液交替清洗容器。春秋季水位要适中，夏季、冬季水位要加深，通过四季对水位的调节起到降温或保温的作用。

② 鳄龟 初春气温不稳定，忽高忽低。温度较高时，鳄龟开始活动、吃食，消耗体内能量，若此时能量不能及时得到补充，就会影响到鳄龟的体质。所以，在2月下旬至3月下旬，根据龟的体质状况采取加温措施，将水温控制在25℃左右，尤其在夜间保持温度恒定更为重要。在投喂时，应掌握量少质高的原则，第一次投喂的量不可过多，以龟体重的1%为宜，每星期投喂2次。换水时，新陈水的温差不宜超过5℃以上，最好新水的温度偏高一些，以防引起龟的肠胃不适。4～6月，投喂应做到定点、定量、定时，即投喂的地点固定，投喂的饵料数量固定，投喂的时间固定。切忌时饱时饥，否则易引起龟的消化功能紊乱。在管理上，做到勤换水、勤观察，即经常更换水，仔细观察鳄龟的活动、粪便、吃食等情况，对出现异常情况的鳄龟应及时采取措施。春季是疾病传播的季节，鳄龟易受细菌等各种病菌的侵袭而发病。因此，做好龟病的预防工作，对饲养好龟类有积极的作用。夏季气温较高，鳄龟的吃食量、活动量均较大，日常饲养方法较简单。一般每天喂食1～2次，喂食后2～3h换水。水温高时应注意防暑，通常采取加深水位、移入室内等措施。体质健康的鳄龟，应使其自然冬眠。

鳄龟的饲养管理工作，除做好饵料投喂、水质管理之外，还应对龟的粪便、吃食、水质、气温、水温等情况做记录，发现异常现象，及时处理。

（2）半水栖龟类的日常管理

① 黄缘盒龟 黄缘盒龟分布广，食性杂，适应力强。在日常管理过程中，可根据黄缘盒龟的生活特点，采取看、查、记相结合的管理方法。

看：经常查看龟的腋窝、胯窝等处是否有寄生虫。观察龟的活动行为、觅食、粪便，发现异常情况及时处理。

查：每天巡查龟的生活情况。巡视浅水区域内的水质、水位、水温情况，还应在产卵季节经常检查产卵场内的沙是否足够，尤其是在夏冬季节一定要保持足够的沙量。

记：对查看、巡视过程中的情况，如气温、天气、喂食等方面进行记录。通过积累资料，掌握龟的生活规律和对温度、饵料的要求以及健康状况等。

② 地龟 地龟属半水栖龟类。人工饲养时，应养于沙土上，沙土厚3～5cm，每月更换沙土1次。也可将龟舍布置成半边浅水半边沙的格局。但冬季时，必须全部放沙（加温饲养除外），夏季沙土保持湿润，初春和深秋之际，沙土保持半干半湿。地龟喜暖怕寒，在饲养过程中，要注意保持较高的环境温度。

建立饲养日记，每天记录各种情况，尤其是温度和吃食情况，这些都是饲养好地龟的关键。只有掌握了地龟的生活环境温度、吃食情况，才能正确地采取一些防范措施，如温度降低时，应及时加温；龟停食时，可考虑是否是由于龟患病、龟舍易地、饵料更换等因素造成。

健康的龟可自然冬眠，将龟放入略潮湿的沙土上，龟会自己钻入沙土深处。在沙的表面盖棉被或稻草等保暖物，每星期检查1次。刚复苏的龟体质较弱，不宜大量喂食，应少量投喂。体弱瘦小的龟可加温饲养，将环境温度提高至25℃左右，正常喂食、管理。

（3）陆栖龟类的日常管理

① 凹甲陆龟 凹甲陆龟的饵料可直接放在笼舍内。投喂的饵料为生食，不需煮熟。瓜果、蔬菜投喂前应洗净，尤其是菜叶、瓜果等，最好浸泡30min后再投喂。健康的龟每天投喂1次，夏季投喂的时间无限制，初春、深秋之季最好在白天投喂，因为晚间的温度较低。当环境温度24～28℃时，龟的觅食量、活动量最大。温度20℃时觅食不稳定，有时吃食，有时少食或停食。温度不稳定时，一般不喂食，以免因温度忽高忽低，造成龟的肠道消

化功能紊乱。

　　日常管理过程中应做到定时打扫饲养箱内的粪便，每月更换沙土或对沙土消毒（紫外线照射、阳光曝晒）。饲养中最关键的是观察龟的活动、粪便、吃食状况。对不健康或有异常症状的龟应及时捉出，单独饲养并治疗。

　　当温度降至17℃左右时，龟逐渐进入冬眠。冬眠期是龟生命的重要环节，若龟不能正常冬眠，极易引起龟死亡。一般在龟冬眠前需做好以下四件事：第一检查龟体是否有寄生虫。第二，仔细观察龟的粪便是否正常。第三，冬眠前将龟放入水温25℃左右的水中，水位低于龟的背甲高度，使龟体内的粪便排空。健康的龟能自然冬眠。冬眠后，应将饲养箱放置在室内，并在龟舍内铺垫少许稻草或棉垫，起保温作用，同时保持饲养箱内一定湿度。第四，对不健康的龟应采取加温饲养，使其不冬眠，正常喂食、管理。龟舍内用灯泡、加温器加温，环境温度保持在28℃左右，每天喂食1次，每星期洗温水浴1次，洗澡后用湿布擦干放回龟窝。

　　② 缅甸陆龟　缅甸陆龟适应环境的能力强。成体的龟较幼体易饲养。新引进的龟一般不主动吃食，需经一段时间驯化后方能主动觅食。为龟准备大小适宜的纸箱或木箱，放在人少的地方，让它适应新的环境，同时观察龟的粪便。环境温度在19～30℃时，每天投饵1次，投饵时将饵料放在龟嘴前方，易引诱龟吃食。环境温度低于20℃时，健康的龟能自然冬眠，对体质较差的龟可进行加温饲养。对连续1个星期拒食的龟采取填食的方法，首次填喂的饵料量宁少勿多。

　　缅甸陆龟的饵料简单，瓜果、蔬菜等植物类均可，小型昆虫及瘦肉也可。饵料投喂前需洗净并消毒，以防残留的农药等有害物质伤害龟体。一般14d投喂饵料1次，每次投喂量以龟能食完为宜。初春、深秋之季，由于温度不稳定，可每两天喂食1次，即使龟有吃食的欲望，也应少喂或不喂。

　　缅甸陆龟喜暖怕寒，对温度的变化尤其敏感，在日常饲养中应重视对环境温度的控制。当温度19～30℃时，可正常投喂饵料，在季节交替之际，投喂饵料应遵循宁少勿多的原则。若白天投喂饵料后，温度忽然降低，应及时加喂，否则，易引起龟消化不良，导致龟患肠胃病。

　　缅甸陆龟生活于陆地，粪便、尿及饵料残饵均留在沙上。所以，做好环境卫生工作是有必要的。饲养地的沙每月要用紫外线消毒（将龟移出）或全部更换（适用于龟少的地方），每天及时清理饮水盆、粪便、残饵。

　　在日常饲养中，饲养者必须认真、细心、谨慎，每天检查龟的活动、吃食、粪便等情况，并做好记录。对不健康的龟应及时拿出，隔离饲养。冬眠前，对龟进行体检，观察粪便、吃食、体质状况。冬眠中，每星期除必要的查看外，应尽量少惊动龟，以免龟受惊而影响冬眠的质量。冬眠的后期，环境温度不稳定，昼夜温差大，不宜给龟喂食，以防引起龟肠胃不适。当昼夜温差不超过4～6℃时，方可给龟喂食。

　　3. 日常观察

　　日常观察是饲养过程中重要的环节。通过观察，可及时发现异常现象。为此，需要饲养者每天观察龟类的活动、吃食、粪便等情况。

　　（1）采食情况　采食分为主动采食和被动采食。被动采食多发生在驯化阶段，由饲养者填喂。对于健康的龟，当饲养者把饵料放入饲养箱内，龟嗅到气味时，就会从远处爬到饵料旁，主动采食。投喂饵料时，饲养者应重点观察龟吃食数量多少、反应灵敏程度、吃食行为等情况。

　　（2）排泄情况　观察龟类粪便可了解龟对饵料消化吸收的情况。观察内容包括粪便的址、形状、颜色、质地、内容物。正常粪便为长条状、圆柱形。粪便颜色因生活习性、饵料种类不同而有差异。如水栖龟类的饵料为配合饵料时，粪便为棕灰色长条状，外裹白膜；当改喂猪肝时，粪便为绛红色长条状；若投喂胡萝卜时，粪便为胡萝卜色长条状。陆栖龟类的饵料为菜叶等，粪便为深绿色圆柱形，混杂部分沙。龟类的粪便质地较软，似面团，外裹白膜（陆栖龟类无）。野生龟类的粪便内通常有未消化的树叶、果实核、寄生虫等内容物。人工饲养时，龟的粪便为泥状物。无论何种龟类，异常粪便通常呈水样，有黏液（似蛋清状），颜色多呈白色透明状、血红色、深黑色或黄绿色。

（3）日常活动　在正常情况下，龟类爬动自如，四肢将身体撑起。水栖龟类在水中游动时，身体与水面平行。若龟出现异常现象，如龟游动时，身体不能保持平衡，身体倾斜或者在龟爬动时，仅有 3 条腿爬动，这些都反映出龟已患病。

总而言之，日常观察是饲养过程中必不可少的工作。观察过程中只有将每天观察的结果与日常观察到的情况相比较，才能正确判断龟是否患病。

【练习与思考】

1. 按鸟的食性可把鸟分为哪几类？
2. 简述百灵鸟的饲养管理要点。
3. 画眉的种类有哪些？
4. 简述画眉的饲养技术要点。
5. 金鱼的品种可分为几大类？各类有什么主要特征？
6. 简述金鱼的饲养管理要点。
7. 海水观赏鱼的常见品种有哪些？
8. 简述海水观赏鱼的饲养管理要点。
9. 热带淡水鱼的常见品种有哪些？
10. 简述热带观赏鱼的饲养管理要点。
11. 按地理分布斗鸡类型有哪些？
12. 简述斗鸡的饲养管理要点。
13. 赛鸽的品种有哪些？
14. 赛鸽的生活习性有哪些？
15. 赛鸽的饲养管理要点。
16. 宠物兔品种有哪些？
17. 简述宠物兔的饲养管理要点。
18. 仓鼠的品种有哪些？
19. 豚鼠按被毛特点不同可分为几类？
20. 宠物鼠的饲养用品有哪些？
21. 如何饲喂宠物鼠？
22. 简述宠物鼠的日常管理要点。
23. 简述宠物鼠的特殊护理要点。
24. 常见观赏龟的品种有哪些？
25. 简述红耳龟的日常管理要点。
26. 简述黄缘盒龟的日常管理要点。
27. 简述凹甲陆龟的日常管理要点。
28. 简述观赏龟的日常观察要点。

微信扫一扫

在线自测	打基础
电子彩图	辨细节
视听资料	划重点
拓展知识	多交流

参 考 文 献

[1] 刘欣. 养猫全攻略. 北京：化学工业出版社，2012.

[2] 温卫民. 全球超人气名犬分类图鉴. 北京：化学工业出版社，2013.

[3] 魏刚才. 犬猫科学安全用药指南. 北京：化学工业出版社，2012.

[4] 王增年. 百灵鸟与画眉鸟. 北京：中国农业出版社，1999.

[5] [英]泰勒. 养猫指南. 左兰芬，仇万煜译. 北京：中国友谊出版公司，2006.

[6] 孙丽丽. 家庭宠物猫. 北京：海潮出版社，2000.

[7] 李海燕，舒虎，李桂峰. 观赏鱼养殖. 广州：广东旅游出版社，2000.

[8] 唐芳索. 犬的营养和日粮. 吉林：吉林科学技术出版社，2002.

[9] 杨廷梓. 金鱼. 北京：科学技术文献出版社，2002.

[10] 宋维平. 兔. 北京：科学文献技术出版社，2002.

[11] 马衍忠. 宠物精养猫. 天津：天津科学技术出版社，2002.

[12] 郭世宁. 实用养猫大全. 北京：中国农业出版社，2002.

[13] 高本刚，余梅. 观赏动物养殖与疾病防治. 北京：中国农业出版社，2003.

[14] 黄恭情. 金鱼饲养管理技术. 北京：中国林业出版社，2003.

[15] 张词祖，张斌. 观赏鸟. 北京：中国林业出版社，2003.

[16] 王文仕. 伴侣动物养殖. 成都：四川科技出版社，2003.

[17] 徐晓宁. 家庭实用养猫. 西安：陕西旅游出版社，2003.

[18] 高本刚，余梅. 观赏动物养殖与疾病防治. 北京：中国农业出版社，2003.

[19] 叶俊华. 犬繁育技术大全. 辽宁：辽宁科学技术出版社，2003.

[20] 谢决明. 赛鸽饲养与训练. 福州：福建科学技术出版社，2004.

[21] 王增年等. 养鸽全书——信鸽、观赏鸽与肉鸽. 北京：中国农业出版社，2004.

[22] 王文仕. 伴侣动物养殖. 四川：四川科学技术出版社，2004.

[23] 姜法春. 宠物健康. 北京：人民卫生出版社，2006.

[24] 李健. 中国宠物行业发展及其管理 [D]，黑龙江大学硕士学位论文，2006.

[25] 史江彬等. 家庭宠物饲养. 合肥：安徽科学技术出版社，2006.

[26] 史江彬，丁淑荃，鲍传和. 家庭宠物饲养. 合肥：安徽科学技术出版社，2006.

[27] 秦豪容，吉俊玲. 宠物饲养. 北京：中国农业大学出版社，2008.

[28] 尹祚华等. 画眉和百灵鸟的驯养. 北京：金盾出版社，2008.

[29] [英]艾伦·爱德华兹. 家庭养猫大全. 唐姝瑶译. 哈尔滨：黑龙江科学技术出版社，2008.

[30] 张建平. 宠物猫饲养与疾病防治. 上海：上海科学普及出版社，2009.